TRAITÉ

PRATIQUE ET ÉLÉMENTAIRE

DE

CHIMIE MÉDICALE

DU MÊME AUTEUR :

Recherches pour servir à l'histoire chimique et pharmaceutique de la petite centaurée (*Erythræa centaurium*, R.), in-4. Paris, 1862.

Étude chimique et physique sur l'érythro-centaurine et sur la santonine, in-4. Paris, 1865.

Sur l'huile phosphorée, sa préparation, ses propriétés, ses applications pharmaceutiques. (*Journal de pharmacie et de chimie*, 4e série, t. VIII. p. 37 ; t. IX, p. 13 et 94; t. XI, p. 401.)

Sur le kermès; sur l'hydrogène sulfuré. (*Id.*, t. VIII, p. 98.)

Recherche de l'érythro-centaurine dans le Canchalagua. (*Id.*, t. XI, p. 454.)

Étude sur les divers procédés de dosage de l'albumine. Nouveau procédé de dosage. (*Arch. génér. de médecine*, mars 1869.)

Analyse du liquide des kystes ovariques. (*Id.*, novembre 1869.)

De l'emploi de l'hypochlorite de soude dans le traitement externe des malades atteints d'affections saturnines. (*Bulletin génér. de thérapeutique*, janvier 1870.)

Solubilité de l'acide arsénieux dans l'alcool. — Liquide pour la conservation des pièces anatomiques. (*Id.*, avril 1870.)

Analyse des sources de Santa-Catalina et Guadalupe (grande île Canarie), avec une notice sur l'emploi médical de ces eaux, par M. le professeur LASÈGUE. In-8. Paris, 1869.

En collaboration avec le docteur SESTIER :

DE LA FOUDRE, ses formes, ses effets sur l'homme, les animaux, les végétaux, les corps bruts, des moyens de s'en préserver et des paratonnerres. 2 vol. in-8, Paris, 1866.

CORBEIL, typ. et stér. de CRETÉ FILS.

TRAITÉ

PRATIQUE ET ÉLÉMENTAIRE

DE

CHIMIE MÉDICALE

APPLIQUÉE

AUX RECHERCHES CLINIQUES

PAR

LE Dr C. MÉHU

PHARMACIEN DE L'HOPITAL NECKER, LICENCIÉ ÈS SCIENCES PHYSIQUES

PARIS

P. ASSEILN, SUCCESSEUR DE BÉCHET JEUNE ET LABÉ

LIBRAIRE DE LA FACULTÉ DE MÉDECINE

Place de l'École-de-Médecine

—

1870

PRÉFACE

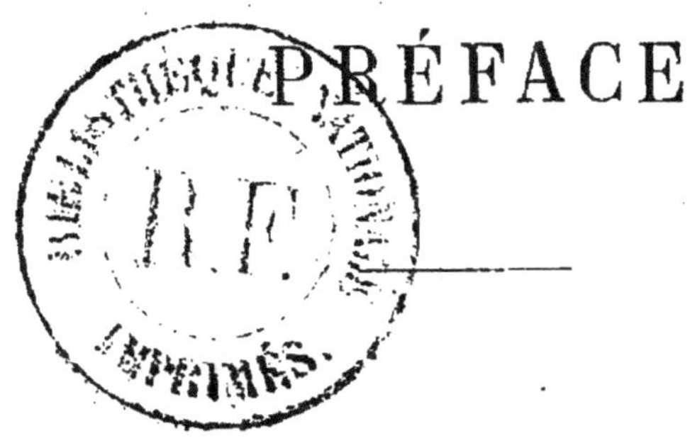

En écrivant ce livre, j'ai eu pour but d'offrir
à ceux qui possèdent les notions les plus élémentaires de la chimie générale, les moyens de
reconnaître, d'extraire et de doser les divers
principes minéraux ou organiques que l'on rencontre dans l'économie, soit dans l'état de santé,
soit dans l'état de maladie. Plus spécialement
destiné aux médecins praticiens et aux étudiants
généralement peu versés dans la pratique de la
chimie, il contient des détails de manipulation
qui paraîtront surabondants aux personnes
familiarisées depuis longtemps avec ce genre
de recherche, mais qui seront, je l'espère, vivement appréciés par les commençants, et leur
épargneront bien des insuccès.

Parmi ces recherches, il en est un certain
nombre des plus élémentaires (recherche de la

glycose, de l'albumine, de la matière colorante de la bile, etc.), qu'il faut chaque jour pratiquer au lit même du malade, et dont le résultat décide le diagnostic et le traitement. Je me suis attaché à éclaircir ces points plus spécialement, et à indiquer avec le plus grand soin les précautions à prendre pour éviter des erreurs dont la fréquence est malheureusement trop grande. Bien des cas particuliers peuvent se présenter qui jettent l'opérateur dans un grand embarras, tantôt parce que le mélange est des plus compliqués, tantôt parce que la matière qu'il s'agit de mettre en évidence n'existe qu'en proportion très-minime. J'ai décrit la plupart de ces difficultés, et j'ai ajouté à leur histoire quelques exemples peu communs, qu'une pratique déjà longue de ce genre de travail m'a permis de recueillir.

Ce livre n'est pas exclusivement un guide pratique à consulter, il est aussi un résumé assez complet de l'histoire chimique du sang, du lait, de la bile, de l'urine, et des éléments qui les constituent.

Autant que l'a permis un assemblage de sujets aussi différents, j'ai procédé du connu à l'inconnu, ce qui m'a fait rejeter tout à la fin de l'ouvrage l'histoire des sédiments et des calculs urinaires.

Quelques parties de l'ouvrage ont été imprimées en petits caractères, soit à cause de leur moindre importance, soit parce que d'autres méthodes de recherche plus faciles à suivre étaient déjà décrites. Des gravures sur bois représentent les appareils les plus importants et les formes cristallines des substances que l'on a le plus souvent l'occasion de rencontrer sous le champ du microscope.

TRAITÉ

PRATIQUE ET ÉLÉMENTAIRE

DE

CHIMIE MÉDICALE

APPLIQUÉE AUX RECHERCHES CLINIQUES

CHAPITRE PREMIER

NSTRUMENTS. — OPÉRATIONS.

1. On ne saurait s'attendre à trouver dans ce livre une description minutieuse des opérations chimiques et des appareils de physique. La pratique seule peut les enseigner, car les opérations les plus simples exigent un certain degré d'habitude pour conduire sûrement au but cherché. Il ne sera donc question ici que de quelques opérations plus particulièrement en usage dans les recherches médicales, et des précautions qu'il faut prendre pour en obtenir des résultats exacts.

2. **Balances. Poids. Pesées.** — Une bonne

balance, sensible au milligramme, enfermée dans une cage de verre, est nécessaire à qui veut se livrer à des recherches de chimie médicale. On n'obtient souvent qu'une quantité excessivement faible de matière (fibrine, acide urique), et si son poids n'a pas été rigoureusement déterminé, en le rapportant au poids qu'aurait donné un litre ou un kilogramme, l'erreur est tellement grandie que le résultat n'est pas atteint exactement. Cette balance doit pouvoir porter 100 à 150 grammes, être munie de poids exacts, bien vérifiés; jamais elle ne doit rester en charge, si ce n'est pendant le temps strictement nécessaire à la pesée.

3. Méthode de la double pesée ou pesée de Borda. — Pour plus de sécurité, on a recours à la pesée indirecte, ou double pesée, qui permet d'obtenir un poids exact avec une balance dont les bras ne sont pas rigoureusement égaux, ou qui n'est pas exactement réglée. Voici comment on procède : on pèse le corps dans un des plateaux, on l'équilibre avec des poids marqués ou toute autre matière, puis on l'enlève et le remplace par des poids exacts jusqu'à ce que l'équilibre soit rétabli. Ces poids indiquent bien le poids cherché, puisqu'ils produisent sur le levier de la balance le même effet que le corps dont on cherchait le poids. C'est une bonne méthode, que l'on ne pratique jamais trop.

Les poids exacts supposent que les pesées sont

faites dans le vide ; il faudrait donc faire des corrections pour les pesées dans l'air dans des recherches précises.

4. Incinération. Grillage des précipités. — Toutes les fois qu'il s'agit de porter un corps à une température rouge, il faut lui faire subir une dessiccation préalable aussi parfaite que possible, afin de prévenir les projections de matière qui arriveraient infailliblement.

Les vases (creusets, capsules) de platine sont préférables pour incinérer les matières organiques, à cause de leur infusibilité, de leur minceur. Mais il ne faut pas oublier que ces vases sont rapidement détruits au contact de la litharge, du phosphore, de l'iode, des métaux, des alcalis caustiques fondus. Le chlorure de sodium est sans action sur eux, mais vient-on à ajouter de l'acide azotique, ou tout autre corps pouvant donner de l'eau régale ou du chlore libre, le platine est vivement attaqué, dissous, percé. L'acide phosphorique pur peut séjourner dans un vase de platine ; mais au contact du charbon, à une haute température, cet acide se réduit, et le phosphore qui en résulte attaque et perce le creuset.

Les vases qui servent à l'incinération doivent être munis de couvercles, parce qu'au commencement de l'opération surtout, un grand nombre de sels décrépitent, les matières organiques (sérum du sang, matières albumineuses, extrait d'urine...) augmentent considérablement de volume, et sont projetées hors du vase sous la forme de bulles. La chaleur doit être graduellement élevée ; le couvercle n'est enlevé qu'autant que toute décrépitation a cessé et que la masse entière est déjà portée au rouge. Tant que dure l'incinération, le vase reposera sur un triangle en fil mince de platine ou de fer.

5. L'incinération des matières albuminoïdes, du sang, du sérum, des liqueurs séreuses, de la bile, de l'urine, est des plus difficiles ; il faut généralement opérer en deux temps, parce que, d'une part, on s'expose à volatiliser une partie notable des sels et surtout le chlorure de sodium, et que, d'autre part, il est excessivement difficile, pour ne pas dire impossible, de faire disparaître les dernières parcelles de charbon au milieu d'un sel en fusion, même à une température très-élevée. En conséquence, dans une première partie de l'opération, on se borne à carboniser la matière organique et même on brûle déjà une partie du charbon, soit à l'aide de la lampe à alcool, soit sur un bec de gaz. Cela fait, on épuise le charbon avec de l'eau distillée pour enlever tous les sels solubles. L'évaporation lente de ce liquide dans une capsule de platine donne un résidu salin blanc que l'on chauffe graduellement au rouge en vase clos pour le rendre anhydre, enfin on pèse les sels solubles dans l'eau après leur entier refroidissement. On grille ensuite à part le charbon lavé,

après l'avoir desséché, on déduit du poids du résidu le poids des cendres du filtre, et l'on ajoute ce poids à celui des cendres solubles dans l'eau. On rapporte les poids à 1,000 grammes; souvent, pour faire disparaître les dernières portions de charbon, on projette de l'azotate d'ammoniaque sur la masse, mais il faut prendre garde aux projections auxquelles ce moyen de grillage donne lieu aisément.

Quelquefois les sels *grimpent*, c'est-à-dire viennent cristalliser par-dessus les bords de la capsule pendant l'évaporation; on évite cet inconvénient en graissant légèrement avec du suif le bord de la capsule. Le grillage consécutif fait disparaître cette trace de matière organique.

6. Dosage des éléments solides en dissolution dans un liquide. — Il paraît facile au premier abord d'apprécier le poids exact des éléments non volatils tenus en dissolution dans un liquide. Il suffit de peser quelques grammes, quelques décagrammes de ce liquide, de les soumettre à l'évaporation et de peser le résidu desséché à une température déterminée.

Mais les liquides de l'économie sont facilement altérables, le résidu de l'évaporation est hygroscopique, il est difficile d'opérer à une température constante; ce sont là autant de complications qu'il s'agit d'annihiler.

7. Pour procéder à ce dosage, il faut employer un-

creuset mince de platine muni de son couvercle, ou
une capsule de même métal que l'on puisse couvrir
soit avec un disque de verre (un verre de montre),
soit mieux encore avec un couvercle de platine bien
ajusté. Les vases en verre mince, en porcelaine, sont
fragiles, moins faciles à manier, et d'autre part incomparablement plus lourds à capacité égale que les
vases métalliques. Un vase d'argent, ou tout autre
vase mince métallique inaltérable au contact du liquide, peut remplacer les vases de platine. Ces derniers ont un avantage marqué : ils permettent de
doser les cendres sans déplacer le résidu.

Il ne faut pas chauffer à feu nu, pour éviter des
projections, mais au bain-marie, à une température bien inférieure à celle de l'ébullition du liquide
qu'on évapore.

On se sert avec avantage d'un vase en cuivre que
l'on remplit d'eau aux deux tiers. Ce vase est fermé
par un couvercle percé de trous de divers diamètres,
s'il doit porter plusieurs capsules à la fois, ou simplement d'un trou unique dont on peut rétrécir le
diamètre au moyen de cercles concentriques. Si la
capsule devait flotter à la surface du liquide pendant
l'évaporation, il faudrait employer de l'eau distillée,
afin que le dépôt terreux produit par l'évaporation
n'augmentât pas le poids du résidu.

A l'air libre, bien que l'eau du bain-marie ait été
portée à l'ébullition, le résidu (urine, sang, liquides
séreux) est trop avide d'humidité pour que la des-

siccation puisse être considérée comme parfaite.

Comme source de chaleur on fait souvent usage d'un *bain de sable*. On désigne ainsi une casserole ou une chaudière en fonte, remplie de sable fin aux deux tiers et chauffée directement par un foyer quelconque. On emploie du sable siliceux, à grain égal; le grès de Fontainebleau, pulvérisé et tamisé, remplit bien le but. Le sable est bon conducteur, et en répartissant la chaleur dans toute sa masse il permet d'avoir une température à peu près régulière, et, malgré l'inégale activité du foyer, on a moins à craindre les soubresauts des liquides. Le bain de sable permet de chauffer des liquides à des températures bien supérieures à 100 degrés, avec une régularité qu'on ne pourrait obtenir à feu nu, et cela avec bien moins de danger pour le vase évaporatoire et pour son contenu.

On l'achève au bain d'air chaud dans une petite étuve en cuivre que l'on chauffe à l'aide d'une lampe à alcool. Un thermomètre fixé par un bouchon indique la température que l'on maintient constante; ce thermomètre ne doit pas être en contact direct avec les parois métalliques. Un support en fer, et mieux encore en platine, plus mauvais conducteur de la chaleur, supporte le vase qui contient le liquide à évaporer ; quand on dispose d'une étuve à eau bouillante ou à huile (*fig.* 1), l'évaporation s'y produit presque sans surveillance.

Il faut toujours peser le résidu entièrement refroidi sans quoi le poids obtenu serait trop faible, à cause des courants d'air déterminés par les corps chauds sur le plateau de la balance. Pour satisfaire

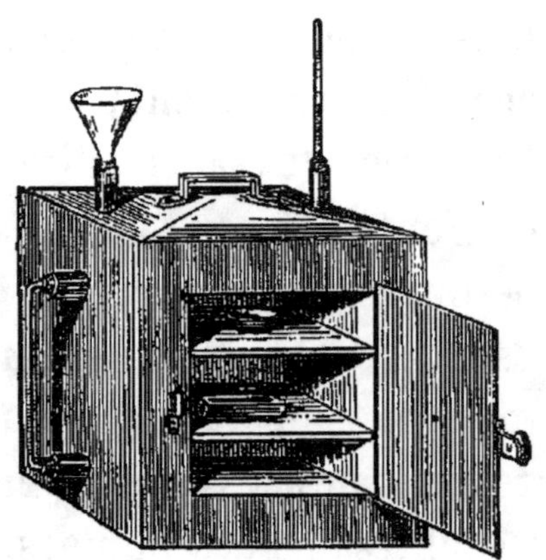

Fig. 1.

à cette condition, on place sur le vase évaporatoire (creuset, capsule) son couvercle bien ajusté, puis on le porte refroidir dans une atmosphère desséchée par l'acide sulfurique concentré.

Cet appareil consiste en un vase de verre rempli à moitié par de l'acide sulfurique; un support en verre, en plomb ou en platine s'élève hors du liquide et reçoit un creuset ou une capsule; une plaque de verre rodée et enduite de suif ferme le vase. L'extrême avidité de l'acide sulfurique pour l'eau dessèche peu à peu l'atmosphère.

On emploie dans le même but (*fig*. 2) une cloche de cristal renversée sur une plaque épaisse de verre et rodée avec soin. Un vase rempli à moitié d'acide sulfurique concentré porte un triangle sur lequel on étale les filtres, on y place aussi les vases à maintenir dans une atmosphère dépouillée de vapeur d'eau.

L'appareil à refroidir dans un milieu sec peut être

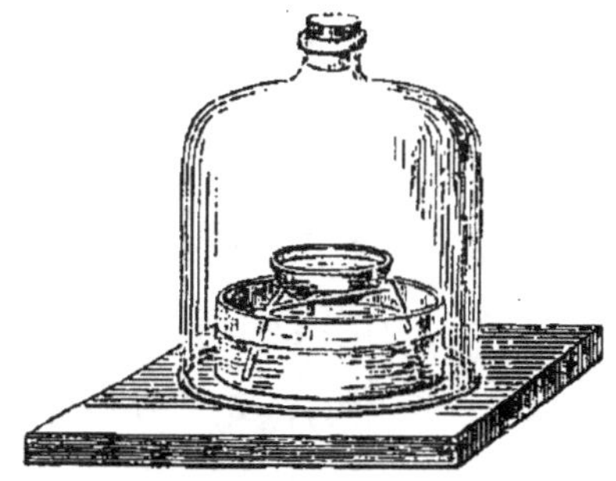

Fig. 2.

formé par un simple bocal rempli de chaux vive, fermé par une plaque bien ajustée.

8. Ces appareils de dessiccation n'agissent pas assez rapidement pour qu'on les emploie directement à l'évaporation des liquides d'un poids considérable, mais on les utilise avec grand profit à leur concentration pour en obtenir des cristaux, et plus souvent encore à dépouiller les résidus de leur évaporation des dernières traces d'humidité. Ils constituent d'excellents moyens de dessécher les substances très-altérables par la chaleur, quand on ne dispose pas d'une machine pneumatique. Il faut renouveler fréquemment l'acide sulfurique.

9. Le corps à dessécher doit séjourner dans l'étuve tant qu'il y perd de son poids, c'est-à-dire tant qu'une nouvelle pesée n'est pas identique à la pré-

cédente, après un séjour suffisant dans un milieu sec et froid.

La pesée des filtres chargés de matières hygroscopiques, et même celle des précipités non hygroscopiques adhérents aux filtres, doit se faire à l'abri de l'air. On se sert pour cela de deux verres de montre bien rodés, d'égal diamètre par conséquent, qu'on engage dans une sorte de pince de laiton qui les applique fortement l'un sur l'autre. Quand le produit est parfaitement sec dans l'un des verres, on ajuste l'autre, on les engage tous deux dans la pince et on les pèse après refroidissement dans le dessiccateur à acide sulfurique. — Tout vase mince en verre ou en métal, fermant hermétiquement, remplacera les verres de montre, dont l'usage est forcément restreint à de très-petites masses.

Une capsule de porcelaine doit toujours avoir été desséchée au-dessus de $100°$ sur la lampe à alcool avant d'être pesée, parce que la partie non recouverte d'émail retient quelques milligrammes d'eau, qu'il faut absolument dégager au moment de la pesée.

10. Densité. — La densité d'un corps est le rapport du poids d'un certain volume de ce corps au même volume d'eau à $4°$, si ce corps est solide ou liquide; ou au même volume d'air à $0°$ et à la pression de 760^{mm}, si ce corps est gazeux. Nous n'aurons guère à nous occuper que de la densité des divers liquides de l'économie. Le plus ordinairement on la détermine à 15°; mais ne serait-il pas plus convenable de la déterminer à la température du corps, c'est-à-dire vers 38°? On aurait alors une idée plus exacte de la densité pendant la vie.

La densité s'apprécie par deux méthodes : tantôt on a recours à la balance, tantôt à des instruments ordinairement en verre, connus sous le nom d'*aréomètres*, qui prennent suivant leurs destinations les noms d'*uromètre* (pèse-urines), de *lactomètre* (pèse-lait), d'*œnomètre* (pèse-vins), d'*oléomètre* (pèse-huiles), d'*alcoomètre* (pèse-alcools), etc.

11. 1° *Par la balance.* — La méthode de détermination de la densité par la balance est la plus exacte, mais elle exige un certain temps et beaucoup de soins. Il s'agit de déterminer le poids exact d'un volume d'eau distillée, puis le poids exact d'un égal volume du liquide dont on veut connaître la densité, et de diviser ce dernier poids par le premier.

On se sert d'un flacon à l'émeri, ou mieux d'un petit matras à densité, nommé *pycnomètre*, en verre très-mince et dont le bouchon terminé par un tube effilé (*fig.* 3) est exactement rodé sur la tubulure. Sa capacité varie avec sa destination, il doit contenir autant que possible 20 à 60 grammes de liquide. Quelques-uns de ces petits appareils portent un thermomètre qui indique la température du liquide au moment même de la pesée.

On prend le poids du flacon à densité plein d'air

parfaitement desséché par un séjour suffisant sur l'acide sulfurique concentré (*fig*. 3). Cela fait, on le remplit avec de l'eau distillée récemment

Fig. 3.

bouillie, on ajuste la tubulure *t* effilée servant de bouchon, on essuie exactement le liquide qui mouille l'extérieur du flacon avec des linges très-fins et du papier, enfin on note sa température et on le pèse. Son poids noté, on vide le flacon, on le dessèche comme la première fois, puis on le remplit avec le liquide dont on veut connaître la densité. On remet la tubulure, on essuie avec un linge très-fin en prenant garde d'échauffer le liquide avec la main, enfin on pèse.

On connaît ainsi le poids du flacon P, le poids du flacon augmenté du poids de l'eau distillée P + A, le poids du même flacon augmenté du poids du liquide de densité inconnue P + B. En retranchant de P + A le poids P du flacon vide, on a A, c'est-à-dire le poids de l'eau distillée; en retranchant de même P de P + B, on aura B, c'est-à-dire le poids du liquide dont on cherche la densité. En divisant B par A, on aura la densité, c'est-à-dire le rapport des poids de deux volumes égaux de ce liquide et d'eau distillée.

Il faut avoir soin de laisser l'eau distillée et le liquide séjourner assez longtemps dans la pièce où la pesée doit être effectuée pour que leur température soit la même pour tous les deux. Cela évite l'embarras de prendre la température, ce qui est quelquefois assez délicat lorsqu'on opère sur de petites quantités de liquides. On prévient en même temps la variation de température pendant la pesée, et le changement de volume du liquide qui en est la conséquence.

Quelques flacons à densité portent sur leur tubulure effilée un trait gravé. Voici quel en est l'usage : on remplit le flacon comme à l'ordinaire, et on le plonge dans un milieu à température fixe, 0° par exemple ; alors, à l'aide d'un papier sans colle roulé, on absorbe aisément juste la quantité de liquide nécessaire pour que l'affleurement ait lieu au niveau tracé sur la tubulure ; on prend bien entendu le niveau inférieur de la courbe formée par le liquide. De cette façon, on peut, en variant la température, déterminer le poids exact d'un liquide à des températures données, sans jamais s'inquiéter des changements de volume dus aux variations de la température pendant la pesée. Le reste de l'opération se pratique comme à l'ordinaire. Pour être exact, il faut tenir compte des changements de volume du flacon de verre à ces diverses températures.

On peut, une fois pour toutes, déterminer rigoureusement le poids du flacon à densité bien sec, et le poids du flacon plein d'eau distillée à 0°. Puis, chaque fois que l'on opère sur un liquide aqueux (urine, lait, sérum), on ramène aussi par le calcul au volume à température 0°, pour avoir deux éléments de comparaison exacte. C'est supposer que ces liquides se dilatent comme l'eau, ce qui n'est pas rigoureusement vrai.

Dans la pratique, on se contente assez souvent de comparer à la même température le poids de l'eau distillée et celui du liquide.

Nous renvoyons aux traités de physique pour la connaissance de la densité des alcools, des éthers, des carbures d'hydrogène, dont les coefficients de dilatation sont très-différents de celui de l'eau.

12. 2° *Par les aréomètres.* — Un corps plus léger que le liquide dans lequel on le plonge n'est en équilibre dans ce liquide qu'autant qu'il en déplace un poids égal à son propre poids.

Tel est le principe d'Archimède, qui a servi de point de départ à la construction des *aréomètres.* Ces instruments sont des tiges de verre creuses, lestées à la partie inférieure pour les faire tenir dans une position verticale. Ils portent chacun une graduation spéciale, suivant leur destination. Nous ne saurions entrer dans le détail de leur construction, nous ne dirons que quelques mots du plus usité d'entre eux pour les recherches qui font l'objet de ce livre, nous voulons parler du *densimètre*.

C'est un aréomètre qui indique directement la densité du liquide. Plongé dans l'eau distillée à 0°, il s'enfonce jusqu'au haut de la tige. Plongé dans un liquide d'une densité plus élevée, il s'enfonce beaucoup moins, son point d'affleurement indique immédiatement le poids du liquide dans lequel il baigne. Pour le graduer, nous avons dit que l'on obtenait son point d'affleurement dans l'eau distillée (1,000), puis on le plonge dans un liquide d'une densité déterminée exactement par la méthode du flacon, et dont le poids du litre soit, par exemple, 1,060 grammes. Le nouveau point d'affleurement de l'aréomètre portera 1,060. En divisant l'intervalle entre 1,000 et 1,060 en 60 parties égales (si la tige est d'égal calibre sur toute la longueur), on aura un aréomètre qui pourra servir à mesurer la densité des liquides dont le litre pèse 1,000 à 1,060 grammes à 0°.

En se servant de liquides plus denses, 1,200, 1,600 par exemple, on tracera d'autres points de repère. Mais il vaut mieux avoir plusieurs densimètres, à échelle peu étendue, afin d'apprécier plus exactement et plus aisément la densité.

Un densimètre dont l'échelle comprend les densités 1,000 à 1,060 et un autre 1,050 à 1,200 suffisent à peu près à toutes les recherches pathologiques. Le premier sert à apprécier la densité de l'urine, du lait.

C'est sur le même principe que l'on construit des densimètres pour les liquides plus légers que l'eau ; dans ce cas, le point d'affleurement de l'eau (1,000) est au bas de l'échelle, et le point 900, par exemple, haut de l'échelle, celle-ci se trouve alors divisée en 100 divisions.

Un aréomètre doit flotter librement dans le liquide, il ne doit jamais être en contact avec la paroi de l'éprouvette ou du verre; ce résultat s'obtient facilement en remplissant l'éprouvette jusqu'au bord. Le liquide doit mouiller l'aréomètre, aussi la surface de cet appareil a besoin d'être parfaitement dégraissée s'il s'agit d'un liquide aqueux, et d'être dépouillée de toute humidité s'il s'agit d'un liquide gras. La surface du liquide est rendue plane au moment de l'observation, en absorbant la mousse avec du papier sans colle; il vaut encore mieux verser doucement le liquide le long des parois de l'éprouvette.

Il faut tenir compte de la température, et corriger le chiffre obtenu comme s'il s'agissait d'eau pure, toutes les fois qu'il s'agit d'un liquide aqueux. Quelques densimètres portent avec eux un petit thermomètre qui permet de faire les deux observations à la fois.

Quand on achète un densimètre, un pèse-urines ou un pèse-lait (ces deux instruments n'en font qu'un en réalité), il faut avoir soin de le vérifier, c'est-à-dire de s'assurer qu'il indique exactement la densité d'un liquide dont on a déterminé d'avance la densité au moyen du flacon à densité et de la balance.

La mesure de la densité par les aréomètres exige beaucoup de liquide, aussi, pour diminuer la longueur de l'échelle, et employer par conséquent un moindre volume de liquide, on a préféré multiplier ces instruments, et les construire pour des usages spéciaux (urines, lait, acides), ce qui a permis d'espacer les degrés et de rendre l'observation à la fois plus exacte et plus facile.

Le liquide monte par effet de capillarité le long de la tige du densimètre et atteint un niveau plus élevé que le niveau général du liquide dans l'éprouvette. C'est ce dernier niveau qu'il faut seul prendre en considération, et la ligne où ce plan prolongé rencontre la tige du densimètre est le niveau précis qu'il faut noter. On doit toujours imprimer à un aréomètre quelques petits coups avec le doigt pour s'assurer qu'il flotte bien librement, et qu'il reprend son équilibre comme à la première observation.

13. Saccharimètre Soleil. — Nous n'étudierons cet instrument qu'au point de vue de la recherche et du dosage du sucre de lait et de la glycose. Sa construction est des plus compliquées, mais son usage est des plus simples.

Quand un rayon de lumière polarisée a traversé une plaque de quarz à faces parallèles taillées perpendiculairement au grand axe, ce rayon reste polarisé à l'émergence dans un plan différent de celui qu'il occupait avant son passage à travers le quarz.

Cette déviation est proportionnelle à l'épaisseur du quarz; elle varie de sens, et, suivant que l'on a pris la plaque de quarz dans un cristal hémièdre à droite, ou hémièdre à gauche, la déviation a lieu à droite ou à gauche. Les solutions de glycose, lactose, saccharose (sucre de canne), celles des acides biliaires dévient à droite comme le quarz hémièdre à droite. Au contraire, les solutions de sucre de canne interverti par les acides et celles de cholestérine ou d'albumine dévient à gauche. Comme le quarz, ces solutions exercent un pouvoir déviateur proportionnel à la longueur de la colonne liquide que traverse le rayon de lumière polarisée, et, pour une même longueur, la déviation est proportionnelle à la richesse de la solution. Le pouvoir de ces liquides est de beaucoup plus faible que celui du quarz, aussi opère-t-on toujours sur des colonnes liquides d'au moins 10 et 20 centimètres de longueur.

Quand on regarde avec un prisme biréfringent un faisceau de lumière polarisée qui a traversé une lame de quarz taillée perpendiculairement à l'axe, on a deux images colorées qui changent de teintes dès que l'on fait tourner le prisme, tout en restant complémentaires, c'est-à-dire que si on les superpose par leurs bords, elles donnent de la lumière blanche.

Ces principes rappelés, nous pouvons décrire succinctement l'appareil (*fig.* 4).

Une lampe Carcel ou mieux encore un bec de gaz donne un rayon lumineux qui traverse un prisme de Nicol G, se polarise et se partage en deux autres rayons : le rayon ordinaire est rejeté en dehors de l'axe de l'appareil, et le rayon extraordinaire, dirigé suivant cet axe, vient traverser une plaque de quarz circulaire E formée de deux moitiés juxtaposées, d'égale épaisseur, provenant de deux quarz, l'un hémièdre à droite, l'autre hémièdre à gauche. Après avoir traversé le quarz, le rayon lumineux passe dans un tube D de 20 centimètres de longueur qui contient le liquide à examiner. L'effet produit par ce liquide s'ajoute à celui du quarz qui agit dans le même sens et diminue d'autant l'effet du quarz dont l'action est de sens contraire. Au sortir de ce tube, le rayon lumineux traverse une plaque de quarz d'une épaisseur arbitraire, puis deux autres plaques de quarz de rotation semblable pour toutes deux et contraire à celle de la plaque précédente. Ces deux plaques sont taillées en coins, elles peuvent glisser l'une sur l'autre, et devenir par leur superposition plus ou moins épaisses que la plaque de quarz précédente. Ce mouvement s'effectue au moyen d'une crémaillère ; on lit sur une règle d'ivoire C graduée et munie d'un repère le sens du mouvement et son intensité. Quand les deux plaques superposées font une épaisseur égale à celle de l'autre plaque, le point de repère est au zéro, parce que ces deux systèmes de plaques exercent une rotation égale et de sens contraire, par conséquent leur effet est nul. Il en est de même si le tube contient un corps inactif. Mais si ce tube contient, par exemple, une substance qui dévie à droite le plan du rayon polarisé, son effet s'ajoute à la plaque de quarz droit, diminue d'autant l'effet de la plaque de quarz gauche ; pour rétablir l'équilibre, *compenser* l'effet dû au liquide, on fait glisser les deux plaques l'une sur l'autre ; ce qui fait donner le nom de *compensateur* à cette partie de l'appareil. La quantité dont le zéro a été déplacé sur l'échelle graduée indique le sens de la déviation et la mesure de cette déviation. On compense à droite pour un corps qui dévie à gauche ou lévogyre, et à gauche pour un corps dextrogyre.

Un prisme biréfringent sert d'analyseur, il donne la teinte sensible, c'est-à-dire celle qui fait le mieux apprécier la plus minime différence de coloration entre les deux moitiés de la plaque de quarz. Cette teinte sensible est produite par un système de prismes et de lentilles : placé plus en avant du prisme biréfringent se trouve un quarz taillé perpendiculairement à l'axe, puis une lunette de Galilée, enfin un prisme de Nicol qui tourne à volonté, agit comme

analyseur vis-à-vis du dernier quarz et donne la teinte
sensible la plus favorable à l'œil de l'observateur (ordinairement le bleu pâle).

14. Pour faire usage du saccharimètre, placez la
lampe à l'extrémité G, de manière à éclairer l'ap-

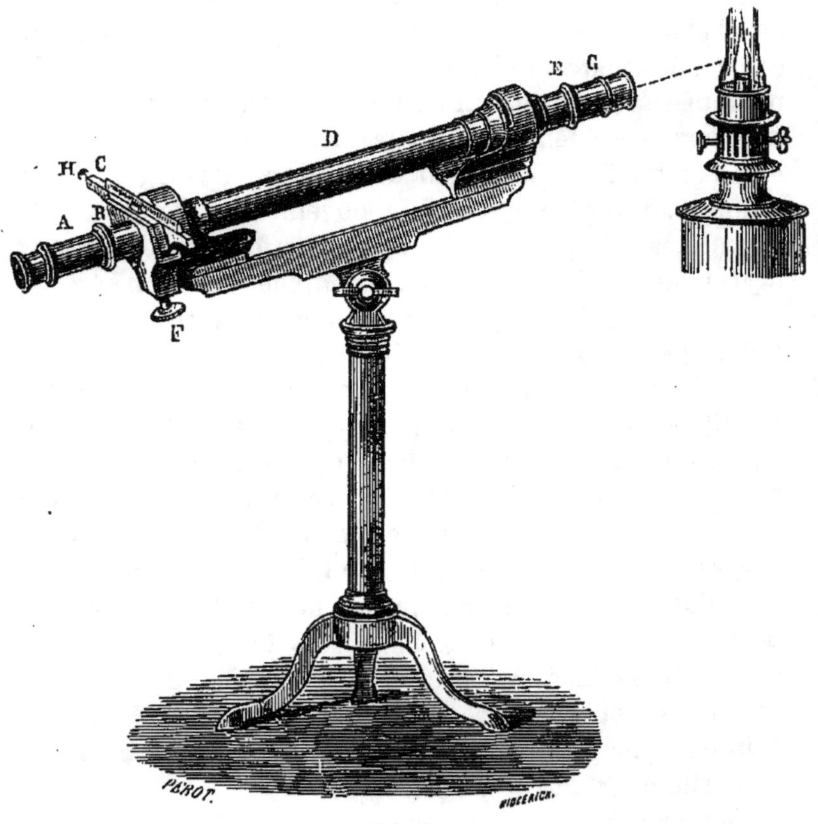

Fig. 1.

pareil suivant son axe. Remplissez d'eau pure un
des tubes de 20 centimètres, et l'ayant mis à la place
du tube D, appliquez l'œil à l'oculaire A, enfoncez
ou retirez le tube mobile AB, qui porte la lunette de

Galilée de façon à distinguer nettement la raie noire
qui partage en deux le disque placé en E, formé de
deux quarz de sens contraire. Si la teinte n'est pas
la même sur les deux moitiés du disque, tournez
le grand bouton horizontal F, dans un sens ou
dans l'autre pour ramener les deux moitiés du disque à la même teinte. Amenez à coïncider le zéro
de la règle graduée avec le trait de l'indicateur en
tournant dans un sens ou dans l'autre un petit bouton vertical H, placé à l'extrémité de la règle graduée..
Pour rendre plus sensible à l'œil la moindre variation des teintes sur les deux moitiés du disque,
faites tourner l'anneau molleté qui sert d'oculaire,
et cherchez la teinte qui, pour un très-faible mouvement de la grande vis horizontale F, et par conséquent pour un léger déplacement de l'échelle, produit la plus grande différence de colorations sur les
deux moitiés du disque ; c'est d'ordinaire une teinte
bleue pâle, mais pour quelques observateurs, c'est
une tout autre teinte.

En opérant de cette façon, le zéro de l'échelle correspond exactement au point de repère, les deux
moitiés du disque ont la même coloration, leur raie
de séparation est nette, et la teinte sensible est produite ; donc l'appareil est complétement réglé. Il ne
reste plus qu'à remplacer le tube D, plein d'eau
par un tube contenant la liqueur que l'on veut examiner. Si cette liqueur est active, elle produit immédiatement une coloration inégale sur les deux

moitiés du disque. Pour rétablir l'égalité des teintes, faites tourner la crémaillère au moyen du bouton F, de manière à faire glisser la règle graduée et par conséquent les deux quarz du compensateur. Si ce mouvement de la crémaillère se fait de gauche à droite, la substance est lévogyre, puisque la compensation s'effectue à droite ; au contraire, elle est dextrogyre, si la compensation a lieu à gauche. Le nombre des degrés indique la richesse en matière active, mais ces degrés n'ont pas la même valeur pour les différentes substances actives.

L'appareil est réglé de telle sorte que $164^{gr},71$ de sucre de canne, ou $201^{gr},9$ de lactose, ou $225^{gr},63$ de glycose en dissolution dans l'eau distillée de manière à faire occuper au liquide un volume exact d'un litre, donnent 100 degrés de déviation à droite, quand on examine ces dissolutions dans un tube de 20 centimètres de longueur. Chaque degré du saccharimètre correspond donc à $1^{gr},647$ de sucre de canne, $2^{gr},019$ de lactose, et $2^{gr},256$ de glycose.

CHAPITRE II

RÉACTIFS.

15. La pureté des réactifs est la première condition d'une bonne analyse ; il faut donc avant tout s'assurer de leur pureté. Nous ne donnerons ici que quelques indications sur les réactifs les plus en usage dans ce livre, renvoyant pour plus amples renseignements aux traités spéciaux d'analyse chimique. La table des matières indique les solutions spéciales décrites dans le cours de l'ouvrage.

16. On trouve généralement dans un état de pureté suffisant dans les pharmacies les réactifs suivants :

Perchlorure de fer liquide,

Potasse et soude caustiques,

Oxyde de mercure,

Acides citrique, tartrique, acétique, phosphorique.

L'acide oxalique des pharmacies a besoin d'être soumis à une nouvelle cristallisation dans l'eau distillée.

17. Les sels suivants, qu'on trouve aisément dans le commerce et dans les pharmacies, n'ont besoin que d'être soumis à une ou à deux cristallisations dans l'eau distillée pour donner des résultats très-satisfaisants :

Carbonate, acétate, phosphate, sulfate et borate de soude,

Azotate, chromate neutre et bichromate de potasse,

Cyanoferrure de potassium,

Oxalate, chlorhydrate d'ammoniaque,

Sulfate de magnésie,

Chlorure et azotate de baryte,

Azotate et acétate neutre de plomb,

Sulfate de cuivre.

18. L'eau distillée, l'alcool, l'éther, le chloroforme, la benzine, le sulfure de carbone, les acides acétique, azotique, chlorhydrique, oxalique, sulfurique, l'ammoniaque, son chlorhydrate, son azotate, son oxalate, dans un état parfait de pureté, sont incolores ou donnent des solutions incolores, et ne laissent pas de traces de résidu quand on les chauffe à une température suffisamment élevée. La même observation s'applique au mercure et à ses combinaisons avec les éléments volatils.

19. L'*eau distillée* ne doit pas être troublée par la solution d'azotate d'argent qui décèlerait les chlorures, par l'oxalate d'ammoniaque qui décèlerait la chaux, par le chlorure de baryum qui indiquerait la présence des sulfates si le précipité ne se dissolvait pas dans l'acide chlorhydrique pur, enfin n'être pas précipitable par le bichlorure de mercure qui accuserait la présence de l'ammoniaque.

20. *Acide azotique.* — L'acide ordinaire du commerce suffit dans la plupart des cas. — L'acide pur n'est pas troublé quand on l'additionne d'une solution très-étendue d'azotate d'argent qui décèlerait l'acide chlorhydrique, ni par une solution très-étendue d'azotate de baryte qui prouverait l'existence de l'acide sulfurique.

21. *Acide chlorhydrique.* — Celui du commerce contient ordinairement du fer, qui gêne dans quelques réactions. Ferrugineux, il donne un résidu jaune. Pur, il n'est pas précipité par le chlorure de baryum; il ne décolore pas l'iodure d'amidon, et ne colore pas en bleu l'empois d'amidon additionné d'iodure de potassium (Cl ou Fe^2Cl^3).

22. *Acide sulfurique.* — Celui du commerce est suffisant quand il ne s'agit pas d'analyse. Pur, cet acide ne donne pas d'arsenic dans l'appareil de Marsh ; il ne colore pas en rose une solution de protosulfate de fer, ce qui indique l'absence des vapeurs nitreuses. Très-étendu d'eau, il ne donne pas de précipité noir par l'hydrogène sulfuré, preuve qu'il ne renferme ni plomb, ni métal précipitable par ce réactif.

23. *Baryte caustique.* — Le commerce la donne toute préparée, il suffit de la dissoudre dans l'eau, de faire bouillir la dissolution concentrée, de la filtrer, pour obtenir par le refroidissement des cristaux de baryte hydratée, que l'on fait dissoudre dans l'eau pour avoir de l'*eau de baryte*; on

laisse un excès de ces cristaux pour assurer la saturation de la liqueur. Celle-ci doit être conservée à l'abri de l'air, pour éviter toute absorption d'acide carbonique.

24. L'*ammoniaque* en solution dans l'eau contient ordinairement de l'acide carbonique et divers produits qui gênent quelques recherches. Il vaut mieux la chauffer dans un ballon avec 1/20 de son poids environ de soude caustique liquide, et condenser le gaz dans de l'eau distillée. Ainsi préparée, elle ne contient pas d'acide carbonique et ne trouble pas la solution des chlorures de calcium et de baryum, ni l'eau de chaux, enfin elle ne donne pas de résidu quand on l'évapore.

25. *Azotate d'ammoniaque.* — Pur, il est blanc, entièrement volatil ; sa solution ne précipite ni par le chlorure de baryum, ni par l'azotate d'argent. Il s'obtient par la saturation de l'ammoniaque pure étendue d'eau par l'acide azotique pur dilué.

26. *Chlorure de calcium.* — Dissolvez du marbre blanc dans de l'acide chlorhydrique pur, évaporez à siccité, puis chauffez au rouge naissant. Reprenez par l'eau ; la solution devra être incolore, et ne donner aucun précipité par l'hydrogène sulfuré, le cyanoferrure de potassium.

27. *Chlorure de sodium.* — Prenez du sel de cuisine bien blanc, dissolvez-le dans 3 fois environ son poids d'eau bouillante, ajoutez goutte à goutte à la solution bouillante du carbonate de soude pour précipiter la magnésie et la chaux. Filtrez, évaporez dans une capsule de porcelaine, et quand la plus grande partie du sel sera cristallisée, recueillez les cristaux encore chauds sur un filtre de papier, lavez-les avec une petite quantité d'eau distillée. Vous enlèverez de cette façon les chlorures de magnésium et de calcium qui rendent ce sel déliquescent.

28. *Chlorure de zinc.* — Dissolvez du zinc laminé en feuilles minces dans de l'acide chlorhydrique étendu de 2 fois son volume d'eau employée en quantité insuffisante pour dissoudre tout le métal. Décantez la dissolution rendue limpide par le repos, faites-la traverser par un courant de chlore pour peroxyder le fer qu'elle contient, chauffez en-

suite la dissolution pour chasser l'excès de chlore. Cela fait, portez-la à l'ébullition avec 1/100 environ de son poids d'oxyde de zinc, faites-la bouillir pour que l'oxyde de fer se dépose. Laissez reposer, filtrez et concentrez en consistance fortement sirupeuse.

29. *Chlo, hydrate d'ammoniaque.* — Dissolvez dans l'eau pure du chlorhydrate d'ammoniaque bien blanc. — Si vous n'avez pas de sel ammoniac pur, mais un sel ferrugineux, versez dans la liqueur du sulfhydrate d'ammoniaque et laissez déposer un précipité noir de sulfure de fer. Décantez, ajoutez de l'acide chlorhydrique de manière à rendre la liqueur acide, portez-la à l'ébullition, filtrez-la bouillante pour séparer le soufre, neutralisez avec de l'ammoniaque pure et laissez cristalliser. Ce sel est entièrement volatil sur la lame de platine.

30. *Carbonate de potasse sodé.* — Ce mélange, plus fusible que chacun de ses composants, sert à désagréger les silicates et les sulfates insolubles. On l'obtient en mélangeant intimement 13 p. de carbonate de potasse desséché avec 10 p. de carbonate de soude anhydre, ces deux sels étant parfaitement purs.

31. *Oxyde de plomb blanc hydraté.* — Pour l'obtenir, versez une solution d'acétate neutre ou d'azotate de plomb dans une solution étendue d'ammoniaque employée en excès. Lavez bien le précipité, et conservez-le humide, pour faciliter son action.

32. *Réactif Millon.* — Ce réactif consiste en un mélange d'azotate mercurique et d'azotate mercureux avec de l'acide nitreux. Les deux sels purs, séparés ou réunis, ne donnent pas la coloration rouge avec les matières albuminoïdes ; la présence de l'acide nitreux est nécessaire. Pour l'obtenir, faites réagir sur du mercure un poids égal d'acide azotique à 4 $\frac{1}{2}$ éq. d'eau ; la réaction se fait spontanément, et si elle se ralentit, chauffez doucement jusqu'à dissolution complète du métal, ajoutez 2 vol. d'eau à 1 vol. de liqueur mercurielle. Il se fait un dépôt cristallin ; décantez l'eau mère qui le surnage, et employez ce liquide pour caractériser les matières albuminoïdes.

33. *Molybdate d'ammoniaque.* — Ce sel, dissous dans 4 fois son poids d'ammoniaque liquide, et la dissolution additionnée de 15 parties d'acide azotique de densité 1,20, donne une solution acide qui constitue un excellent réactif pour déceler la présence des phosphates. La solution doit être conservée pendant quelque temps dans un endroit chaud, afin de faciliter la séparation d'une petite quantité d'acide phosphorique qui pourrait se trouver mêlée au molybdate; ce léger dépôt jaune séparé par décantation, on a un réactif incolore qui donne un précipité jaune dans les solutions acides de phosphate (phosphomolybdate d'ammoniaque), précipité insoluble dans un excès de solution de molybdate. Il faut employer un volume de solution de molybdate au moins égal à celui de la solution phosphorique; une légère élévation de température hâte la formation du précipité jaune. L'acide arsénique se comporte vis-à-vis de ce réactif comme l'acide phosphorique.

34. *Teinture et papier de tournesol.* — On triture dans un mortier de porcelaine le tournesol en pain du commerce avec de l'eau distillée; la solution bleue sert à tremper des bandes de papier qu'on laisse sécher à l'air. La solution bleue filtrée est conservée sous le nom de teinture de tournesol; en flacon complétement clos, elle se décolore quelquefois, on lui rend sa coloration en l'exposant à l'air.

35. *Charbon animal lavé.* — Délayez du charbon animal pulvérisé dans vingt fois son poids d'eau bouillante, ajoutez de l'acide chlorhydrique, laissez en contact et agitez pendant un jour; au bout de ce temps rejetez le liquide par décantation, et lavez le résidu à grande eau, tant qu'il rougira le tournesol.

Le charbon de sang a besoin de subir le même traitement pour être dépouillé des sels qu'il contient.

36. *Empois d'amidon.* — Pour mettre en évidence la présence de l'iode libre dans un liquide, on se sert d'une solution d'amidon. On divise à froid un gramme d'amidon bien blanc dans de l'eau distillée, on fait bouillir, et l'on filtre, de manière que le volume de la solution soit de 100 à 150 centimètres cubes.

CHAPITRE III

37. Considérations générales. — Le sang, les muscles, la plupart de nos tissus et de nos humeurs sont essentiellement constitués par des matières dont la composition centésimale est à très-peu près la même pour toutes ; leurs caractères communs sont nombreux et ce n'est souvent que par des caractères d'une très-mince valeur qu'on les distingue les unes des autres. Quelques-unes d'entre elles se montrent également avec toutes leurs propriétés dans l'organisme végétal et dans l'organisme animal.

38. Composition. — Tous ces corps sont azotés, tous renferment du soufre comme élément. Leur composition centésimale est à très-peu près celle-ci :

Carbone......	53
Hydrogène.	7
Azote...........	15,5
Oxygène..	23
Soufre................ 0,8 à	1,5
	100,0

Pendant longtemps on a cru que le phosphore

était une partie intégrante de la matière organique, maintenant on s'accorde à le considérer comme existant tout entier à l'état de phosphate indépendant de la substance organique.

Les matières albuminoïdes sont généralement considérées comme des amides.

39. Caractères chimiques. — Chauffées en vase clos ou à l'air libre, les matières albumineuses dégagent de l'ammoniaque et divers produits pyrogénés. Elles laissent un résidu de cendres composées de chlorures, phosphates, sulfates ; ces derniers ont emprunté une partie de leur soufre à l'élément organique.

Au contact de l'eau, dans un milieu d'une température douce, les matières albumineuses entrent bientôt en putréfaction. Elles dégagent de l'ammoniaque, de l'hydrogène sulfuré, du sulfhydrate d'ammoniaque, des produits fétides mal étudiés. A un degré moins avancé de décomposition, elles agissent comme ferments.

L'acide azotique froid les jaunit peu à peu ; cette coloration est d'autant plus rapide que l'acide est plus concentré. A chaud, l'acide azotique finit par dissoudre les matières albumineuses après les avoir transformées en un corps jaune (acide xanthoprotéique, 41).

L'acide chlorhydrique bouillant donne avec ces matières une solution qui, d'abord violacée, finit par prendre une teinte bleuâtre. Ce caractère est plus facile à produire avec l'albumine qu'avec la plupart des autres substances de ce groupe.

Au contact de l'iode les matières albumineuses prennent une coloration jaune qui sert à les faire reconnaître sous le microscope.

Chauffées avec une solution très-concentrée de potasse caustique, elles se dissolvent. La solution contient une matière albumineuse que l'acide acétique peut précipiter et que l'on a regardée comme identique quelle que fût la substance albumineuse. C'est à cette substance que l'on a donné le nom de *protéine*. La potasse, en réagissant sur les matières albumineuses, leur enlève une partie de leur soufre, pour former du sulfure de potassium ; aussi, en versant dans une pareille liqueur une solution d'acétate de plomb ou de sulfate de cuivre, on obtient immédiatement un précipité noir de sulfure de plomb ou de cuivre. — En remplaçant la potasse caustique par une solution de protoxyde de plomb dans la potasse, on obtient directement le précipité noir de sulfure de plomb.

Comme conséquence de ce qui précède, les matières albuminoïdes chauffées avec de la potasse ou de la soude caustique dans un creuset d'argent ou sur une lame d'argent, produisent une tache noire de sulfure d'argent.

Mises au contact d'une solution de mercure dans l'acide azotique (32 et 76), les matières albumineuses prennent une coloration rouge caractéristique. Une légère élévation de température manifeste plus rapidement la réaction qui est d'une remarquable sensibilité.

40. Les matières albumineuses solubles naturellement, ou amenées en dissolution au moyen d'un alcali, dévient à gauche le plan du rayon de lumière polarisée circulairement.

Les solutions des matières albuminoïdes, celles de l'albumine surtout, dissimulent aux réactifs la présence des sels de cuivre, de fer, de chaux et de l'iode; aussi faut-il se défier de leur présence dans la recherche de ces éléments, et le plus souvent avoir recours à l'incinération préalable pour en manifester l'existence.

41. **Acide xanthoprotéique**. — Les matières albumineuses soumises à l'action de l'acide azotique donnent un produit jaune qui joue le rôle d'acide. Il est jaune orangé, amorphe, insoluble dans l'eau, l'alcool et l'éther. Il est soluble dans les alcalis caustiques et donne une solution rouge. L'acide azotique bouillant et la plupart des acides minéraux concentrés le dissolvent. Il sert à caractériser les matières albumineuses. C'est à sa formation que l'épiderme et les plumes d'oiseaux qui ont eu le contact de l'acide azotique doivent leur coloration jaune.

CHAPITRE IV

DES MATIÈRES ALBUMINOIDES EN PARTICULIER.

42. Toutes les substances albuminoïdes ne sauraient avoir une histoire détaillée ici, nous ne décrirons que les plus importantes : l'albumine (43), la fibrine (95), la caséine (123), la paralbumine (207), la métalbumine (205), l'hydropisine (206), et nous laisserons complétement de côté les matières albuminoïdes du règne végétal.

ALBUMINE.

43. L'albumine se présente dans la nature à l'état liquide. On en distingue deux variétés principales : l'albumine de l'œuf de poule, et l'albumine du sérum du sang ; l'albumine des kystes, de l'ascite, de la lymphe, du chyle, de l'urine, ressemble beaucoup à celle du sérum, mais elle est assez souvent accompagnée par de la métalbumine, de la paralbumine et par de la fibrine.

L'albumine desséchée à une température de 40° donne un résidu transparent, incolore ou très-légèrement teinté de jaune, qui a l'aspect de la corne sans en avoir la structure. Cette albumine desséchée à basse température est encore soluble dans l'eau.

44. Le blanc d'œuf est formé d'albumine engagée dans un réseau très-fin que l'on rompt par le battage à l'aide d'un paquet de verges. Mis au contact de l'eau, il donne une solution, qui, rendue limpide par filtration, peut servir de type d'essai comme solution d'albumine. Cette liqueur est très-altérable, aussi faut-il n'en préparer que la quantité dont on a besoin dans un court espace de temps. Évaporée dans une capsule de platine à une température fixe de 100°, cette solution albumineuse donne un résidu dont le poids fait connaître la richesse en albumine du liquide qui l'a fourni. Le résidu est de l'albumine brute, contenant $6^{gr},5$ de sels pour 100 grammes d'albumine sèche, et quelques traces de matières extractives et grasses.

D'après Theile, le blanc d'œuf, débarrassé de ses membranes, donne $12^{gr},76$ pour 100 de résidu sec.

45. Le blanc d'œuf n'est pas de l'albumine pure; on pourrait le débarrasser de la plus grande partie de ses sels en le soumettant à la dialyse. Pour avoir une solution d'albumine aussi pure que possible, on précipite une solution de blancs d'œufs, provenant d'œufs récemment pondus, par une solution d'acétate basique de plomb, puis on lave le précipité (albuminat de plomb) avec de l'eau distillée. Le lavage rendu aussi exact que possible, on traite par l'acide carbonique le précipité divisé dans une grande masse d'eau distillée : il se fait du carbonate de plomb

insoluble, tandis que l'albumine redevenue libre se dissout. La solution albumineuse est filtrée dans un filtre de papier, lavée à l'acide et à l'eau distillée. Pour enlever des traces de plomb, on verse quelques gouttes d'une solution d'hydrogène sulfuré, puis on chauffe le liquide vers 60°, de manière à produire quelques flocons d'albumine coagulée qui entraînent le sulfure de plomb en suspension. La liqueur filtrée est une solution d'albumine pure que l'on peut dessécher à 40° (Wurtz).

46. L'albumine, quelle que soit son origine, peut être considérée comme un sel de soude, dont l'élément organique joue le rôle d'acide. L'albumine de l'œuf est un bi-albuminat de soude, les combinaisons de l'albumine avec les oxydes métalliques ayant reçu le nom d'*albuminats*.

47. L'albuminat de potasse (caséine) peut être obtenu en versant une solution de potasse caustique dans une solution d'albumine. Le mélange se prend en gelée ; on peut enlever l'excès d'alcali par l'eau. Ce produit n'est coagulable ni par la chaleur, ni par l'alcool, et l'addition de l'acide acétique en sépare une matière blanche qui se dissout dans un grand excès d'acide acétique. Les albuminats alcalins versés dans les solutions des sels de chaux, baryte, zinc, plomb, cuivre, mercure, donnent les albuminats métalliques correspondants. Ces albuminats sont insolubles, ce qui explique l'emploi de l'albumine comme contre-poison du bichlorure de mercure. L'albu-

mine étant précipitée par l'acétate basique de plomb, on voit qu'à l'aide de ce dernier sel, on pourra débarrasser une solution sucrée de l'albumine qu'elle renferme et qui gêne les réactions caractéristiques et le dosage du sucre.

48. De la coagulation de l'albumine par la chaleur. — Un des caractères les plus importants de l'albumine consiste dans sa coagulation par la chaleur. C'est vers 72° que la coagulation devient complète et que l'albumine se prend en masse si sa solution est concentrée. Vers 62° la liqueur commence déjà à se troubler.

49. Action des acides et des sels. — L'addition d'une petite quantité d'un acide qui par lui-même ne coagule pas l'albumine (acides acétique, phosphorique trihydraté) tend à abaisser le point de coagulation de plusieurs degrés. Certains sels neutres, le sulfate de soude, le chlorure de sodium, le sulfate de magnésie, agissent comme les acides précités. En saturant donc les solutions où l'on recherche l'albumine avec l'un de ces sels, le sulfate de soude par exemple, on peut constater qu'une solution albumineuse commence à se troubler vers 50°. Cette propriété des sels neutres a été mise à profit par Denis pour isoler la *sérine* ou albumine du sérum du sang.

50. Les acides minéraux, à l'exception de l'acide

phosphorique hydraté, coagulent l'albumine à la température ordinaire. L'acide azotique jouit au plus haut degré de la faculté de coaguler l'albumine (53). L'acide chlorhydrique en très-petite proportion ne coagule pas l'albumine ; employé en plus grande quantité, il la précipite, et si l'on fait bouillir le précipité dans une liqueur très-chargée d'acide chlorhydrique, l'acide prend une couleur violacée, puis bleuâtre en redissolvant la plus grande partie du précipité.

54. L'acide acétique ne précipite pas l'albumine. Très-concentré et employé en proportion suffisante, il empêche non-seulement la coagulation de l'albumine à la température. de l'ébullition, mais il peut redissoudre l'albumine déjà coagulée par la chaleur. Dans la recherche de l'albumine, l'acidification légère de la liqueur est de première nécessité, puisque l'albumine ne se coagule pas dans une liqueur très-alcaline. Mais ce qui vient d'être dit montre qu'il ne faut pas non plus forcer la dose d'acide acétique. Le sulfate de soude en solution concentrée précipite l'albumine de sa solution acétique ; aussi, *dans la recherche de l'albumine, quand celle-ci n'existe qu'en minime proportion, après avoir acidifié légèrement la liqueur par l'acide acétique, on doit la saturer par du sulfate de soude cristallisé, filtrer la solution, puis la chauffer jusqu'à l'ébullition naissante : si la liqueur se trouble, c'est qu'elle contient de l'albumine.*

52. L'acide phosphorique tri-hydraté se comporte comme l'acide acétique : il redissout très-difficilement l'albumine coagulée. L'acide citrique, l'acide tartrique, l'acide oxalique et d'autres acides organiques ne coagulent pas non plus l'albumine.

Le tannin, l'infusion de noix de Galles, précipitent l'albumine en formant avec elle un composé imputrescible et insoluble ; ils s'emparent également des autres substances albumineuses et les rendent imputrescibles (peau, fibrine).

53. L'acide azotique coagule l'albumine sans se combiner avec elle. Si l'acide est très-étendu, au dixième par exemple, il se fait tout d'abord un trouble aux points de contact de l'acide et du liquide, et ce trouble disparaît dès qu'on agite la masse. Le précipité ne devient permanent qu'autant que l'on a versé une quantité déjà considérable d'acide. Pour expliquer ce fait, on peut admettre que les premières gouttes d'acide faible s'emparent de l'alcali combiné avec la matière albumineuse, et isolent l'albumine de sa combinaison. Mais bientôt l'acide réagit sur les phosphates du liquide, s'empare de leurs bases, isole l'acide phosphorique qui réagit à son tour sur l'albumine coagulée et la redissout. Les phosphates acides agissent comme l'acide phosphorique libre pour empêcher la précipitation de l'albumine par l'acide azotique.

Sans refuser absolument ce rôle à l'acide phosphorique, j'espère démontrer que la précipitation par l'acide azotique n'a lieu que dans un milieu très-chargé de cet acide. D'ailleurs, les liquides albumineux, l'urine elle-même, contiennent beaucoup de chlorure de sodium, comment alors ne considérer que l'action de l'acide azotique sur les phosphates, et pas sur les chlorures, les sulfates, etc.? La réaction de l'acide azotique sur une liqueur albumineuse est d'ailleurs bien plus compliquée qu'une simple formation de phosphates acides.

54. Il n'est même pas nécessaire d'invoquer l'action de l'acide phosphorique. En effet, une solution d'albumine dans l'eau distillée n'est précipitée par l'acide azotique qu'au fur et à mesure que l'acide azotique est versé en plus grande quantité. Si l'on ne faisait que saturer l'alcali en combinaison avec la matière albumineuse, on ne produirait qu'un léger trouble. Ce n'est que dans une liqueur *très-acide* que l'albumine est complétement précipitée, encore cet effet n'est-il jamais produit qu'imparfaitement. On conçoit dès lors que le trouble produit par quelques gouttes d'acide azotique affaibli dans une solution albumineuse se redissolve par l'agitation, puisque la masse totale est à peine acidifiée. D'autre part, si l'on précipite par l'acide azotique en léger excès une solution d'albumine pure dans l'eau distillée, et que l'on recueille le précipité sur un filtre, le premier liquide qui passe (très-acide) peut n'être précipitable ni par l'acide azotique, ni par la chaleur même en présence du sulfate de soude.

Quand tout le liquide s'est écoulé, si on lave le précipité à l'eau distillée, les premières eaux de lavage (peu acides) sont coagulables par la chaleur, et facilement précipitables par l'acide azotique et le sulfate de soude; au fur et à mesure que l'on verse sur le précipité de nouvelles quantités d'eau distillée, l'eau qui filtre (neutre ou presque neutre) contient des quantités d'albumine de plus en plus grandes, bien qu'il n'y ait ni acide phosphorique, ni phosphates acides.

55. Pour confirmer les idées qui précèdent, j'ai fait les deux expériences suivantes. 1° De l'albumine de l'œuf a été obtenue pure, exempte de sels, par la méthode de M. Wurtz; sa solution aqueuse n'était précipitable par l'acide azotique au dixième qu'alors que la proportion de cet acide était devenue considérable. Il n'y avait aucune trace d'acide phosphorique dans le liquide.

2° J'ai précipité par l'alcool plusieurs liquides séreux, et l'un d'eux tout particulièrement chargé de métalbumine (205); le précipité fut lavé avec de l'alcool additionné d'acide acétique, puis séché en grande partie à l'air. Redissoute dans l'eau, la métalbumine n'était précipitable par l'acide azotique étendu, qu'alors que cet acide était versé en grande quantité. Les premières gouttes d'acide donnaient bien un précipité dans la solution, mais l'agitation du liquide déterminait la redissolution du précipité.

Je me crois donc autorisé à dire que l'action de

l'acide phosphorique n'a pas besoin d'être invoquée, et que l'albumine est précipitée par l'acide azotique, comme par l'alcool, comme par la solution d'acide phénique, sans contracter de combinaisons avec ces réactifs, et que ce n'est que dans un milieu suffisamment riche en acide azotique que l'albumine devient insoluble.

56. Action des alcalis et des sels. — L'addition d'un alcali (ammoniaque, potasse, soude ou leurs carbonates) exerce sur la coagulation un retard d'autant plus sensible que la solution albumineuse est rendue plus alcaline. Une grande quantité d'alcali empêche tout à fait la coagulation, même à la température de l'ébullition. Aussi la fermentation putride, donnant lieu à un dégagement d'ammoniaque, prive l'albumine de la faculté de se coaguler par la chaleur. Quelques liquides séreux sont tellement chargés de carbonate de soude qu'ils ne se coagulent pas par la chaleur, si préalablement on n'a pas pris la précaution de sursaturer leur alcali par l'acide acétique.

57. Les solutions albumineuses additionnées d'une grande quantité d'acide acétique sont précipitées par le cyanoferrure de potassium. La combinaison de cyanoferrure et d'albumine contient environ 6 pour 100 de cyanoferrure, elle est soluble dans un excès d'albumine. Ce précipité sert quelquefois à caractériser l'albumine. D'ailleurs, toutes les solutions de ma-

tières albuminoïdes dans l'acide acétique concentré sont précipitables par ce réactif.

La solution d'azotate de mercure contenant des vapeurs nitreuses précipite et colore en rouge la solution d'albumine : cet effet est rapidement produit quand on élève la température (Réactif Millon 32).

58. Action de divers composés. — La créosote, l'acide phénique, l'alcool coagulent l'albumine.

L'alcool précipite l'albumine de ses dissolutions en quantité d'autant plus grande que l'on a versé plus d'alcool; mais si l'alcool est faible ou n'est employé qu'en minime quantité, ce qui revient au même, l'eau redissoudra la plus grande partie du précipité. La partie qui se redissout est un albuminat alcalin, tandis que la partie qui reste coagulée est presque dépourvue d'alcali. Si l'on avait fait usage d'alcool très-concentré et en grande quantité, le précipité ne serait presque plus soluble dans l'eau, à moins que le contact de la solution alcoolique n'ait duré que quelques instants. (*Métalbumine* (205), *Paralbumine* (207). L'addition d'un acide favorise la coagulation de l'albumine par l'alcool, tandis qu'un alcali l'empêche. (Voir § 60.)

59. Le perchlorure de fer coagule l'albumine; on a utilisé cette propriété dans le traitement des anèvrysmes et des varices.

Le bichlorure de mercure précipite l'albumine de

ses dissolutions; aussi l'albumine est-elle employée comme contre-poison du sublimé, parce que le composé mercuriel qui résulte de leur combinaison est moins vénéneux.

Le chlore, le tannin, précipitent aussi l'albumine de ses dissolutions.

60. Caractères distinctifs de l'albumine de l'œuf et de l'albumine du sérum. — Tout fraîchement pondu, le blanc d'œuf est légèrement acide au tournesol, tandis que les liquides séreux (kystes ovariques, hydrocèle), et le sérum du sang sont alcalins; de plus, ces derniers liquides laissent fréquemment dégager des bulles d'acide carbonique au moment même de leur extraction, quand on les additionne d'acide acétique; il n'est pas possible d'invoquer ici la putréfaction du liquide, mais bien la présence des bicarbonates alcalins, puisque ces liquides sont exempts de carbonate d'ammoniaque.

Le sérum du sang et les liquides séreux sont plus riches en matières salines que le blanc d'œuf. Les liquides séreux et le sérum du sang ne sont pas coagulés par l'éther, qui coagule partiellement le blanc d'œuf. Ce même blanc d'œuf, devenu légèrement alcalin (ammoniacal) par un commencement de décomposition putride, n'est plus coagulable par l'éther.

L'albumine de l'œuf injectée dans les veines ou sous la peau passe bientôt dans l'urine, tandis que l'albumine du sérum injectée sous la peau ne se retrouve pas dans ce liquide. Le sérum ou le sang défibriné injecté directement dans le sang d'un lapin passe dans l'urine (Cl. Bernard).

L'albumine du sérum, des kystes, etc., ne peut pas être obtenue absolument pure, exempte de sels, par le procédé de M. Wurtz.

L'albumine du sérum du sang, précipitée par l'addition au sérum de 4 à 5 fois son volume d'alcool à 90°, puis lavée à l'alcool, se redissout en assez grande proportion dans l'eau distillée.

Ce sérum est d'ailleurs un liquide complexe que nous étudierons plus loin. Si l'on dissout un blanc d'œuf dans son poids d'eau distillée, de façon à avoir un liquide albumineux à peu près aussi riche en matière solide que le sérum du sang, et que l'on précipite cette solution par 4 à 5 fois son volume d'alcool à 90°, le précipité ne se redissout presque pas dans l'eau. Nous reviendrons sur ces caractères en étudiant la métalbumine, la paralbumine et l'hydropisine.

L'albumine du sérum possède un pouvoir rotatoire vers la gauche plus considérable que celui de l'albumine de l'œuf.

61. Recherche de l'albumine. — Les réactions qui servent à caractériser l'albumine ne sont pas toutes utilisées quand il s'agit de sa recherche. Mais il importe de connaître les conditions qui viennent

compliquer les réactions, font prendre pour de l'albumine ce qui n'en est pas, et laissent méconnaître sa présence là où elle existe réellement.

62. La recherche de l'albumine dans les divers liquides de l'économie est fondée sur les trois ordres de réactions suivants :

1° L'albumine est coagulable dans des solutions légèrement acides et même neutres, quand la température du liquide est élevée vers 65° à 80°. L'addition au liquide d'un sel neutre, le sulfate de soude, favorise cette coagulation, et la rend plus parfaite (63).

2° L'albumine est précipitée de ses dissolutions par l'acide azotique (53 et 327).

3° L'albumine est précipitée de ses dissolutions par une solution d'acide phénique (72 et suiv.).

L'histoire de l'urine albumineuse, l'action de l'acide azotique sur ce liquide, les cas particuliers, les difficultés que l'on rencontre dans la recherche de l'albumine de l'urine sont décrits au chapitre *Urines albumineuses*.

63. Recherche de l'albumine au moyen de la chaleur. — Pour déceler la présence de l'albumine dans l'urine ou dans tout autre liquide de l'économie, assurez-vous d'abord que ce liquide est acide et rougit nettement le papier de tournesol. Pour atteindre ce but, ajoutez goutte à goutte une quantité suffisante d'acide acétique faible, puis sa-

turez le liquide de sulfate de soude cristallisé, et parfaitement pur. Cela fait, filtrez la liqueur, remplissez-en aux trois quarts un tube de verre, chauffez-le
sur la lampe à alcool dans la partie supérieure seulement (*fig.* 5) en tenant le tube incliné. Vous pourrez

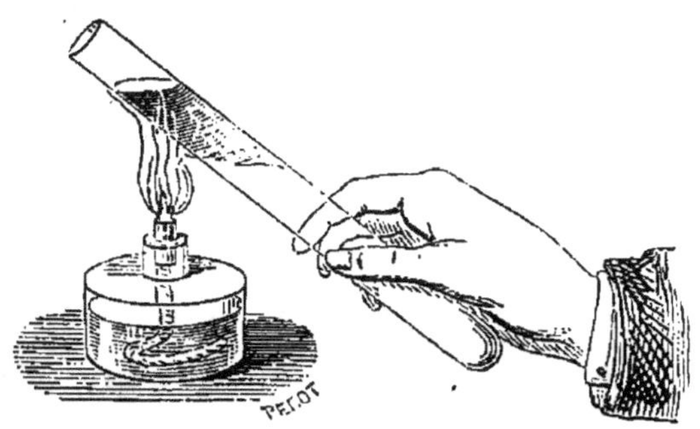

Fig. 5.

tenir le tube par la partie inférieure, et le tourner
sans cesse autour du même axe pour répartir bien
également la chaleur à la surface du liquide. Gardez-
vous de chauffer la partie du tube qui n'a pas le
contact du liquide, vous la feriez bientôt éclater.
Quand la température se sera élevée vers 60°, le
liquide deviendra opalescent, puis, la température
s'élevant à 72° — 80°, le trouble sera plus manifeste,
s'il y a de l'albumine. Il n'est pas nécessaire de
chauffer jusqu'à l'ébullition pour produire la coagulation de l'albumine, mais on est bien plus sûr d'avoir
complété le coagulum quand un commencement d'é-
bullition se manifeste par des bulles de plus en plus
grosses qui s'élèvent des parois du verre.

Le trouble produit par le coagulum est parfois

3.

très-faible, il tranche pourtant avec la couche sous-jacente dont la température s'est très-peu élevée à cause de la faible conductibilité du liquide. Aussi faut-il prendre garde de mélanger les deux couches par une agitation trop brusque.

Dans d'autres cas, ce sont les plus fréquents, le trouble est plus complet, des flocons blancs se séparent et se déposent lentement; enfin, si l'albumine existe dans une proportion considérable, le coagulum se prend en une masse solide, et si l'on chauffe le tube dans toute sa longueur, on peut, l'opération terminée, le retourner sans qu'il s'écoule une seule goutte de liquide.

L'emploi du sulfate de soude est inutile quand la proportion de l'albumine n'est pas trop faible, il suffit de rendre le liquide légèrement acide par l'acide acétique.

Si vous n'avez à votre disposition qu'une très-faible dose de liquide, employez un tube très-étroit, de quelques millimètres seulement de diamètre; l'opération réussira tout aussi bien.

64. *Le trouble produit par la chaleur ne doit pas disparaître quand on ajoute à la liqueur encore chaude, goutte à goutte, de l'acide acétique ou de l'acide azotique.* Une urine, par exemple, peut rougir légèrement le papier de tournesol, parce qu'elle est chargée d'acide carbonique, et, quoique dépourvue de toute trace d'albumine, se troubler dès que la chaleur agit sur elle. Dans ce cas elle dépose du

phosphate de chaux, et du carbonate de chaux que l'acide carbonique maintenait en dissolution. Au fur et à mesure du dégagement de l'acide carbonique en bulles visibles, le liquide se trouble. Vient-on à faire tomber à sa surface quelques gouttes d'acide acétique ou d'acide azotique faible, le liquide va s'éclaircir instantanément s'il ne renferme pas d'albumine, et si le trouble est le résultat unique de la présence du carbonate et du phosphate de chaux. Des bulles d'acide carbonique se dégageront si le liquide est encore chaud. L'acide chlorhydrique produit dans ce cas le même effet que l'acide acétique et l'acide azotique, et rend à l'urine toute sa transparence. *Mais, si le trouble produit par la chaleur ne disparaît pas quand on ajoute à l'urine encore chaude 1/10ᵉ de son volume d'acide azotique, c'est qu'elle renferme de l'albumine.*

Ce qui vient d'être dit pour le cas particulier et très-fréquent d'une urine albumineuse s'applique également à toutes les liqueurs albumineuses. Bien plus, quand des liquides séreux riches en albumine sont très-chargés de carbonate de soude, la coagulation de l'albumine ne s'effectue pas par la chaleur seule, et, si l'on observe un léger trouble par l'action d'une température voisine de celle de l'ébullition, il est aisé de constater, *après le refroidissement complet*, que le dépôt blanchâtre que l'on peut isoler par repos et décantation (carbonate et phosphate calcaires) se dissout dans l'acide acétique faible. Ce qui

précède montre combien il est important d'aciduler
tout d'abord le liquide par l'acide acétique, parce que
cet acide sature l'alcali qui maintiendrait la matière
albumineuse en dissolution même dans un liquide
bouillant, et qu'il s'oppose en même temps à la précipitation des phosphates. — Si, au contraire, on
chauffe jusqu'à l'ébullition un liquide séreux assez
alcalin pour que l'albumine reste en dissolution, l'a-
cide acétique versé goutte à goutte dans le liquide
bouillant ou *presque bouillant* dissoudra immédiatement le trouble produit par le phosphate de chaux
et le carbonate de chaux, et fera apparaître à sa place
le précipité d'albumine coagulée.

65. DOSAGE DE L'ALBUMINE. — Deux procédés peuvent conduire à la connaissance de la proportion d'albumine que renferment les divers liquides de l'é-
conomie : l'un d'eux est fondé sur la coagulabilité
de l'albumine par la chaleur, le second sur sa précipitation par une solution d'acide phénique titrée.

Ces deux procédés s'appliquent également au
dosage de l'albumine du sang, des liquides séreux
(kystes, hydrocèle...) et à l'urine.

Ce que nous avons dit de l'action de l'acide azotique
sur les solutions d'albumine (53 à 55) fait voir l'im-
possibilité d'appliquer cet acide au dosage de l'albumine, puisque le précipité, fût-il complet, ne pourrait
être lavé sur le filtre sans être en grande partie redissous. D'ailleurs l'albumine s'altère rapidement au

contact de l'acide azotique un peu concentré (41).

On a proposé d'apprécier la quantité d'albumine d'un liquide en le chauffant dans un tube à essai ; le coagulum se rassemble peu à peu, et l'on juge approximativement de sa quantité par la hauteur du précipité. Mais, avec la même quantité d'albumine pure ajoutée à des liquides salins ou à de l'urine de diverses densités, on obtient des résultats extrêmement différents. La nature et la quantité des matières organiques et des sels en dissolution, la couleur du liquide varient trop pour que l'on puisse chiffrer les résultats, lors même que l'on prend la précaution d'acidifier également ces liquides. L'opacité du coagulum ne conduit pas à de meilleurs résultats. Ce sont là des à peu près, et non pas des mesures précises.

66. Dosage de l'albumine par l'action de la chaleur. — Au liquide albumineux ajoutez goutte à goutte de l'acide acétique faible jusqu'à ce qu'il offre au papier de tournesol une réaction franchement acide ; cela fait, filtrez-le. Cette condition est de rigueur, surtout avec l'urine ; l'oublier, c'est s'exposer à ajouter à la quantité réelle d'albumine les matières en suspension, le mucus, les urates, des phosphates, etc., et, si le liquide était alcalin, à maintenir en solution, grâce à cet alcali, une quantité de matière albumineuse proportionnée à la quantité d'alcali libre.

Le liquide acidifié légèrement, pesez-en 10, 20, 50 ou 100 grammes de manière à avoir 2 à 5 décigrammes d'albumine sèche. Cette condition n'est pas rigoureuse, mais elle est commode pour la plus facile dessiccation du précipité. L'habitude de cette opération fait juger vite de la quantité de liquide qu'il est bon d'employer, car, en chauffant dans un tube de verre une partie du liquide, on obtient un trouble dont l'opacité plus ou moins grande sert de guide. S'il suffit de 20 grammes du liquide pour avoir cette quantité d'albumine (4 décigr. environ), portez ce volume à 100 centimètres cubes en ajoutant 80 grammes d'eau. S'il fallait, au contraire, 35 grammes de liquide albumineux, ajoutez 65 grammes d'eau. Cette addition d'eau a pour but d'obtenir un coagulum très-divisé et facile à laver sur le filtre. Chauffez le liquide dans une capsule, sur une lampe à alcool en remuant sans cesse avec une baguette de verre et maintenez l'ébullition pendant une ou deux minutes. Le coagulum devra nager au milieu d'un liquide transparent, et, pour obtenir ce résultat nettement, il faut quelquefois verser encore quelques gouttes d'acide acétique affaibli.

Jetez le coagulum sur un petit filtre de papier de Suède, d'environ 5 centimètres de rayon, rincez la capsule avec de l'eau distillée que vous jetterez ensuite sur le précipité, lavez bien, et desséchez le filtre et son contenu dans une étuve chauffée à 100° et même à 105°, tant que deux pesées consécutives ne vous donneront pas le même poids. Le précipité est très-hygroscopique, et, pendant sa pesée, il absorbe rapidement l'humidité et augmente de poids ; pour parer à cet inconvénient, pesez le filtre entre deux verres de montre appliqués l'un sur l'autre à l'aide d'une pince en laiton, après refroidissement sur l'acide sulfurique.

Du poids total (appareil de verre, pince et filtre chargé d'albumine) il vous faudra déduire le poids du filtre et celui de l'appareil avec sa pince pour avoir le poids de l'albumine. Le poids du filtre aura été apprécié dans les mêmes conditions de dessiccation.

67. On peut simplifier ce mode de procéder de la manière suivante : au lieu de prendre le poids du filtre, placez ce filtre vide sur l'un des plateaux de la balance, équilibrez-le avec du papier à filtre de même nature que vous mettrez sur l'autre plateau. Desséchez cette masse de papier à filtre à la même température que le filtre albuminifère, équilibrez exactement ce dernier filtre placé entre les verres de montre avec des poids non marqués ; cela fait, enlevez le filtre albuminifère, remplacez-le par le papier à filtre desséché à la même température que lui, laissez refroidir le tout sur l'acide sulfurique comme quand il s'est agi du filtre à albumine, replacez l'appareil sur le plateau de la balance, enfin rétablissez l'équilibre détruit par *des poids marqués qui exprimeront le poids de l'albumine.*

Il n'est guère possible avec les matières albumineuses de se servir de filtres doubles, parce que les lavages sont plus lents et que la séparation de ces filtres est souvent impossible à effectuer exactement.

68. En se coagulant, l'albumine entraîne avec elle quelques matières colorantes qui augmentent son poids, mais la proportion de ces substances étrangères est ordinairement assez faible. Elle retient surtout des sels, des phosphates de chaux et de magnésie plus particulièrement; on peut en tenir compte en incinérant le coagulum. Quand on opère avec un liquide peu concentré, acidulé par l'acide acétique, l'albumine se prend en flocons faciles à laver et à dépouiller des matières extractives ou salines qui l'accompagnent, et qu'il serait impossible de séparer d'une masse compacte comme le blanc d'œufs ou les liquides séreux de l'organisme.

69. Les eaux mères de l'albumine coagulée et les eaux de lavage ne doivent pas être précipitables par l'acide azotique, ni coagulables par la chaleur après qu'on les a saturées de sulfate de soude. Si l'on n'avait pas obtenu ces résultats, c'est que l'opération aurait été mal dirigée, ou que l'albumine serait déjà en putréfaction.

70. Coagulée par la chaleur, l'albumine contient beaucoup moins de matières salines que l'albumine brute de l'œuf ou du sérum ; aussi, dans des expériences d'essai, où l'on aurait introduit dans un liquide un poids déterminé d'albumine brute, on ne

saurait retrouver plus des 19/20ᵉˢ de ce poids en albumine coagulée et lavée (74).

71. L'albumine en présence du pus, et celle qui a subi un commencement de putréfaction n'est pas toujours complétement coagulable par la chaleur, tout en ayant conservé presque toutes les autres qualités de l'albumine. L'addition du sulfate de soude rend la coagulation beaucoup plus parfaite après addition d'une quantité d'acide acétique suffisante pour rendre la liqueur fortement acide. A l'aide de lavages à l'eau distillée, on enlève les dernières traces de sulfate de soude. L'incinération du produit ne doit donner qu'un résidu minéral insignifiant, si le lavage a été bien fait (*Urines albumineuses*, § 331).

72. **Dosage de l'albumine par l'acide phénique** (1). — L'acide phénique coagule l'albumine sans se combiner avec elle. Pour appliquer cette propriété de l'acide phénique, il faut d'abord le dissoudre dans un mélange d'alcool et d'acide acétique. Voici la formule de la solution qui sert à ce dosage :

Acide phénique cristallisé....	1 partie en poids.	
Acide acétique du commerce........	1	—
Alcool à 90°.....................	2	—

10 centimètres cubes de cette solution se dissolvent

(1) Consultez l'article que j'ai publié in *Archives générales de médecine*, mars 1869, sur ce procédé de dosage et sur divers autres procédés déjà usités.

sans trouble dans 100 centimètres cubes d'eau ou de tout autre liquide non albumineux.

Pour procéder au dosage de l'albumine dans une urine, par exemple, rendez ce liquide légèrement acide à l'aide de quelques gouttelettes d'acide acétique, filtrez-le et pesez-en 100 grammes. Versez 2 centimètres cubes d'acide azotique, agitez, versez ensuite, à l'aide d'une pipette, 10 centimètres cubes de la solution titrée d'acide phénique. Agitez bien pour diviser le précipité floconneux d'albumine, recueillez-le sur un filtre de papier Berzélius. Le liquide s'écoule rapidement ; quand il ne restera plus ni liquide ni précipité à rassembler sur le filtre, laissez égoutter, puis lavez le filtre avec de l'eau phénique bouillante contenant 1 pour 100 d'acide phénique. Étalez le filtre pour le faire dessécher à l'étuve chauffée à 100° ou 105°, ce qui vaut encore mieux. Le filtre sec, enfermez-le entre les deux verres de montre, laissez refroidir sur l'acide sulfurique (*fig.* 2), enfin pesez le tout.

Du poids total, retranchez le poids de l'appareil (verres et pince) et celui du filtre vide et sec, vous aurez le poids de l'albumine. Vous pourrez vous dispenser de prendre le poids du filtre vide, en opérant comme il est dit § 67.

Il est avantageux d'avoir sur le filtre un poids d'albumine qui ne dépasse pas 1/2 gramme, pour rendre le lavage plus facile et plus parfait. Souvent il ne faut que 10 à 15 grammes de liquide albumineux, et, dans tous les cas, on porte le volume sur lequel on opère à 100 centimètres cubes par addition d'eau distillée.

Le liquide qui s'écoule du filtre chargé d'albumine ne doit pas être coagulable par la chaleur, même après l'addition du sulfate de soude, ni précipitable par l'acide azotique, sans quoi le réactif aurait été employé en trop faible proportion par rapport à la quantité d'albumine. Il faudrait alors recommencer l'expérience sur une moindre quantité de liquide albumineux.

73. Ce procédé, appliqué au dosage de l'albumine dans l'urine donne de très-bons résultats. Dans les conditions prescrites, la liqueur filtre si rapidement que l'on n'a pas à craindre qu'il se précipite de l'acide urique qui viendrait ajouter son poids à celui de l'albumine. Un bien grand avantage du réactif, c'est d'être entièrement composé d'éléments volatils, par conséquent d'éviter toute surcharge due au réactif lui-même.

La présence d'une quantité considérable de substances minérales dans les liquides albumineux (sérum, kystes, urines, ascite), ne gêne en rien l'application de ce procédé. Le sucre de diabète n'apporte aucune entrave au dosage de l'albumine par ce procédé. Bien au contraire, quand les liquides albumineux sont très-chargés de sels, la solution phénique n'a pas besoin d'être aidée par l'acide azotique.

Le précipité albumineux obtenu avec la solution

phénique se redissout un peu dans l'eau pure et dans l'eau acidulée par l'acide acétique : ces solutions sont précipitées par le sulfate de soude. C'est pourquoi le lavage se fait avec de l'eau bouillante chargée d'acide phénique, sans alcool ni acide acétique.

74. Le réactif phénique donne un précipité qui ne contient pas 1 pour 100 de cendres, tandis que l'albumine de l'œuf en donne 6 à 7 pour 100, et les liquides séreux de l'économie une quantité encore plus forte. On conçoit dès lors qu'en répétant ce procédé sur des poids connus d'une solution d'albumine brute d'une richesse déterminée à l'avance, on n'obtienne guère que 95 pour 100 environ du poids de l'albumine brute, puisque le précipité ne retient qu'une très-faible partie des sels minéraux de l'albumine.

75. Traces d'albumine décelées par la solution phénique. — La solution phénique (72) peut faire reconnaître des traces d'albumine, dans des conditions où ni l'acide azotique, ni une température voisine de l'ébullition ne peuvent y parvenir. Dans ce but, prenez un verre très-conique (un verre à Champagne), versez-y le liquide à examiner après l'avoir saturé de sulfate de soude pur, acidulez-le par l'acide acétique et filtrez. Ce liquide doit être d'une transparence parfaite. Ajoutez encore 2 à 3 pour 100 d'acide azotique, puis 1/10 du volume total de la solution d'acide phénique (72), agitez vivement le mélange et abandonnez-le à lui-même. S'il y a de l'albumine dans le liquide, il se troublera, et après un repos suffisant vous verrez au fond du verre un précipité blanchâtre (souvent accompagné d'acide urique, si vous opérez sur de l'urine) et vous pourrez par décantation séparer ce précipité du liquide qui le surnage. Versez alors sur ce dépôt de l'eau distillée, laissez déposer encore une fois, séparez de nouveau le liquide surnageant, et vérifiez sur le précipité égoutté toutes les qualités de l'albumine coagulée.

76. Dans ce but divisez le précipité humide dans des petits tubes de verre ; dans l'un d'eux, versez une goutte d'acide azotique et chauffez doucement au bain-marie, peu à peu le précipité jaunira (acide xanthoprotéique, 41). Cette réaction ne réussit bien qu'autant qu'il n'y a plus d'acide phénique qui compliquerait la réaction.

Dans un autre tube, versez de l'acide acétique cristallisable (2 ou 3 gouttes), faites bouillir ; le précipité se redissoudra si l'acide acétique est employé en quantité suffisante, et l'addition à cette dissolution du sulfate de soude en solution saturée précipitera de nouveau l'albumine.

Dans un troisième tube, versez une ou deux gouttes du réactif Millon (§ 32) et chauffez doucement au bain-marie : le précipité albumineux se colorera en rouge intense. Cette réaction est à la fois très-facile à produire et très-convaincante.

Avec ce réactif, on n'a pas à craindre la putréfaction du liquide ; l'acide phénique possède des qualités anti putrides des plus remarquables, qu'il faut attribuer à son action coagulante sur les matières albuminoïdes et sur les produits de leur décomposition (ferments).

77. Recherche de l'albumine dans la bile et dans les liquides chargés de mucus. — La bile normale ne contient pas d'albumine. Pour y rechercher l'albumine qu'elle pourrait contenir pathologiquement, il faut d'abord précipiter la mucine par l'acide acétique ajouté de manière à aciduler fortement la liqueur, filtrer, saturer la liqueur avec du sulfate de soude cristallisé et chauffer la liqueur parfaitement. limpide ; s'il se produit un précipité floconneux, on pourra s'assurer qu'il possède les qualités de l'albumine coagulée (76). Cette méthode s'applique à tous les liquides chargés à la fois de mucus et d'albumine.

CHAPITRE V

78. L'histoire du sang appartient plutôt à la physiologie et à la pathologie qu'à la chimie ; nous ne nous occuperons ici que de la nature chimique de ses éléments, de leur séparation, et de leur dosage, et ne considérerons que le sang de l'homme.

Ce sang est toujours alcalin ; sa densité varie entre 1,050 et 1,057. Examiné au microscope au moment même de sa sortie des vaisseaux, on le voit formé par un liquide incolore auquel on a donné le nom de *plasma* et par des *globules* : les uns, rouges, ont été nommés *hématies* (97) ; les autres, blancs, ont reçu le nom de *leucocytes* (102).

79. Quelques minutes après sa sortie des vaisseaux, le sang se coagule en masse. Il se coagule également dans l'intérieur des vaisseaux, quand une colonne de sang est soustraite à la circulation générale par un obstacle naturel ou artificiel. La coagulation à l'air à la température ordinaire n'est guère complète qu'au bout de 20 minutes. L'agitation du sang favorise sa coagulation. Elle est au contraire retardée par la présence d'une quantité très-faible d'alcali fixe caustique ou carbonaté, et

même totalement empêchée si la proportion atteint quelques millièmes. Les acides organiques, et les acides minéraux assez étendus pour ne pas coaguler l'albumine retardent aussi la coagulation. Une température de 0° agit de même. Le sulfate de soude, l'azotate de potasse, le sel marin, divers autres sels neutres employés en grande quantité empêchent la coagulation du sang.

80. Le *caillot* sanguin abandonné à lui-même se rétracte peu à peu pendant un jour et plus en abandonnant un liquide appelé *sérum* (90). On l'obtient mieux et en plus grande quantité dans un vase plat que dans un vase profond.

Si l'on agite du sang avant sa coagulation, il ne se prend pas en masse, et l'agitateur entraîne une matière fibrillaire, qui, bien lavée sous un filet d'eau, devient incolore, c'est la *fibrine* (95). On obtient la même substance en lavant dans un nouet de linge ou mieux de taffetas de soie le caillot sanguin qui résulte de la coagulation du sang abandonné au repos.

81. Le sang normal contient de la créatine, de la créatinine, de la leucine, de l'urée ($0^{gr},16$ par kil.), de la cholestérine ($0^{gr},1$), de la séroline ($0^{gr},02$), de la glycose, de l'inosite.

82. Les cendres du sang contiennent des chlorures de potassium et de sodium, des carbonates, des sulfates, des phosphates de potasse et de soude, des phosphates de chaux et de magnésie, du fer, des tra-

ces de quelques autres métaux. On y trouve des carbonates alcalins provenant de la décomposition par la chaleur des sels à acides gras fixes ou volatils, comme aussi des urates, des lactates, et des hippurates. D'ailleurs, le sang contient des bicarbonates alcalins à l'état libre, c'est le mélange de ces bicarbonates avec les phosphates alcalins, qui lui donne une réaction alcaline, et la facilité d'absorber facilement l'acide carbonique. Ces cendres contiennent aussi du fer; ce métal accompagne les globules, ou plutôt leur matière colorante, car ce n'est pas au fer que le sang doit sa coloration. On trouve également dans le sang des traces de divers autres métaux, du manganèse, du cuivre, du plomb. Le sérum ne renferme presque aucune trace de ces métaux, c'est le caillot sanguin qui les contient presque exclusivement.

83. Les proportions des divers éléments du sang varient beaucoup dans l'état de maladie; le traité de chimie pathologique de MM. Becquerel et Rodier en contient une histoire assez étendue, qui est en grande partie le résultat de leurs expériences.

Composition moyenne du sang (Becquerel et Rodier) :

DENSITÉ = 1,060.

Eau	781,60
Globules	135,00
Albumine	70,00
Fibrine	2,50
A reporter	989,10

	Report....	989,10
Matières.... {	grasses....	
	extractives..	10,00
	salines..........	
Phosphates...........................		0,35
Fer................................		0,55

	1000,00

84. *Plasma*. — Le plasma, c'est le sang moins les globules, c'est le liquide incolore qui se coagule au sortir des
vaisseaux, et emprisonne les globules dans sa masse pour
former le caillot. La fibrine, qui n'apparaît qu'au moment
de la coagulation du sang, ne préexistait pas à l'état de fibrine solide. En effet, si l'on reçoit le sang d'une saignée dans
une solution saturée de sulfate de soude, il n'y a pas coagulation du plasma. Les globules se déposent peu à peu, et
l'on peut décanter au bout de quelques heures le plasma
liquide additionné de sulfate de soude. L'addition du chlorure de sodium en poudre fine en excès, de manière à
sursaturer ce plasma, y détermine le dépôt d'une matière
pulpeuse à laquelle Denis (1), de Commercy, qui l'a découverte, a donné le nom de *plasmine*.

85. Vient-on à étendre d'eau la plasmine (10 fois son volume au moins), on provoque son dédoublement en *fibrine
concrète* ou fibrine ordinaire, et en une autre substance soluble que le même auteur a nommée *fibrine dissoute*. La
plasmine, insoluble dans une solution saturée de sel marin,
se dédouble donc dans les solutions étendues de ce sel
comme elle se dédouble spontanément dans le sang naturel
abandonné au repos.

La plasmine, précipitée par le chlorure de sodium de sa
dissolution dans le sulfate de soude, peut être recueillie
sur un filtre de papier, et débarrassée de la sérine qui
l'imprègne par des lavages avec une solution saturée de
chlorure de sodium. Il n'est pas possible de la débarrasser

(1) *Mémoire sur le sang.* Paris, 1859.

du chlorure de sodium sans provoquer son dédoublement. La plasmine est une masse blanche que l'on peut dessécher au-dessous de 40°. Si l'on a eu soin de filtrer le plasma additionné de sulfate de soude avant d'en précipiter la plasmine par le chlorure de sodium, on l'a débarrassé des matières grasses en suspension, et la plasmine séparée consécutivement en est absolument exempte.

La plasmine se dissout dans l'eau, mais au bout de 5 à 10 minutes environ, elle se prend en une masse incolore, se coagule comme le sang sorti de ses vaisseaux, et se dédouble en fibrine concrète et en fibrine dissoute. Si l'on exprime le coagulum dans un nouet, la fibrine dissoute passe sous la forme d'un liquide qui possède la plupart des qualités d'une solution albumineuse ; son poids après dessiccation est double de celui de la fibrine concrète restée dans le nouet ; elle est précipitée par le sulfate de magnésie, et ce précipité est soluble dans la solution de chlorure de sodium au dixième.

86. Denis appelle *fibrine concrète pure* la fibrine obtenue par le battage continu du sang veineux. Bien préparée, elle se dissout dans les acides acétique, phosphorique trihydraté, chlorhydrique, étendus et tièdes, comme aussi dans les solutions de sels neutres à bases alcalines. A une température de 40 à 50°, la solution de chlorure de sodium au dixième la dissout en quelques heures ; la solution se coagule entre 60 et 65°, elle est précipitée par le sulfate de magnésie en poudre, par l'alcool.

87. La *fibrine concrète modifiée* est la fibrine du sang artériel obtenue par le battage, ou par l'intermédiaire du sulfate de soude et dilution du plasma. Elle ne se dissout pas dans les solutions salines, et ressemble à la fibrine concrète pure que l'on aurait chauffée dans l'eau bouillante.

C'est encore de la *fibrine concrète modifiée* que l'on obtient avec le sang veineux additionné de sulfate de soude, puis étendu d'eau : la plasmine s'y dédouble en fibrine concrète modifiée et en fibrine pure dissoute. La fibrine que l'on retire par le lavage du caillot veineux obtenu avec du sang abandonné au repos, est encore de la fibrine concrète modifiée ou du moins s'en rapproche beaucoup, car elle paraît se gonfler plutôt que se dissoudre dans les solutions salines, et constitue un état intermédiaire entre la fibrine concrète pure et la fibrine concrète modifiée.

88. Le sang ne se coagule pas toujours spontanément, celui des veines sus-hépatiques et des veines rénales est dans ce cas, c'est parce que la plasmine du sang de ces vaisseaux ne contient que de la fibrine dissoute et pas de fibrine concrète.

89. Le sang n'est donc pas composé, comme on le dit communément, de globules, d'albumine et de fibrine, mais de globules, de plasmine, de sérine et de sels. Denis a trouvé en moyenne, sur 1000 parties de plasma :

	Eau	906,480
	Sérine	53,895
Plasmine = 25,865	Fibrine concrète	3,630
	Fibrine dissoute	22,235
	Sels	13,760

90. **Sérum**. — Le sérum du sang, c'est-à-dire le liquide qui se sépare du sang coagulé pendant la rétraction du caillot, possède une densité variant de 1,028 à 1,030. Tantôt ce liquide est à peine coloré, tantôt il est chargé de matières grasses (1 à 3 gr. par kilog.) surtout pendant la digestion, il prend alors une couleur blanchâtre ; dans quelques circonstances enfin, il renferme de la matière colorante jaune de la bile. Il contient de 5 à 7 grammes de sels à acides organiques par kilogramme, parmi

lesquels des oléates, des margarates entièrement saponifiés qui ne produisent aucun trouble dans sa masse.

91. Le sérum contient la sérine ou albumine du sang proprement dite, et la fibrine dissoute provenant du dédoublement de la plasmine en fibrine concrète et en fibrine dissoute (Denis).

Pour avoir la sérine pure, Denis a proposé plusieurs procédés, nous ne rappellerons que le suivant : il sature à la température de 50° avec du sulfate de soude en poudre soit le plasma dépouillé de plasmine, soit le sérum dont on a enlevé la fibrine dissoute en le saturant de sulfate de magnésie. Quand le liquide est saturé de sulfate de soude à 50°, la sérine se précipite, et on peut la recueillir sur un filtre maintenu à 50°. Elle se dissout dans l'eau, mais quelques gouttes d'acide chlorhydrique la précipitent, la rendent insoluble dans l'eau et soluble dans l'eau salée.

92. Après avoir desséché exactement le sérum, si on l'épuise successivement par l'alcool bouillant et par l'eau bouillante, on le dépouille des matières grasses, des matières extractives et de la plus grande partie des sels ; l'évaporation de ces deux liquides laisse des résidus dont le poids doit être défalqué du poids du sérum sec pour avoir le poids de l'albumine ; encore faut-il déduire du reste les sels que retient ce résidu albumineux, et plus spécialement les phosphates calcaires et magnésiens.

4.

93. Séroline. — Quand on traite par une grande quantité d'alcool bouillant du sérum desséché, le liquide filtré dépose, en se refroidissant, une matière blanche, nacrée, que M. F. Boudet a nommée séroline. Elle fond à 36°, elle est neutre au tournesol et rougit, comme la cholestérine, au contact de l'acide sulfurique concentré. Elle se dissout bien dans l'éther, elle ne se dissout pas dans l'alcool froid.

94. Composition moyenne du sérum (Becquerel et Rodier) :

DENSITÉ = 1,02S.

Eau...		908
Albumine......................		80
Matières...	grasses	
	extractives....	12
	salines........	
		1000

95. Fibrine. — La fibrine obtenue par le battage du sang veineux est en filaments élastiques insolubles dans l'eau, l'alcool, l'éther. Elle perd les quatre cinquièmes de son poids en se desséchant et devient dure, cassante, incolore, mais parfois légèrement rosée ou grisâtre. Elle retient toujours une petite quantité (0,8 à 2,5 pour 100) de phosphates de chaux et de magnésie.

La fibrine se gonfle dans l'acide chlorhydrique étendu de 10 à 20 fois environ son poids d'eau, elle paraît se dissoudre en grande partie dans l'eau contenant un demi-millième de cet acide, mais l'addition d'une nouvelle proportion d'acide la précipite. Elle se gonfle dans l'acide acétique, dans l'acide phosphorique et donne une gelée plus ou moins épaisse.

La fibrine fraîche se dissout dans la solution d'azotate de potasse, et le soluté se coagule par l'action de la chaleur, par l'alcool et les acides à la façon de l'albumine. Cette solution se trouble dès qu'on l'étend d'eau, une petite quantité de soude caustique prévient cette séparation. Nous avons parlé de l'action du chlorure de sodium en traitant de la plasmine.

La fibrine décompose l'eau oxygénée et en dégage l'oxygène, mais elle perd cette faculté quand elle a subi le contact de l'alcool ou celui de l'eau bouillante.

Le sang veineux contient $2^{gr},2$ à $2^{gr},5$ de fibrine par kilogramme. Dans certaines maladies, on peut en trouver le double (pneumonie, rhumatisme aigu, etc.).

96. *Couenne.* — Si l'on abandonne au repos le sang d'une saignée recueilli dans une palette, les globules, à cause de leur densité plus grande que celle du sérum, tendent à occuper le fond du vase ; la couche la plus supérieure est devenue presque incolore au moment où le sang s'est pris en masse, elle est formée par du plasma presque pur. Cette couche supérieure légèrement concave, à peine colorée, est très-ferme, élastique, elle emprisonne la plus grande partie des globules blancs : on lui a donné le nom de *couenne.* Les couches inférieures du caillot sont

plus molles, plus fragiles, et plus chargées de globules rouges. La couenne est d'autant plus épaisse
que le sang contient plus de fibrine; mais il faut
remarquer que dans la chlorose, par exemple,
où le nombre des globules a diminué, la couenne
est épaisse, sans qu'il y ait augmentation réelle de la
fibrine, sans qu'il y ait travail inflammatoire, mais
alors le caillot est petit et il flotte plus tard sur le
sérum. C'est le contraire qui arrive dans la pléthore,
où les globules sont nombreux, le caillot volumineux, plus mou, et la couenne imparfaitement formée.

96 *bis*. **Fibrine des muscles. Musculine.** —
La chair des animaux, hachée finement, puis soumise à des lavages prolongés à l'eau distillée pour la
débarrasser du sang et des matières solubles qui
l'imprègnent, n'est plus alors formée que par les éléments du tissu musculaire auxquels s'ajoutent quelques fragments de vaisseaux, de nerfs et de tendons.
Ce résidu constitue la fibrine musculaire ou musculine de Liebig.

Cette fibrine se distingue de la fibrine du sang
par sa structure et par le caractère chimique suivant. La fibrine du sang se gonfle seulement au contact de l'acide chlorhydrique au dixième, et si
l'on ajoute à ce mélange une nouvelle quantité
d'acide chlorhydrique concentré, la fibrine se con-
tracte et reprend son volume primitif sans perdre la

faculté de se goufler de nouveau par une addition d'eau.

La musculine se dissout au contraire très-promptement dans l'eau additionnée d'un dixième de son volume d'acide chlorhydrique, même à la température ordinaire ; il reste en suspension dans le liquide des globules gras qui le troublent. Cette solution chlorhydrique est précipitée quand on la neutralise, mais le précipité est soluble dans un excès d'alcali.

La fibrine musculaire du poulet et celle du bœuf se dissolvent presque entièrement dans l'acide chlorhydrique dilué à un dixième, celle du mouton laisse un résidu notable, et celle du veau n'est qu'à demi soluble. Le résidu insoluble est blanc, gélatineux, élastique. Même après des lavages prolongés, la fibrine musculaire contient encore du fer. La musculine précipitée par un alcali de sa solution chlorhydrique ne peut plus se redissoudre dans l'acide chlorhydrique étendu, si on la fait bouillir dans l'eau,

97. GLOBULES. — Le plasma contient en suspension deux sortes de globules, les uns colorés en rouge ou hématies, les autres sont incolores, on les nomme pour cela leucocytes.

98. **Globules rouges**. — Les hématies sont des disques biconcaves, arrondis sur les bords, sans noyaux, d'un diamètre de 6 à 7 millièmes de milli-

mètre, épais de 2 millièmes de millimètre. Ils sont
à peine teintés de rose quand on les examine au microscope. Ils jouissent d'une certaine élasticité et
traversent aisément le papier à filtrer. Ils sont d'un
rouge vif dans l'oxygène et dans le sang artériel,
et d'un brun plus ou moins noirâtre dans le sang
veineux, et en général dans les gaz autres que
l'oxygène.

Ils sont constitués par une matière colorante unie
à une substance albuminoïde particulière que Berzélius avait nommée *globuline*, et qui paraît pouvoir se
dédoubler en plusieurs autres. Ils contiennent du
fer; on a cru pendant longtemps que ce métal était
un élément essentiel de leur matière colorante, mais
on a prouvé le contraire dans ces derniers temps.

D'après Denis, le poids des globules secs est à
celui de l'eau qui leur correspond : : 1 : 1,8.

Les globules du sang ont une densité (1,088) bien
supérieure à celle du sérum (1,030), mais ils se
séparent si lentement dans le sang de l'homme, que
ce liquide abandonné à lui-même est pris en masse
avant qu'une proportion notable du plasma ait eu
le temps de s'en séparer. Chez le cheval, le dépôt des
globules rouges est assez rapide, et leur séparation
du plasma assez complète pour rendre l'analyse du
plasma possible sans avoir recours à aucun intermédiaire.

La plupart des acides organiques, l'acide acétique
entre autres, et les alcalis caustiques gonflent rapide-

ment les globules rouges, et les détruisent peu à peu.

Les globules sont à peu près exempts de matières grasses, mais ils contiennent une notable proportion de cholestérine et de protagon.

99. Bien que les globules soient des corps solides, il n'est pas possible de les recueillir complétement sur un filtre de papier; leur élasticité se prête à leur passage dans les pores du papier. Mais l'addition d'une quantité considérable de sulfate de soude ou de sulfate de magnésie modifie la consistance des globules, rend leur dépression centrale plus nette, leurs bords deviennent irréguliers, crénelés, et dans ce milieu salin les globules ne traversent plus le filtre préalablement humecté d'une solution saturée de sulfate de soude. Pour rendre cet effet plus parfait, on fait barboter la masse par un courant d'oxygène qui entretient, pour ainsi dire, la vie des globules. On évite ainsi assez bien leur passage à travers le filtre.

Le lavage des globules sur le filtre doit avoir lieu avec une solution saturée de sulfate de soude et toujours en présence d'un courant d'oxygène, et quand ce lavage est suffisant, on coagule par la chaleur le précipité rouge, ce qui permet de le dépouiller ensuite par l'eau bouillante du sulfate de soude qu'il retient. On déduit du poids du résidu sec le poids des cendres, on obtient ainsi le poids des globules. Ce procédé est difficile à appliquer avec succès dans la pratique surtout quand la température est élevée.

Le sulfate de soude ajouté à un liquide sanguinolent, l'urine par exemple, facilite la recherche des globules en prévenant leur déformation rapide.

Les globules cèdent facilement leur matière colorante à l'eau et se dissolvent eux-mêmes. On a fondé un procédé de dosage des globules sur l'intensité de coloration de leur dissolution dans l'eau, comparée à un type bien déterminé.

100. Le dosage des globules rouges du sang à l'état humide, c'est-à-dire tels qu'ils sont dans le torrent circulatoire, est un problème qui a beaucoup été étudié et dont la solution laisse encore à désirer. Les derniers résultats obtenus par Denis n'ont pas pu passer dans la pratique, puisque l'auteur est obligé d'admettre que le rapport de la quantité d'eau à celle des globules secs est constant, ce qui ne peut être admis d'après ses propres expériences.

101. La proportion des globules rouges varie beaucoup suivant que l'on observe le sang d'individus en bonne santé ou dans l'état de maladie. Elle est de 130 à 140 grammes par kilogramme de sang chez l'homme, et de 125 environ chez la femme. Dans la chlorose, on voit cette proportion diminuer, et descendre jusqu'à la moitié des nombres précédents.

102. **Globules blancs ou leucocytes.** —On les trouve dans le sang normal à l'état de mélange avec les hématies dans la proportion d'un leucocyte sur 300 hématies environ, mais dans certaines affections cette proportion est détruite ; on a vu le nom-

bre des leucocytes dépasser celui des hématies, mais il est déjà fort rare de rencontrer 1 globule blanc sur 3 globules rouges. Le sang chargé de leucocytes prend une teinte rouge-brique plus ou moins grisâtre suivant les proportions du mélange : on désigne cet état du sang sous le nom de *leucocythémie*. Les leucocytes se trouvent également dans la lymphe, le chyle, le mucus, le pus, avec tous leurs caractères. (Voir *Pus*, *Mucus*.)

103. Les globules blancs sont des sphéroïdes d'un diamètre de 8 à 10 millièmes de millimètre; ils sont donc un peu plus gros que les globules rouges. Ils sont aussi un peu moins denses que ces derniers. C'est pourquoi dans du sang défibriné qu'on abandonne à lui-même dans une éprouvette, les globules rouges se déposent les premiers, et les globules blancs se trouvent plus exclusivement dans les couches supérieures.

On ne connaît guère d'autre moyen d'apprécier leur proportion dans le sang que l'examen microscopique.

104. *Matières extractives et grasses.* — D'après Becquerel et Rodier, 10 grammes de matières extractives, grasses et salines du sang contiennent :

Séroline......................	0,025	
Cholestérine.................	0,125	
Savon.......................	1,400	
Chlorure de sodium...........	3,500	10,000
Sels solubles de soude	2,500	
Matières extractives indéterminées.....................	2,450	

La proportion des matières grasses est très-variable suivant que le sang provient d'un individu à
jeun ou en pleine digestion, suivant qu'il est en
bonne santé ou en état de maladie.

105. ANALYSE DU SANG. — La marche à suivre qui
nous paraît la plus simple pour apprécier les proportions des éléments qui composent le sang est
celle-ci :

Le sang est divisé en trois portions au moment
même de la saignée :

1° 20 grammes servent au dosage de l'eau, des
matières solides et des cendres (107 à 109).

2° 40 grammes au moins sont battus (110) et donnent le poids de la fibrine.

3° 40 grammes de sang environ sont laissés en
repos dans un vase plat et couvert. Au bout de quelques heures, on décante le sérum dans un vase de
platine plat, et on le dessèche. On obtient ainsi le
poids de l'albumine brute, il faut défalquer de ce
poids celui des matières grasses et extractives et
celui des cendres pour avoir le poids de l'albumine.
Cela fait, on détermine par le calcul quelle est la
quantité d'albumine qu'aurait donnée le poids de
l'eau contenue dans 1000 grammes de sang, comme
si toute l'eau du sang faisait partie du sérum, et que
la fibrine, les globules et les sels étaient anhydres.

Quand on ne dispose que d'une petite quantité de
sang, on pèse la portion qui doit donner le sérum ;

celui-ci séparé, le caillot sert à doser la fibrine (95,110).

4° Le poids des globules secs s'obtient indirectement. On a supposé que toute l'eau du sang fait partie du sérum, et que les autres éléments du sang sont absolument anhydres ; de cette façon, on augmente sensiblement le poids du sérum, et l'on diminue d'autant la proportion des globules.

Si l'on fait la somme des poids de la fibrine, des sels et de la matière organique du sérum provenant de 1000 parties de sang, et qu'on la retranche du poids du résidu solide de ce même poids de sang, on a le poids des globules secs. Un exemple fera mieux connaître les conditions de l'opération.

106. *Exemple.* — En prenant les poids de sang fixés approximativement dans le paragraphe précédent, on a obtenu les résultats suivants qu'il s'agit d'interpréter :

1° 1000 grammes de sang contiennent :

Eau... $788^{gr},50$.

Matières solides $\begin{cases} \text{organiques} \dots\dots\dots & 202^{gr},34 \\ \text{minérales} \dots\dots\dots & 9^{gr},16 \end{cases} 211^{gr},50$

2° Le dosage de la fibrine a donné pour un kilogr. de sang $2^{gr},352$.

3° Une troisième partie de sang a fait connaître que 1000 grammes de sérum contiennent :

Eau... $917^{gr},28$

Matières $\begin{cases} \text{organiques} \dots\dots\dots & 75^{gr},63 \\ \text{minérales} \dots\dots\dots & 7,^{gr}09 \end{cases} \dfrac{82^{gr},72}{1000,00}$

D'où il est facile de conclure que le sérum correspondant

à 788^{gr},50 d'eau donnerait $\dfrac{87^{gr}.72 \times 788.5}{917^{gr}.28}$ d'albumine brute

$= 71^{gr},11$ qui contiennent :

$$\text{Matières} \begin{cases} \text{organiques} \dots\dots\dots\dots\dots\dots\dots & 65^{gr},01 \\ \text{minérales} \dots\dots\dots\dots\dots\dots & 6^{gr},10 \end{cases} 71,11.$$

Faisons la somme des poids de la fibrine, de la matière organique du sérum et des sels, nous aurons :

$$2^{gr},352 + 65^{gr},01 + 9^{gr},16 = \dots\dots\dots\dots\dots \quad 76^{gr},522$$

Le résidu solide d'un kilog. de sang pèse..... 211^{gr},500

Il reste donc pour le poids des globules....... 134^{gr},978

En résumé, ce sang contient pour 1000 grammes :

Eau	788^{gr},500
Fibrine	2^{gr},352
Albumine, matières extractives	65^{gr},010
Globules	134^{gr},978
Sels minéraux	9^{gr},160
	1000^{gr},000

107. Dosage de l'eau et des matières solides. — Il est extrêmement important d'opérer sur du sang qui n'ait subi aucune évaporation, par conséquent au moment même de la saignée. A cet effet, on reçoit 20 grammes environ de sang au sortir de la veine, on le pèse immédiatement et on le dessèche. S'il faut transporter le liquide à une grande distance, il est préférable de recevoir le jet de sang dans un petit flacon que l'on ferme dès que le volume de sang recueilli paraît suffisant. Le poids du flacon vide et sec, retranché du poids du flacon plein, donne le poids du sang. Si l'on a eu soin d'agiter le flacon pour séparer la fibrine en flocons, il

est aisé d'en vider le contenu dans une capsule plate
pour en opérer la dessiccation ; on lave ensuite le
flacon avec de l'eau distillée, on réunit les eaux de
lavage au produit principal, et on laisse le tout à
l'étuve tant que la matière perd de son poids. Il
faut se garder de laisser à l'air libre le sang qui
doit servir à cette opération avant d'en avoir constaté le poids, parce qu'il perdrait rapidement de
son eau par évaporation, et en quantité d'autant
plus grande que la surface libre du liquide serait
plus considérable, l'air extérieur plus chaud et
plus sec.

Il faut opérer la dessiccation à l'étuve à une température fixe pour tous les éléments du sang, à 100°
de préférence. Quelques expérimentateurs ont préféré 110° et même 120°, de là des différences sensibles dans les résultats. Il est bien vrai qu'à 100°,
on ne saurait obtenir une déshydration des sels aussi
complète qu'à 120°, mais du moins, en opérant à
100°, on arrive plus aisément à des résultats compa-
rables. Les pesées doivent se faire entre deux verres
de montre, comme pour toutes les substances hygroscopiques.

108. Les premières portions de sang obtenues par
une saignée sont sensiblement plus riches en matériaux solides que les dernières portions, ce qu'il
est facile de vérifier expérimentalement. Si donc
on a pu doser la proportion des matériaux solides
du sang au commencement et à la fin de la saignée,

on aura une moyenne qui pourra servir de base plus exacte au dosage des autres éléments.

Les différences sont non moins sensibles sur deux saignées consécutives. D'une première saignée pratiquée sur une femme, M. Lecanu a obtenu 792^{gr},9 d'eau, et, quelques heures après, le sang d'une nouvelle saignée contenait 834^{gr},05 d'eau. Chez un homme vigoureux de 23 ans, il obtenait 780 grammes d'eau, et à une troisième saignée 853 grammes d'eau par kilogramme de sang.

109. *Dosage des cendres.* — L'incinération du résidu fourni par l'opération précédente (dosage de l'eau) donnera le poids des matières minérales.

On est forcé d'opérer en deux temps, comme il est dit au paragraphe 5.

Le sang contient plus de soude et de chlorure de sodium que le liquide musculaire, qui est surtout riche en sels de potasse, et en chlorure de potassium (Liebig). Le caillot renferme surtout les sels de potasse, et le sérum les sels de soude.

110. **Dosage de la fibrine.** — Dans la pratique on dose le plus souvent la fibrine du sang veineux. Il est bon de savoir que, suivant que l'on opère sur le sang artériel ou sur le sang veineux d'un même individu, on obtient un poids différent de fibrine ; le sang artériel en donne ordinairement un peu plus.

Pour doser la fibrine, recevez 40 grammes de sang

au moins dans un verre à précipité, ou dans tout
autre vase mince et léger. A ce verre adaptez un
capuchon de caoutchouc percé dans son sommet de
manière à laisser passer un agitateur en baleine,
terminé en rame à son extrémité inférieure; ce petit
appareil vous permettra un battage facile et prolongé sans courir aucun risque de projection ni
d'évaporation. Le sang recueilli, fermez l'appareil
avec son capuchon, agitez-le vivement avec l'agitateur, pendant 10 minutes environ, et notez le
poids de l'appareil plein de sang. Si vous avez déterminé à l'avance le poids de l'appareil vide et sec,
vous aurez le poids du sang soumis à l'expérience.
Sous l'influence de ce battage, la fibrine se sera
séparée sous la forme de filaments beaucoup plus
faciles à laver qu'un caillot. Après une demi-heure
au moins, enlevez le capuchon, décantez par partie
le liquide bien refroidi sur un tissu fin de toile, et-
mieux encore sur un morceau de taffetas de soie
préalablement mouillé. Laissez écouler le liquide,
puis peu à peu faites tomber le dépôt fibrineux;
réunissez les dernières portions de fibrine adhérentes au vase et à l'agitateur à l'aide de lavages à l'eau;
enfin, toute la fibrine rassemblée sur le taffetas,
faites-en un nouet serré que vous laverez sous un
filet d'eau, en le comprimant en tout sens. La fibrine deviendra blanche, ou à peine rosée, et, si
vous avez opéré dans un nouet de taffetas noir,
à l'aide d'une pince fine, il vous sera aisé de

détacher jusqu'aux plus minces flocons fibrineux ; en
les desséchant à 100°, et mieux encore à 110°, vous
aurez le poids de la fibrine brute. Elle retient des
traces de matière grasse que vous pourrez lui enlever par un lavage à l'alcool bouillant.

Si vous opérez sur du plasma, prenez-en un volume déterminé, étendez-le d'eau, agitez-le et recueillez la fibrine comme il vient d'être dit.

Caillot. — Il s'agit maintenant d'extraire la fibrine d'un caillot. Pour cela, divisez ce caillot par
petites portions, mettez l'une d'elles dans un morceau de taffetas de soie, faites-en un nouet et lavez-le
en le comprimant en tout sens sous un filet d'eau,
ou à défaut dans une grande masse d'eau. Quand
cette portion de caillot sera presque entièrement
réduite à l'état de fibrine, ajoutez une nouvelle portion de caillot, recommencez les lavages, et procédez
ainsi jusqu'à ce que toute la masse fibrineuse soit devenue blanche. Si vous avez eu le soin d'opérer
avec un taffetas suffisamment fin, il ne passe aucune
portion de la fibrine. Séchez et pesez comme précédemment. Le sang normal donne à peu près 2^{gr},5
de fibrine par kilogramme.

**111. Dosage des éléments du sérum. Albu-
mine.** — Le sérum décanté, évaporé à une température modérée, et le résidu desséché à 100°, on
aura le poids des matières solides qu'il renferme ;
en incinérant ce résidu sec, on obtiendra le poids

des cendres (5). Il suffit de quelques grammes de sérum pour obtenir ces deux résultats.

Mais le sérum contient des matières grasses et extractives que l'on peut avoir intérêt à doser ; dans ce but, il faut traiter le sérum desséché par l'alcool concentré bouillant, évaporer l'alcool à siccité, et épuiser le résidu par l'eau ; les matières grasses resteront insolubles. L'alcool bouillant aura enlevé des sels à acides organiques, parmi lesquels des savons ou combinaisons des acides gras avec les bases ; au moyen d'un acide minéral on isolera ces acides gras. Leur séparation est trop compliquée pour trouver place ici.

Après avoir subi un traitement par l'alcool bouillant, le résidu sec du sérum cédera à l'eau bouillante des sels et des matières d'origine organique.

La somme des poids des sels et des matières organiques cédées à l'alcool et à l'eau retranchée du poids du résidu sec fourni par le sérum donne le poids de l'*albumine* brute. On pourrait d'ailleurs doser l'albumine directement (66,72).

Cette marche est applicable au dosage des éléments contenus dans les diverses liqueurs séreuses physiologiques ou pathologiques (liquides de l'ascite, de l'hydrocèle, de la plèvre, des kystes de l'ovaire, des épanchements des articulations et des bourses séreuses, de l'anasarque et de l'œdème).

112. Sang dans l'urine. — Toute urine qui contient du sang renferme de l'albumine ; c'est donc

la présence de cet élément qu'il faut d'abord constater. Quand le sang passe en grande quantité dans
l'urine, il la colore en rouge et la rend alcaline.
Si le sang a longtemps séjourné dans la vessie, ou
si l'urine est devenue fortement alcaline par un
commencement de décomposition, elle n'est plus
rouge, mais brune.

Une urine très-sanguinolente et non altérée laisse
voir des globules au microscope; mais si ces globules sont en petite quantité, il vaut mieux les laisser
déposer d'abord dans un verre très-conique, comme
un verre à champagne, décanter le liquide qui surnage soit par inclinaison du verre, soit mieux encore
à l'aide d'une pipette, et ne soumettre que le dépôt à l'examen microscopique. Ce dépôt doit s'effectuer dans un milieu très-frais, surtout en été,
à cause de la rapide altération des globules dans
l'urine.

La forme arrondie, un diamètre à peu près constant (7 à 8 millièmes de millimètres), une dépression centrale, distinguent les globules rouges des
leucocytes. Mais ces globules se déforment rapidement dans l'eau, plus vite encore dans l'urine
putréfiée, ils se gonflent, ils deviennent sphéroïdes,
toute dépression centrale disparaît, enfin ils deviennent opaques et méconnaissables. Leur matière
colorante est devenue brune (hématine), parfois noirâtre, et, si la quantité de sang est très-faible, il faut:

1° Rechercher l'albumine (61 et suiv.).

2° Faire bouillir une partie de l'urine avec de la potasse ou de la soude caustique ; il se dépose des phosphates terreux, l'hémoglobine et la métahémoglobine se changent en hématine, celle-ci donne à la liqueur une couleur brune, avec des reflets verts à la lumière réfléchie. La rhubarbe, le séné, donnent à l'urine une couleur jaune plutôt que rouge, mais ces matières colorées ne produisent pas de dichroïsme par la potasse, ni la réaction de la matière colorante de la bile par l'acide azotique nitreux.

3° Quand l'urine est fraîche, sanguinolente, alors que le liquide contient encore de l'hémoglobine non altérée, on peut l'examiner au spectroscope, et y constater l'absorption des raies de Frauenhofer entre les raies D et E. C'est surtout près de la ligne D que l'obscurité est plus profonde, c'est là aussi qu'elle se montre en dernier lieu si l'on étend le liquide avec de l'eau.

4° On fait encore bouillir une partie de l'urine, pour coaguler l'albumine. Ce coagulum est coloré en brun, on le lave, puis on le traite dans un matras de verre, à une douce chaleur, par de l'alcool additionné d'un vingtième de son poids d'acide sulfurique, ce liquide devient rougeâtre, on le concentre et on l'examine au spectroscope pour y rechercher les raies d'absorption de l'hématine et de la métahémoglobine. C'est entre C et D, surtout près de la raie C, que les raies du spectre sont absorbées,

113. Le passage du sang dans l'urine a lieu non-seulement dans le cas où des vaisseaux de l'appareil urinaire ont été rompus par une cause pathologique ou accidentelle (calculs, sondage), mais encore dans divers états morbides, scorbut, fièvre typhoïde, empoisonnement par l'hydrogène arsénié; c'est principalement dans ces affections, où le sang est altéré, que les globules sont difficiles à trouver.

Il ne faut pas oublier que pendant la menstruation l'urine peut être souillée par une notable quantité de sang, sans qu'il y ait aucune lésion organique.

114. Quand le sang est abondant dans l'urine, on peut constater au fond du vase des flocons de *fibrine*. La fibrine apparaît fréquemment dans la cystite provoquée par les cantharides.

CHAPITRE VI

115. Ce produit de la sécrétion des glandes mammaires peut être considéré comme une émulsion d'un corps gras, le *beurre*, dans une solution aqueuse d'un sucre particulier, la *lactose*, et d'une ou deux matières albuminoïdes, la *caséine* et l'*albumine*. Toujours alcalin au moment où il sort de la glande, le lait devient acide à l'air, surtout pendant la saison chaude. C'est de l'acide lactique qui prend d'abord naissance ; plus tard, il se fait de l'acide acétique, parce qu'une partie du sucre de lait a subi la fermentation alcoolique, et que l'alcool produit a subi à son tour la fermentation acétique.

Dans les quelques heures qui suivent la traite, et même pendant plus d'un jour, pendant la saison froide, la matière grasse vient peu à peu former à la partie supérieure du liquide une couche de *crème* qui renferme la presque totalité de la matière grasse. La couche sous-jacente d'opaque est devenue simplement opalescente, elle prend le nom de *sérum*, et ne contient presque pas de matière grasse ; elle n'est plus qu'une solution de caséine, d'albumine et de sucre, un peu plus dense que le lait naturel.

116. Densité. — La densité du lait de vache varie de 1,028 à 1,033, celle du lait de femme de 1,030 à 1,034. Pour déterminer la densité du lait, on se sert habituellement d'un aréomètre appelé *lactomètre*, qui indique les densités comprises entre 1,015 et 1,040. Cet instrument est un densimètre ordinaire, gradué comme l'*uromètre* ou densimètre à urines ; ce dernier peut donc parfaitement servir de lactomètre : il indique la densité pour la température de 15°. Quevenne a dressé des tables pour corriger les indications du lactomètre à diverses températures.

La densité du lait n'indique pas sa pureté. En effet, du lait écrémé est plus dense que du lait non écrémé ; or, en ajoutant un peu d'eau au lait écrémé, on peut lui donner précisément la densité d'un bon lait naturel, alors que ce n'est plus qu'un liquide frauduleusement additionné d'eau, privé de sa crème, et par conséquent de la plus grande partie de son beurre.

117. Le lait est coagulé par les acides minéraux, et par les acides organiques surtout à chaud ; l'acide acétique précipite la caséine même à la température ordinaire. L'addition de certains sels neutres, du sulfate de magnésie plus particulièrement, amène la précipitation de la caséine ; quelques troubles de l'atmosphère, l'approche d'un orage, provoquent aussi cette séparation, surtout pendant la saison chaude, si favorable au développement des germes microscopiques. Le lait peu devenir notablement acide sans se coaguler, l'acide lactique n'amenant ce résultat qu'alors qu'il est abondant. La présure coagule le lait avec facilité.

Présure. — La *caillette* est le quatrième et dernier estomac des ruminants; sa surface plissée contient un suc gastrique acide qui possède à un haut degré la faculté de faire *cailler* le lait. On emploie à cet usage la caillette du veau qui tette encore, tantôt fraîche, ce qui est fort rare à cause de sa facile putréfaction, tantôt desséchée. Comme on n'a pas toujours la possibilité de s'en procurer, on en prépare à l'avance, sous le nom de *présure liquide*, une solution : présure récente, 375 gr. ; sel marin, 60 gr.; alcool à 30°, 60 gr.; vin blanc, un litre. Laissez macérer et filtrez au bout d'un mois. Une cuillerée à café de ce liquide suffit pour un litre de lait.

118. Il semble résulter des expériences de Simon que le lait de femme est plus riche en sucre peu après l'accouchement qu'à quelques mois de là, ce que mes essais personnels paraissent confirmer. Ce lait est un des plus variables dans sa composition ; Simon a vu la proportion des matériaux solides varier de 86 à 172 grammes chez une même femme.

119. Composition moyenne du lait de

	Femme (SIMON).	Vache (POGGIALE).
Eau....................	883,6	862,8
Beurre...............	25,3	43,8
Caséine..............	34,3	38,0
Sucre de lait et matières extractives...........	48,2	52,7
Se's................	2,3	2,7
	994,7	1000,0

120. ANALYSES DE LAIT.

LAIT DE	EAU pour 1000 parties.	MATIÈRES solides.	CASÉINE, ALBUMINE et sels insolubles.	MATIÈRES grasses.	LACTOSE et sels solubles.	EXPÉRIMENTATEURS.
Femme...	892,00	108,00	31,00	34,00	43,00	Haidlen.
	928,00	72,00	27,00	13,00	32,00	Haidlen.
	884,00	116,00	38,00	25,00	48,00	Boussingault.
	889,08	110,92	39,24	26,66	43,64	Vernois et Becquerel.
Anesse...	890,12	109,88	35,65	18,53	50,16	Boussingault.
	905,00	95,00	17,00	14,00	64,00	Henry et Chevallier.
	916,00	84,00	18,00	1,10	64,00	
Jument...	896,00	101,00	16,00	0	87,50	Boussingault.
	874,00	126,00	36,00	40.00	50,00	
	871,00	129,00	34,00	40,00	53,00	
Vache...	864,06	135,94	55,15	36,12	38,03	Vernois et Becquerel.
	866,00	134,00	38,00	35,00	61,00	Quevenne.
	885,35	114,65	22,27	56,00	50,50	E. Marchand (sels, 8,09).
Chèvre...	856,00	141,00	15,00	11,00	58,00	Payen.
	844,90	155,10	55,14	56,87	36,91	Vernois et Becquerel.

121. Matière grasse. — Au microscope, la matière grasse du lait se montre sous la forme de globules incolores de dimensions variées, qui ne dépassent guère 2 centièmes de millimètre ; ces globules ont un immense pouvoir réfringent, d'où leur transparence au milieu et leur opacité sur les bords. Réunis en masse par le battage, ils constituent le beurre ; cette matière est fusible vers 35°, et sensiblement incolore quand elle n'a pas été artificiellement colorée. Les globules graisseux n'ont pas d'enveloppe, comme on l'a cru pendant longtemps ; ils sont à peu près sphériques quand le lait est à une température un peu élevée, et au contraire plus ou moins irréguliers sur les bords quand le lait est à une température très-basse, ou qu'il provient d'un animal dont le beurre est très-ferme, c'est-à-dire peu fusible.

122. Crème. —On dose quelquefois la crème, et voici comment : dans une éprouvette (*fig.* 6) de verre

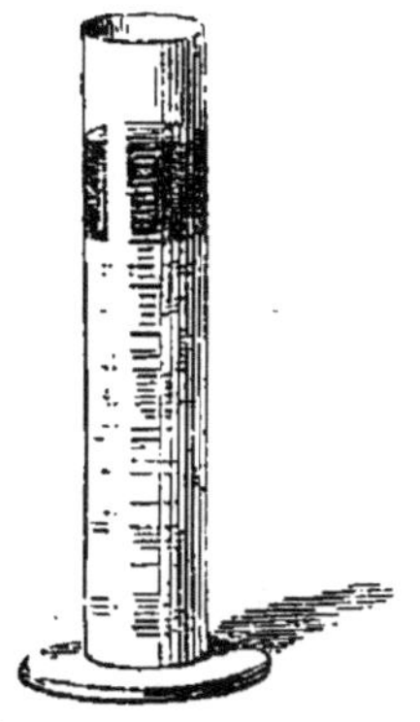

Fig. 6.

de 42 millimètres de diamètre et de 16 centimètres de hauteur, pouvant contenir deux décilitres de lait, on verse assez de ce liquide pour affleurer à un trait 0 d'une échelle graduée en centièmes. Le lait, abandonné au repos pendant 24 heures dans un milieu d'une température de 12 à 15°, se recouvre peu à peu de crème ; au bout de 24 heures on mesure le nombre des divisions qu'occupe la crème. Un bon lait de vache doit donner au moins 10 divisions au crémomètre, c'est-à-dire un dixième de son volume de crème. Les résultats ne sont pas les mêmes quand on opère dans des tubes de dimensions diverses et à des températures différentes. Cet essai est souvent entravé par la coagulation spontanée du lait.

123. Caséine. — On a donné ce nom à la matière albuminoïde qui se précipite spontanément quand le lait s'aigrit, ou *tourne* quand on le chauffe. On l'obtient plus aisément en chauffant du lait avec quelques gouttes d'acide acétique ou d'acide sulfurique, et mieux encore en ajoutant au lait un peu de présure, mais alors la caséine entraîne avec elle la matière grasse.

Pour l'extraire, il vaut mieux se servir du lait écrémé ; on chauffe celui-ci à une température voisine de l'ébullition, et par une addition ménagée d'acide acétique ajouté goutte à goutte, on détermine assez promptement la séparation de la caséine. On recueille sur un linge blanc le précipité volumineux, on le lave à l'eau tiède et on le malaxe pour enlever tout le sucre de lait, enfin on le dessèche. Quoique extraite du lait écrémé, la caséine retient encore des matières grasses qu'il est facile de lui enlever par des lavages à l'éther, enfin par un traitement par l'alcool concentré bouillant. Pour avoir la caséine exempte d'albumine, il faut la précipiter à froid par l'acide acétique ou par la présure.

La caséine se laisse bien mieux précipiter de ses dissolutions étendues d'eau que du lait naturel. Aussi, du lait très-étendu d'eau et légèrement acidulé par l'acide acétique, traversé par un courant d'acide carbonique, se dépouille bientôt de toute sa caséine.

Si l'on sature à froid du lait avec du sulfate de magnésie, on en précipite la caséine. Celle-ci recueillie sur un filtre, lavée avec une solution saturée de sulfate de magnésie, peut être ainsi dépouillée du petit-lait qu'elle retient. Après des lavages suffisants, la caséine, délayée dans un volume d'eau égal à celui du lait qui l'a fournie, se redissout complétement, et, si l'on filtre, les globules gras restent sur le filtre. La liqueur qui passe est une solution de caséine incolore et limpide, qui retient du sulfate de magnésie. La présure ne coagule pas cette solution de caséine, mais l'addition d'un acide, l'acide acétique ou l'acide lactique, en précipite la caséine.

124. Isolée, la caséine n'est soluble dans l'eau qu'à la faveur d'un alcali ; dans le lait elle paraît exister à l'état de sel de potasse (albuminat de potasse).

Les solutions de caséine se distinguent des solutions d'albumine parce qu'elles ne sont pas coagulables par une température de 70 à 80°, parce que l'acide acétique précipite à froid la caséine et ne précipite pas l'albumine, enfin, parce que certains sels neutres, comme le sulfate de magnésie, la précipitent de ses dissolutions.

La caséine bien lavée rougit le papier de tournesol

bleu sur lequel on la pose, et se comporte vis-à-vis
des alcalis comme un acide faible ; elle se dissout
dans les solutions d'alcalis caustiques ou carbonatés, sans en chasser l'acide carbonique ; elle se combine avec la chaux et la magnésie pour donner les
albuminats correspondants qui sont insolubles, enfin elle enlève aux phosphates alcalins leur réaction alcaline. L'acide chlorhydrique très-concentré
finit par la dissoudre et donne une solution bleue ou
violette. Très-affaibli, l'acide chlorhydrique étendu
de 2000 fois son poids d'eau dissout une petite
quantité de caséine fraîchement précipitée, et la
solution possède la plupart des qualités d'une solution d'albumine. La plupart des solutions métalliques
précipitent les solutions de caséine en lui cédant
une partie de leurs bases (acétate de plomb, bichlorure de mercure) ; dans d'autres cas, la formation des albuminats est lente à froid, mais rapide
à chaud (sulfate de magnésie, chlorure de calcium).
La caséine peut se combiner aussi avec certains
acides minéraux et organiques.

125. Le lait chauffé à l'air se recouvre d'une
pellicule mince qui se renouvelle au fur et à mesure qu'on l'enlève ; les solutions alcalines factices
de la caséine donnent lieu au même phénomène.
Mais ce caractère a peu de valeur, il n'est même
pas spécial à la caséine, ainsi qu'on l'a répété bien
des fois, car les liquides des kystes de l'ovaire, des

hygromas et d'autres liquides séreux possèdent ce caractère à des degrés divers.

126. La caséine a été trouvée par M. Dumas dans le sang d'un homme malade, par Nat. Guillot et Leblanc dans le sang des nourrices, par M. Stas dans le sang placentaire. Le sang des nouveau-nés paraît n'en point contenir.

127. *Lacto-protéine.* — Du lait de vache est d'abord privé de sa caséine par l'acide acétique ; la liqueur filtrée est portée à l'ébullition pour coaguler l'albumine et cette matière a été recueillie sur un filtre. La liqueur qui s'écoule contient encore une matière précipitable par l'azotate de bioxyde de mercure, qui a été nommée *lacto-protéine* par MM. Millon et Commaille. Le lait en renferme 1 à 3 gr. par kilog. Cette matière paraît s'éloigner par sa composition et par ses caractères des matières albuminoïdes.

128. Lactose ou sucre de lait $C^{12}H^{11}O^{11},HO$. — On désigne la matière sucrée du lait sous les noms de *lactine*, *lactose* et *sucre de lait ;* on ne l'a jamais rencontrée dans l'organisme ailleurs que dans le lait. Ce sucre est en cristaux durs, incolores, qui perdent 1 équiv. d'eau à 120°, sans se fondre, et correspondent alors à la formule $C^{12}H^{11}O^{11}$, tandis que, desséché à 100° au plus, sa composition correspond à la formule $C^{12}H^{12}O^{12}$. Ce sucre dévie à droite le plan du rayon de lumière polarisée circulairement.

L'eau froide dissout un sixième de son poids de lactose, tandis que deux parties et demie d'eau bouillante en dissolvent une partie. La solution réduit aussi facilement la liqueur de Fehling que celle de la glycose. Mais ce qui distingue bien la lactose de la glycose, c'est que la lactose est insoluble dans l'alcool concentré qui dissout la glycose. Elle est également insoluble dans l'éther. D'ailleurs, la lactose donne surtout de l'acide mucique quand on la traite par l'acide azotique, tandis que la glycose ne donne que de l'acide oxalique.

La lactose soumise à l'action fermentescible de la caséine en décomposition donne de l'acide lactique, et si cette fermentation a lieu en présence de la craie ou de l'oxyde de zinc, dans un milieu dont la température soit d'environ 40°, on obtient des quantités considérables de lactate de chaux ou de lactate de zinc.

Chauffée avec quelques centièmes d'acide sulfurique, la lactose donne de la glycose, d'un pouvoir rotatoire vers la droite plus considérable que celui de la lactose, mais cette glycose lactique (1) donne encore de l'acide mucique par l'acide azotique, et même elle en donne deux fois plus qu'un même poids de sucre de lait.

La lactose peut se combiner avec les alcalis, comme la glycose.

Préparation. — La lactose dont on se sert dans les laboratoires vient de la Suisse. Il suffit de la faire

____

(1) Cette glycose lactique est appelée par les Allemands *lactose* et *galactose.*

cristalliser une ou deux fois pour l'avoir d'une pureté satisfaisante.

Si l'on avait besoin de l'extraire du lait, il faudrait se servir de lait écrémé, le chauffer jusqu'à l'ébullition avec une petite quantité d'acide acétique pour coaguler la caséine et l'albumine; la liqueur limpide filtrée, évaporée au bain-marie jusqu'en consistance sirupeuse, donne au bout de quelques jours des cristaux de lactose qu'il suffit de faire cristalliser une seconde fois.

Le lait des carnivores est dépourvu de lactose quand ces animaux sont soumis à un régime exclusivement animal (Dumas, C. R. de l'Ac. d. Sc., t. XXI, p. 707), mais le sucre apparaît dès que l'alimentation contient une certaine proportion de matières féculentes.

129. **Acide lactique**. — $C^6H^5O^5$,HO. Il existe deux acides lactiques, tous deux possédant la même composition centésimale, et différant l'un de l'autre par leurs sels. L'un d'eux se trouve dans le lait aigri, dans le contenu de l'estomac, surtout à la suite des mauvaises digestions; l'autre se rencontre au nombre des éléments du suc musculaire. On trouve des lactates dans diverses sécrétions, dans quelques liquides pathologiques, en particulier dans les kystes séreux, fort rarement dans l'urine, où ils accompagnent l'oxalate de chaux.

L'acide lactique se forme abondamment quand on abandonne pendant une huitaine de jours, à une température de 30 à 35°, un mélange de lait aigri et de miel ou de sucre, avec du carbonate de chaux. L'acide lactique dégage l'acide carbonique du carbonate de chaux, et forme du lactate de chaux. En remplaçant le carbonate de chaux par de l'oxyde de zinc, il se fait du lactate de zinc, que l'on purifie par cristallisation.

Ces deux acides sont liquides ; fortement concentrés, ils deviennent sirupeux, ils sont inodores, non volatils sensiblement à 100°, très-solubles dans l'eau, l'alcool et même dans l'éther. Ils se combinent avec un équiv. de base pour donner des lactates qui sont tous solubles dans l'eau ; ceux de zinc et de chaux sont peu solubles. Ils se dissolvent aussi dans l'alcool ; le lactate de plomb se dissout même dans l'éther, comme l'oléate de plomb. L'acide lactique précipite rapidement la caséine du lait, et même l'albumine.

Ces deux acides diffèrent l'un de l'autre par les propriétés de leurs sels de chaux et de zinc. Le lactate de chaux du lait aigri et de la fermentation des matières sucrées a pour formule $C^6H^5CaO^6,5HO$, il se dissout dans 9 fois $\frac{1}{2}$ son poids d'eau froide, tandis que le sel correspondant de l'acide des muscles n'a que 4 équiv. d'eau et se dissout seulement dans 12,4 parties d'eau froide ; ce dernier sel est aussi plus facile à déshydrater à 100°. Cristallisés dans l'alcool, ces deux sels ont 5 équiv. d'eau. Le lactate de zinc est aussi fort peu soluble, celui de l'acide du lait aigri a 3 équiv. d'eau et se dissout dans 6 p. d'eau bouillante et 58 p. d'eau froide, tandis que celui des muscles se dissout dans 2,88 p. d'eau bouillante et 5,7 p. d'eau froide ; ce dernier a deux équiv. d'eau.

Le lactate de chaux cristallise en aigrettes formées de petites aiguilles. Celui de zinc peut s'obtenir en petites aiguilles qui se disposent autour d'un centre commun, de manière à figurer des boules. La faible solubilité de ces deux sels aide à les caractériser. Le lactate de zinc, mis en solution dans l'eau, se laisse décomposer par un courant d'hydrogène sulfuré ; il se dépose du sulfure de zinc, et l'acide lactique reste en dissolution.

Pour retrouver l'acide lactique, Scherer traite la solution qui le contient, ordinairement combiné avec les bases, par de l'eau de baryte. Afin de chasser les acides volatils, il fait bouillir le liquide filtré avec quelques gouttes d'acide sulfurique, et laisse le résidu de cette distillation en contact avec de l'alcool pendant plusieurs jours. Cela fait, la liqueur saturée par un lait de chaux est évaporée au bain-marie à siccité, reprise par l'eau bouillante, filtrée chaude, pour ne redissoudre ni le sulfate de chaux ni la chaux en excès; puis un courant d'acide carbonique gazeux enlève l'excès de chaux, enfin la liqueur est portée à l'ébullition, filtrée et évaporée à siccité. Ce résidu est repris par l'alcool bouillant, et le liquide abandonné à lui-même dépose au bout de quelques jours du lactate de chaux cristallisé. Si la matière est très-pauvre en acide lactique, on évapore le liquide en consistance sirupeuse, on ajoute au résidu de l'alcool très-concentré, et au bout de quelque temps on décante le liquide alcoolique dans un vase que l'on puisse fermer, on y ajoute de l'éther, et, s'il y a des traces de lactate calcaire, il se dépose des aiguilles que l'on reconnaît au microscope.

130. ANALYSE DU LAIT. — L'opacité du lait, la constatation de sa densité, de son odeur, de sa réaction alcaline sont des indices de sa bonne qualité, mais le dosage de ses éléments peut seul lever tous les doutes sur sa bonne qualité et sur sa pureté.

L'analyse du lait doit être effectuée autant que possible sur du lait frais.

Les nombreux appareils, les méthodes non moins nombreuses que l'on a appliquées à l'analyse du lait, ont eu pour but principal de rendre ces analyses rapides. La plupart du temps ces instruments ne donnent que des résultats approximatifs que mille causes influencent à l'insu de l'opérateur. Le lait se modifie rapidement à l'air, et ce n'est que par une analyse régulière que l'on peut sérieusement constater ses variations de composition.

131. Marche à suivre pour doser les éléments du lait. — 1° L'évaporation de 10 grammes environ de lait permet d'apprécier la proportion de l'eau et celle des matières solides (6, 107, 132).

2° Le résidu de cette évaporation soumis à l'incinération donne le poids des cendres (5 et 147). Pour cette recherche, il est plus avantageux d'opérer sur 20 à 25 grammes de lait, surtout s'il s'agit de lait de femme.

3° Une seconde prise d'essai de 20 grammes, évaporée comme la première, servira à doser les matières grasses (135).

4° Le résidu du traitemeut par l'éther de cette dernière opération cédera à l'eau légèrement alcoolisée le sucre de lait, et laissera la caséine indissoute; on connaîtra le poids de la caséine en la desséchant à 100°. Le poids des cendres solubles déduit du poids de la lactose obtenue par l'évaporation du liquide aqueux donne le poids de la lactose. Le poids des cendres insolubles déduit du poids de la caséine brute donne le poids net de la caséine.

5° Mais on fixera plus exactement le poids de la lactose avec la liqueur de Fehling (138, 139), ou le saccharimètre (13 et 145). De plus, les poids de la caséine, du beurre et des sels étant connus, la différence entre la somme de ces poids et celui des matières solides (1°) indique encore le poids de la lactose.

6° L'albumine pourra être dosée, après la précipitation de la caséine par l'acide acétique, en chauffant le liquide filtré à l'ébullition (145).

Les détails suivants faciliteront l'application de ces données générales.

132. Dosage de l'eau et des matières solides. — 10 grammes de lait environ sont pesés exactement dans une capsule mince et plate en platine, puis soumis à une évaporation dans une étuve à eau bouillante; le poids du résidu sec à 100° fait connaître par le calcul la proportion des éléments solides et de l'eau que contiennent 1000 grammes de lait. La pesée du résidu doit avoir lieu à l'abri de l'air pour prévenir toute absorption d'humidité. Si l'on pouvait pratiquer l'évaporation dans le vide, en présence de l'acide sulfurique, le résidu serait blanc, tandis qu'il prend dans l'air chauffé à 100° une coloration jaune qui ne modifie pas sensiblement les résultats.

L'évaporation du lait dans le vide sec est préférable, mais on n'a pas toujours à sa disposition une machine pneumatique qui seule rend ce procédé pratique.

133. Quand le sein n'a pas été donné à un enfant depuis plusieurs heures, même quand la nourrice est dans l'état de santé le plus parfait, les premières portions de lait obtenues par la pression du sein sont plus aqueuses et plus transparentes que celles que l'on obtient plus tard, alors que la succion a

soustrait la plus grande partie du lait accumulé dans les conduits galactophores. C'est ainsi que j'ai obtenu 905 grammes d'eau du lait d'une nourrice qui n'avait pas présenté le sein à son enfant depuis 14 heures, et quelques heures plus tard 880 grammes d'eau seulement, alors que l'enfant avait extrait la plus grande partie du lait. Il a été d'ailleurs maintes fois constaté que dans la traite des vaches les dernières portions sont moins aqueuses que les premières.

134. *Le poids des cendres* sera fourni par l'incinération du résidu de l'opération précédente. Quand ce dosage doit avoir lieu, il est bon d'opérer sur 20 à 25 grammes, de manière à pouvoir faire l'analyse du résidu. Cette incinération se fait fort bien sur une lampe à alcool; le résidu est parfaitement blanc, et peut servir à la recherche des éléments minéraux non volatils ajoutés en fraude (148).

135. **Dosage de la matière grasse**. — Évaporez à siccité 20 grammes de lait au moins, traitez le résidu sec par l'éther à plusieurs reprises, évaporez le liquide éthéré dans un vase à précipité, laissez celui-ci dans une étuve à 100° tant qu'il perdra de son poids, enfin retranchez le poids du verre pour avoir celui de la matière grasse.

On peut agir aussi sur le lait non évaporé, après l'avoir rendu très-franchement alcalin par l'addition de quelques gouttes de lessive de soude caustique. On agite alors 50 centimètres cubes de cette liqueur avec son volume d'éther pur, aussi dépourvu d'eau et d'alcool que possible; par le repos, l'éther vient à la surface, chargé des matières grasses. On le décante et on le remplace par de l'éther neuf tant que l'éther fait tache sur le papier sur lequel on le laisse évaporer. L'évaporation de la solution de graisse dans l'éther peut avoir lieu en partie dans une petite cornue de verre, ce qui permet de retirer la majeure partie de l'éther.

136. Le lait d'ânesse et le lait de jument sont remarquablement pauvres en matières grasses. La proportion des matières grasses est excessivement variable chez la femme, tandis qu'elle est assez constante dans le lait de vache (30 à 40 gr. par litre). La traite du soir est pour le lait de vache la plus riche en beurre.

137. *Dosage de la lactose.* — Deux procédés très-exacts servent à constater la proportion de lactose contenue dans le lait, tous les deux sont calqués sur les procédés de dosage de la glycose dans l'urine par la liqueur de Fehling, et par le saccharimètre. Nous allons les décrire successivement.

138. **Dosage de la lactose par la liqueur de Fehling.** *Principes généraux.* — La lactose, comme la glycose, réduit un volume de liqueur de Fehling proportionnel à son poids, mais des poids égaux de

lactose et de glycose ne réduisent pas des volumes égaux de liqueur de Fehling.

Le mode opératoire, les instruments qui servent pour le dosage de la glycose par la liqueur de Fehling s'appliquent également au dosage de la lactose.

Il faut avant toutes choses déterminer quel est le poids de lactose qui réduit 20 centimètres cubes de la liqueur de Fehling (353). Pour cela, dissolvez 2 grammes de lactose pure desséchée à 100° dans de l'eau distillée, et étendez la solution de manière à lui faire occuper un volume de 100 centimètres cubes. Chaque centimètre cube de liquide contiendra 2 centigrammes de lactose.

Remplissez une burette graduée (*fig.* 7) en dixièmes de centimètres cubes avec cette solution su-

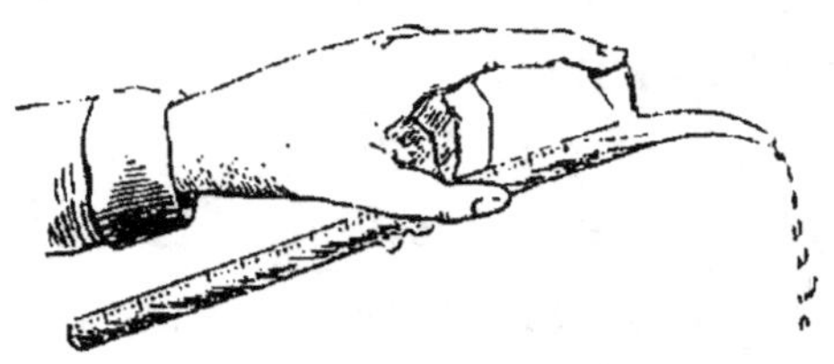

Fig. 7.

crée. — D'autre part, mesurez avec une pipette 20 centimètres cubes de liqueur de Fehling, laissez-les couler dans un matras de verre à fond rond, (*fig.* 8), ajoutez-y 50 centimètres cubes environ d'eau distillée, et 3 centimètres cubes environ de solution concentrée de soude caustique, enfin portez le liquide du matras à l'ébullition au moyen d'une lampe à alcool. Dans la liqueur entretenue bouillante, faites tomber par centimètres cubes d'abord, puis goutte à goutte, la liqueur sucrée (*fig.* 7) de la burette;

Fig. 8.

vous obtiendrez bientôt la décoloration de la liqueur bleue en vous conformant aux prescriptions des §§ 365 et suivant. Par deux ou trois essais semblables, vous connaîtrez le volume exact de la liqueur sucrée qui décolore 20 centimètres cubes de liqueur de Fehling, par conséquent le poids du sucre.

Vous pourrez opérer avec non moins d'exactitude avec une capsule de porcelaine ; les bords de la capsule laissent voir parfaitement la couleur de la solution, il suffit de retirer la lampe à alcool pendant quelques secondes, pour que l'oxyde cuivreux se dépose.

En employant la liqueur de Fehling (353), il vous sera facile de reconnaître que 20 centimètres cubes de liqueur de Fehling exigent 6,7 centimètres cubes de liqueur sucrée ou 67 divisions de la burette divisée en dixièmes de centimètres cubes. Par conséquent,

20 centimètres cubes de liqueur bleue correspondent à $0^{gr},134$ de lactose, comme ils correspondaient à $0^{gr},100$ de glycose.

139. *Application de ces principes au dosage de la lactose dans le lait.* — Ajoutez au lait (10 c. c.) 4 fois son volume d'eau distillée, de manière à porter son volume de 1 à 5, remplissez la burette (*fig.* 7) avec ce mélange et procédez comme précédemment pour déterminer le volume de lait étendu qui décolore exactement 20 c. c. de liqueur bleue. Ce volume de liquide contient $0^{gr},134$ de lactose, d'après les expériences du paragraphe précédent. Mais le lait a été porté du volume 1 au volume 5, donc en divisant par 5 le volume de lait étendu, vous connaîtrez le volume de lait naturel qui contient $0^{gr},134$ de lactose. Il vous sera facile de rapporter le résultat trouvé à un litre ou à un kilogramme. On peut se contenter d'étendre le lait de 2 ou 3 fois seulement son volume d'eau.

Exemple. — 5 c. c. de lait ont été additionnés de 20 c. c. d'eau distillée, et la burette graduée en dixièmes de cent. cubes. a été remplie avec ce mélange. Pour décolorer 20 c. c. de liqueur de Fehling, étendus d'eau distillée et de soude caustique, il a fallu 148 divisions de la burette, ou $14^{cc},8$, d'où il est aisé de conclure que ce volume de lait étendu contient $0^{gr},134$ de lactose. Mais le volume du lait ayant été porté de 1 à 5, il s'ensuit que ces $0^{gr},134$ de lactose sont contenus dans $\dfrac{14^{cc},8}{5} = 2^{cc},96$. Donc, si $2^{cc},96$ de lait contiennent 0^{gr},134 de lactose, 1000 c. c. de lait contiendront $\dfrac{0^{gr},134 \times 1000}{2,96} = 45^{gr},27$.

Comme lorsqu'il s'est agi de déterminer le titrage de la liqueur bleue, l'essai du lait peut se faire dans une capsule de porcelaine, où l'on a moins à redouter les projections.

Ce procédé de dosage direct s'applique très-bien au lait de femme; il a surtout l'avantage de n'exiger qu'une minime quantité de lait, puisque chaque centimètre cube de lait contient environ 5 centigrammes de lactose. D'ailleurs, l'opération peut se faire sur 10 c. c. de liqueur de Fehling, qui correspondent à 0^{gr},067 de lactose séchée à 100°, et les résultats sont tout aussi exacts qu'alors qu'on opère sur 20 c. c. de liqueur bleue; il suffit alors de 1 $^1/_2$ à 2 c. c. de lait.

140. 2e procédé. **Dosage de la lactose dans le petit-lait.** — Bien que la caséine, l'albumine et les matières grasses soient à peu près sans action sur la liqueur de Fehling, elles masquent quelque peu la netteté de la réaction, c'est pourquoi quelques auteurs ont essayé de s'en débarrasser et d'opérer sur le petit-lait. C'est donc la richesse en lactose de 1000 c.c. de petit-lait que l'on détermine, et si l'on connaît la quantité de petit-lait fournie par un litre, il est facile de conclure la richesse en lactose du lait examiné.

141. Dans un matras de verre chauffez un volume

de lait de 50 à 60 c. c. après l'avoir additionné de quelques gouttes d'acide sulfurique ou d'acide acétique. La coagulation se fait moins bien que dans une capsule, mais on évite à peu près complétement le changement de volume dû à l'évaporation. La caséine se précipite, parfois assez lentement, on la recueille sur un filtre, et, afin d'obtenir une liqueur plus limpide, on rejette les premières portions filtrées sur le filtre.

142. Pour doser le sucre contenu dans le petit-lait péparé par cette méthode, étendez-le de 4 fois son volume d'eau distillée, rendez la liqueur neutre ou légèrement alcaline par quelques gouttes de soude caustique, remplissez la burette avec ce petit-lait étendu et cherchez comme précédemment le volume de cette liqueur qui décolore 20 c. c. de liqueur de Fehling. Il ne s'agit plus que de rapporter le résultat au volume d'un litre de petit-lait non dilué ; les indications du § 139 trouvent ici leur application complète.

143. Suivant M. Poggiale, 1000 gr. de bon lait de vache donnent 923 gr. de petit-lait, et chaque kilogramme de petit-lait contient 57 gr. de lactose, ce qui correspond à 52^{gr},7 de lactose par kilogramme de lait, ou 54^{gr},2 de lactose par litre. Le lait des hôpitaux de Paris contient rarement plus de 46 gr. à 48 gr. de lactose par litre de petit-lait et souvent 42 gr. seulement.

144. Les résultats précédents, obtenus avec du

lait de vache, ne sont applicables ni au lait de femme,
ni à celui des autres animaux. On n'a pas déterminé
chez tous la quantité de petit-lait que donne un
kilogramme de lait. D'ailleurs, chez le même animal,
et surtout chez la femme, les éléments caséine et
beurre varient considérablement et font varier pro-
portionnellement le volume du petit-lait. Ils sont
encore bien moins applicables au lait d'ânesse et de
jument. C'est pourquoi le dosage direct du sucre de
lait sur le lait lui-même étendu d'eau, indépendant
de toutes ces variations, doit être préféré (139, 145).
Mais ce procédé de dosage n'en est pas moins excellent pour comparer la richesse en sucre du petit-lait
chez les animaux.

**145. Dosage de la lactose par le sacchari-
mètre.** — Le lait, à cause de son opacité, ne se prête
pas à l'examen direct au saccharimètre, il faut lui
enlever sa caséine et son beurre pour obtenir une
liqueur d'une transparence parfaite. Voici le mode
opératoire le plus avantageux :

Prenez un petit matras de verre qui porte sur son
col deux traits, l'un indiquant une capacité de 50 c. c.,
l'autre de 55 c.c., c'est-à-dire deux volumes dont l'un
est plus grand que l'autre d'un dixième. Versez du
lait dans ce matras jusqu'au trait 50 c.c., puis 15 à 20
gouttes d'acide acétique fort et mélangez les deux
liquides. Chauffez le mélange au bain-marie jusqu'à
ce que vous vous aperceviez que la caséine est coa-

gulée nettement. Cela fait, ajoutez du sous-acétate de plomb liquide jusqu'au trait qui indique une capacité de 55 centimètres (soit environ 4 centimètres cubes), et agitez le tout. Le mélange refroidi devra occuper exactement 55 c. c. Filtrez pour recueillir le coagulum, remplissez avec ce liquide incolore et parfaitement transparent un tube de 20 centimètres de longueur, faites l'observation au saccharimètre (13 et 14) et constatez le nombre de degrés de déviation. Multipliez ce chiffre par $2^{gr},019$, et ajoutez au produit un dixième pour avoir la richesse réelle du liquide. Cette addition est rendue nécessaire par la dilution de $\frac{1}{10}$ qu'on a fait subir au liquide pour le décolorer par l'acide acétique et l'acétate de plomb.

Exemple. La déviation observée est de 19°; la quantité de sucre est donc $2^{gr},019 \times 19 = 38^{gr},36$; mais l'addition successive de l'acide acétique et du sel de plomb a affaibli de $\frac{1}{10}$ la richesse en lactose puisque le liquide a été étendu de $\frac{1}{10}$ de son volume de liquide inerte; donc, la véritable richesse en lactose est $38^{gr},36 \times 3,836 = 42^{gr},196$ par 1000 centimètres cubes de petit-lait.

Pour une déviation de 22°, on aurait : $2^{gr},019 \times 22 = 44^{gr},42 + 4^{gr},442 = 48,86$.

Au lieu de faire la correction d'un dixième motivée par la dilution subie par le liquide avant son examen, on pourrait faire l'observation dans un tube de 22 centimètres de longueur, qui donnerait directement le résultat cherché.

146. Dosage de la caséine et de l'albumine. — L'addition de l'acide acétique précipite la caséine sans précipiter l'albumine ; en élevant la température du liquide vers 40°, on hâte la séparation. Si l'on remplace l'acide acétique par quelques gouttes de présure, la caséine se prend en masse. On la recueille sur un filtre, on la lave à l'eau alcoolisée, on la dessèche, puis on la prive du beurre qu'elle contient par des lavages à l'éther, enfin à l'alcool bouillant. Le résidu ne retient que quelques sels insolubles (phosphates).

Le liquide au sein duquel la caséine s'est déposée contient l'albumine, qui n'existe qu'en très-petite proportion dans le lait normal, mais assez abondamment dans le colostrum. Pour en déterminer la quantité, ajoutez du sulfate de soude pur à la liqueur contenant l'acide acétique libre qui a précipité la caséine, et chauffez jusqu'à l'ébullition. Le coagulum sera formé par de l'albumine ; vous la recueillerez sur un filtre, et après lavage et dessiccation vous en constaterez le poids (66 et suiv.).

147. Sels. — Les éléments minéraux du lait sont : les chlorures de potassium et de sodium, les phosphates alcalins, de chaux et de magnésie, une petite quantité de sulfates. C'est à tort, tout au moins pour le lait de vache, que l'on dit que ce liquide est exempt de sulfates. Ses cendres ne font pas effervescence par les acides ; il est probable que le soufre de la caséine transforme en sulfates les sels organiques du lait qui donneraient des carbonates à l'incinération.

Le lait de femme est le plus pauvre en éléments minéraux ($1^{gr},3$ à $2^{gr},5$ par kilog.) dans l'état de santé. Celui de l'ânesse en contient $5^{gr},24$, celui de la chèvre $6^{gr},18$ (Vernois et Becquerel). Le lait de vache fourni aux hôpitaux de Paris m'a donné $5^{gr},5$ à 6 gr. ; M. Marchand a obtenu plus de 8 gr. ; c'est ordinairement de 5 à 8 gr.

148. Eléments minéraux ajoutés en fraude. — Dans le but d'assurer la conservation du lait, on l'additionne de *carbonate de soude* ou de *borate de soude* (borax). Le premier de ces sels rend le lait très-laxatif pour certaines personnes, et il peut être important d'en rechercher la cause.

Le lait est incinéré dans une capsule de platine, le résidu, repris par une petite quantité d'eau distillée, donne un liquide incolore qui fait effervescence quand on l'additionne d'acide chlorhydrique, ce dernier acide dégageant l'acide carbonique du carbonate alcalin. Il est bon de noter que le poids des cendres est très-notablement augmenté quand cette addition de carbonate de soude a eu lieu.

149. Si le lait a reçu une certaine quantité de borax, on l'incinère comme précédemment, on verse sur la cendre de l'alcool additionné de 3 ou 4 p. 100 de son poids d'acide sulfurique; en approchant une

allumette enflammée du mélange, celui-ci brûle avec une belle flamme verte, due à l'acide borique mis en liberté par l'acide sulfurique.

150. Colostrum. — Sur la fin de la grossesse, et dans les premiers jours qui suivent l'accouchement, le lait n'a pas ses qualités normales et prend le nom de colostrum. Ce liquide est visqueux, jaunâtre, plus dense que le lait (densité 1,040 à 1,060). Il diffère du lait par une moindre proportion de lactose et surtout par la présence de l'albumine, qu'on y rencontre en quantité assez considérable, aussi le colostrum est-il coagulable quand on le chauffe jusqu'à l'ébullition.

Au microscope, le colostrum laisse voir, à côté des globules de beurre, des leucocytes nombreux, qu'on appelle communément des globules de colostrum. Ces globules n'existent pas dans le lait normal, et ils disparaissent chez la femme vers le dixième jour après l'accouchement.

La caséine n'existe pas ou existe à peine dans le lait avant l'accouchement, elle est remplacée par de l'albumine, puis, au fur et à mesure que l'albumine disparaît, la caséine se montre en plus grande quantité.

Le lait de vache atteinte de *cocotte* est un lait qui ressemble beaucoup au colostrum. Il s'épaissit quand on l'additionne d'ammoniaque. (*Comptes rendus de l'Académie des sciences*, 1839, t. VIII, p. 380.)

CHAPITRE VII

BILE.

151. Composition et propriétés générales.
— La bile humaine a beaucoup de ressemblance avec la bile de bœuf; c'est un liquide jaune dans les canaux hépatiques, qui se montre dans la vésicule biliaire avec une coloration jaune orangée, brune, verdâtre et parfois noire. Sa densité varie de 1,200 à 1,260.

La bile contient environ 90 p. 100 de son poids d'eau. Elle renferme de la *mucine*, à laquelle elle doit sa viscosité; si on l'additionne de 2 à 3 fois son volume d'alcool concentré, on précipite la mucine, et la solution biliaire devient alors facile à filtrer et à décolorer par le noir animal. Le mucus est ici un produit de la sécrétion des parois de la vésicule biliaire, car la bile des canaux hépatiques est très-fluide et exempte de mucus.

La bile naturelle se putréfie rapidement dans un milieu un peu chaud; débarrassée du mucus, elle ne subit plus la fermentation putride.

La bile contient aussi de la *cholestérine*. On peut en extraire par l'agitation directe de la bile avec du chloroforme, évaporant le chloroforme, et reprenant le résidu par l'alcool éthéré. Ce dernier liquide abandonne par l'évaporation des *matières grasses* et des cristaux microscopiques de cholestérine (176).

Outre la mucine, la cholestérine et les matières grasses et colorées qui ne forment guère qu'un demi-centième de son poids, la bile contient deux sels de soude à acides organiques, l'*acide cholique* ou *glycocholique*, et l'*acide choléique* ou *taurocholique*. Ce sont là les éléments essentiels de la bile. La bile des herbivores est en grande partie formée par des cholates ou glycocholates; celle des carnivores ne contient que des choléates ou taurocholates; enfin la bile de l'homme est un mélange de ces deux sels, où l'acide choléique est prédominant.

La vésicule biliaire contient accidentellement du sang, du pus, de l'albumine, des calculs; ces derniers corps seront l'objet d'un examen spécial. Les cendres de la bile contiennent des chlorures, des phosphates et souvent du fer, quelquefois même du cuivre. C'est en effet par la bile que le fer est éliminé de l'organisme pour la plus grande partie; les matières fécales prennent une coloration noire due au sulfure de fer qui se produit dans les dernières portions de l'intestin quand ce métal devient abondant.

152. Acides biliaires.—*Extraction.*—On verse de l'acétate neutre de plomb dans de la bile de bœuf tant qu'il se forme un précipité, on recueille ce précipité pour le faire servir à la préparation de l'acide cholique. Dans ce but, on l'épuise à plusieurs reprises par l'alcool bouillant, et dans la solution alcoolique on fait passer un courant d'hydrogène sulfuré. Par filtration on sépare le sulfure de plomb, on concentre le liquide alcoolique pour avoir de l'acide cholique, qu'on abandonne au repos et qui finit par se prendre en masse cristalline. Ce produit a besoin d'être purifié, mais ce n'est guère qu'alors que l'on opère sur de grandes masses de bile de bœuf que l'on peut espérer un produit rigoureusement pur.

153. L'*acide cholique* $C^{52}H^{43}AzO^{12}$ est soluble dans 300 fois son poids d'eau froide environ, il se dissout bien dans l'alcool, et l'évaporation de ce dissolvant le laisse sous la forme d'une masse résinoïde. Il se dissout très-peu dans l'éther. Il se dissout aisément dans les solutions alcalines. Les acides biliaires et leurs sels alcalins dévient à droite le plan du rayon de la lumière polarisée circulairement.

154. *Cholate de soude.* — Le sel naturel de la bile peut être séparé de la bile de bœuf par le procédé suivant : la bile évaporée à siccité au bain-marie après avoir été mélangée avec du noir animal lavé est traitée par l'alcool absolu; la solution alcoolique filtrée, additionnée d'une petite quantité d'éther anhydre, puis abandonnée à elle-même, donne un dépôt poisseux verdâtre. On sépare de ce précipité le liquide qui le surnage, puis on le traite par l'éther qui donne un nouveau précipité, lequel prend peu à peu

la forme d'aiguilles cristallines ; ce composé, que l'on désigne sous le nom de bile cristallisée de Plattner, est du cholate de soude. L'acide sulfurique en sépare de l'acide cholique cristallisé, mais encore impur.

Ce cholate de soude ne cristallise souvent qu'au bout d'une année et plus, et cette lenteur à prendre la forme cristalline s'observe également avec l'acide cholalique et l'acide cholique.

155. *Acide choléique.* — La bile de bœuf en fournit très-peu, il faut avoir recours à la bile d'un carnivore, qui en est exclusivement formée, ou à la bile de l'homme qui en contient beaucoup ; la bile du bœuf, dépouillée des cholates qu'elle contenait par l'acétate neutre de plomb, peut donner de l'acide choléique si on la précipite par du sous-acétate de plomb additionné d'ammoniaque, tant qu'il se forme un précipité. Ce choléate de plomb impur, mis en suspension dans l'alcool, puis traité par un courant d'hydrogène sulfuré, donne un précipité de sulfure de plomb et une solution d'acide choléique, il ne reste plus qu'à chasser l'alcool par évaporation. La bile humaine traitée de la même façon donne aussi de l'acide choléique.

L'acide choléique $C^{52} H^{45} Az O^{14} S^2$ est un liquide que l'on peut dessécher complétement dans le vide et pulvériser. Il se dissout bien dans l'eau et dans les alcalis ; les choléates alcalins ne précipitent pas la solution d'azotate d'argent même en présence de l'ammoniaque, mais une partie de l'argent se réduit à l'état métallique. Cet acide est remarquable par la forte proportion de soufre qui entre dans sa composition, et par les dédoublements auxquels il donne lieu. L'acide choléique dévie aussi à droite le plan du rayon polarisé.

L'acide choléique ne cristallise pas, mais son sel de soude cristallise en aiguilles.

156. Dédoublement remarquable des acides cholique et choléique. — L'acide cholique soumis pendant plusieurs heures à l'action d'une solution bouillante d'un alcali caustique, la potasse ou la baryte, ou à celle d'un acide énergique, l'acide chlorhydrique ou l'acide sulfurique, se dédouble en acide cholalique et glycocolle ou sucre de gélatine :

$$C^{52}H^{43}AzO^{12} + 2HO = C^{48}H^{10}O^{10} + C^{4}H^{5}AzO^{4}.$$

Acide choléique.   Acide cholalique.   Glycocolle.

L'acide choléique se transforme lentement au contact des alcalis bouillants en acide cholalique et en taurine :

$$C^{52}H^{43}AzO^{14}S^{2} + 2HO = C^{4}H^{7}AzO^{6}S^{2} + C^{48}H^{40}O^{10}.$$

Acide choléique.   Taurine.   Acide cholalique.

Taurine $C^{4}H^{7}AzS^{2}O^{6}$. — Ce corps, éminemment remarquable par la grande proportion de soufre qu'il renferme et par les nombreux travaux auxquels sa reproduction artificielle a donné lieu, est le résultat du dédoublement de l'acide choléique par les acides et par les alcalis (156). Il se présente en prismes à 4 ou à 6 côtés terminés par des pyramides, neutres au tournesol, solubles dans 15,5 parties d'eau à la température de 12°, beaucoup plus solubles à chaud, à peu près insolubles dans l'alcool et dans l'éther froid, très-peu solubles dans l'alcool bouillant. Ces cristaux résistent bien à une température de 220° et plus, même en présence d'un alcali ou d'un acide.

La taurine existe libre dans le suc musculaire de certains mollusques et dans le suc de la langue.

Pour l'obtenir avec la bile, on prend de préférence la bile d'un carnivore, on la fait bouillir pendant plusieurs heures avec de l'acide chlorhydrique. Cela fait, on filtre pour séparer des produits résinoïdes, on évapore au bain-marie jusqu'à siccité, on épuise le résidu par de l'alcool absolu, enfin la partie insoluble dans l'alcool est dissoute dans l'eau bouillante qui abandonne la taurine en se refroidissant. Comme elle n'est pas précipitable par l'acétate neutre de plomb, on peut la purifier en la dissolvant dans l'eau bouillante, ajoutant de l'acétate de plomb, filtrant, enlevant l'excès de plomb de la liqueur par un courant d'hydrogène sulfuré, et évaporant la solution. Le résidu, lavé à l'alcool absolu et à l'éther, donne de beaux cristaux de taurine quand on le fait cristalliser dans l'eau bouillante.

La taurine est préparée artificiellement en chauffant de l'iséthionate d'ammoniaque vers 220° à 230°; ce sel perd 11 p. 100 d'eau. Quand on traite le résidu par l'eau, et que l'on verse de l'alcool dans la solution, il se précipite des cristaux de taurine que l'on fait cristalliser de nouveau dans l'eau :

$$AzH^3,HO,C^4H^5S^2O^4 = C^4H^7AzS^2O^6 + 2HO.$$

Iséthionate d'ammoniaque.   Taurine.

157. *Acide cholalique* $C^{48}H^{40}O^{10}$. — Cet acide résulte du dédoublement artificiel des acides biliaires par les alcalis caustiques (156); il existe dans les excréments de l'homme

et de la plupart des animaux. Il peut être obtenu amorphe ou cristallisé, il est presque insoluble dans l'eau froide, très-peu soluble dans l'eau bouillante, assez soluble dans l'alcool et dans l'éther. Chauffé avec l'acide chlorhydrique concentré, il donne de la *dyslysine* $C^{48}H^{36}O^6$. Ce corps est amorphe, insoluble dans l'eau, l'alcool, et à peine soluble dans l'éther.

158. Caractère important commun aux divers acides biliaires. — Réaction Pettenkofer. — Les acides biliaires et la plupart de leurs dérivés (acides cholalique, paracholique, choloïdique) sont aisément caractérisés par la réaction suivante : les solutions qui contiennent des acides biliaires ou leurs sels alcalins additionnées de quelques gouttes d'une solution de sucre de canne (1 partie de sucre et 4 parties d'eau), puis peu à peu de la moitié aux deux tiers de leur volume d'acide sulfurique concentré, donnent, par l'agitation du mélange à l'aide d'une baguette de verre, une coloration d'abord rouge, puis d'un *beau violet pourpre*. Il faut que le mélange soit échauffé vers 60° à 70° pour que la réaction se produise. Si donc le mélange d'acide sulfurique et du liquide biliaire ne s'échauffait pas assez parce l'on aurait employé de l'acide sulfurique trop faible, il faudrait élever doucement la température du mélange. Il ne faut pas non plus que la température dépasse sensiblement 60° parce que le mélange brunirait et la réaction ne se produirait pas nettement.

Le sucre de canne peut être remplacé par la

glycose, par le sucre interverti et par différentes autres matières sucrées.

159. La réaction de Pettenkofer est gênée par la présence des matières albuminoïdes. Il faut donc opérer sur des liquides privés d'albumine par une addition suffisante d'acide et l'ébullition, et mieux encore par l'alcool. La solution alcoolique évaporée à siccité, puis reprise par l'eau, servira à produire la réaction.

L'alcool amylique, l'acide oléique, quelques produits résineux donnent une réaction analogue à celle des acides biliaires, en l'absence de ceux-ci, mais avec une moins grande netteté, et ces produits n'existent ordinairement pas dans les mélanges où l'on recherche les acides biliaires.

La réaction Pettenkofer est aussi empêchée si le liquide sur lequel on opère contient des substances oxydantes et particulièrement des azotates (Huppert). Un grand excès de chlorures pourrait donner à la réaction une teinte rougeâtre (Pettenkofer).

160. **Recherche des acides biliaires dans l'urine.** — Les acides biliaires passent quelquefois en petite quantité dans les urines. Voici comment il faut opérer pour en manifester la présence : évaporez environ 500 grammes d'urine à siccité, traitez le résidu par l'alcool à 86° et filtrez pour séparer la plus grande partie des sels. Évaporez la solution alcoolique à siccité, reprenez le résidu avec de l'alcool

absolu, filtrez, évaporez à siccité. Ce nouveau résidu est à peu près complétement dépourvu de sels minéraux, reprenez-le par l'eau distillée et versez du sous-acétate de plomb en évitant d'en verser un excès. Au bout de douze heures, recueillez le précipité, lavez-le, desséchez-le partiellement entre des feuilles de papier à filtre, épuisez-le par l'alcool bouillant, ajoutez du carbonate de soude au liquide, évaporez à siccité et traitez le résidu par l'alcool absolu. Vous dissoudrez ainsi une combinaison des acides biliaires avec la soude. En évaporant l'alcool et reprenant par l'eau distillée, vous aurez une solution qui se prêtera parfaitement à la réaction Pettenkofer (158). Quelques grammes de cette solution, chauffés avec l'acide sulfurique étendu additionné d'une ou deux gouttes de solution de sucre, donnent aussi très-nettement la coloration violet-pourpre qui est si caractéristique.

161. Matières colorantes de la bile et des calculs biliaires. — Ces matières sont assez nombreuses, bien que toutes ne soient pas connues, elles semblent dériver d'une matière unique, la bilirubine, laquelle se transforme au contact de l'air et de divers agents en d'autres corps qui diffèrent entre eux tant par leur couleur que par leur solubilité dans les dissolvants neutres. Ces matières se rencontrent aussi dans des proportions diverses dans les divers liquides de l'économie chez les ictériques, même dans les épanchements séreux accidentels (hydrocèle, etc.). Toutes ces matières produisent au contact de l'acide azotique chargé de vapeurs nitreuses une succession de colorations qui servent à en caractériser la présence. Elles sont toutes insolubles dans l'eau.

162. Bilirubine $C^{32}H^{18}Az^2O^6$. — Cette matière colorante est désignée souvent sous les noms de *cholépyrrhine*, d'*hématoïdine*, de *biliphéine*; elle n'existe qu'en très-petite quantité dans la bile humaine, à l'état libre; elle forme à elle seule la plus grande partie de certains calculs biliaires, mais elle s'y trouve combinée avec la chaux et la magnésie. Elle passe dans l'urine et dans le sang des ictériques, elle se trouve normalement dans le contenu de l'intestin grêle.

Extraction. — La bile faiblement acidulée par l'acide chlorhydrique, puis agitée avec une proportion considérable de chloroforme, cède à ce liquide de la bilirubine. Le chloroforme se colore en jaune orangé, on retire par la distillation la plus grande partie du chloroforme, on ajoute de l'alcool au résidu, la bilirubine se précipite. Redissoute dans le chloroforme, on la précipite encore une fois par l'alcool, enfin on la lave à l'éther et à l'alcool pour la débarrasser des dernières traces de biliprasine et de matières grasses, puis on la fait cristalliser dans le chloroforme.

L'urine des ictériques peut fournir aussi de la bilirubine quand on la traite dans les mêmes conditions. La bile sèche traitée par le sulfure de carbone cède de la bilirubine à ce liquide.

Pour l'extraire des calculs biliaires, on réduit ceux-ci en poudre, on les traite tout d'abord par l'éther alcoolisé qui dissout la cholestérine et les matières grasses. Cela fait, on épuise le résidu par l'eau chaude, qui dissout les sels solubles et les matières extractives. Il ne reste plus qu'une combinaison de bilirubine avec la chaux et la magnésie : en traitant celle-ci par l'acide chlorhydrique étendu, on dissout la chaux, la magnésie, et l'on isole la bilirubine. Pour la purifier, on la dissout, après dessiccation, dans le chloroforme bouillant, on filtre la solution bouillante, on la distille pour retirer le chloroforme, puis on traite le résidu par l'alcool absolu et enfin par l'éther. Redissoute dans le chloroforme, on évapore cette nouvelle solution filtrée jusqu'à ce qu'elle commence à se troubler et l'on en précipite la bilirubine par l'alcool.

La bilirubine est une poudre d'une jaune orangé que l'on peut aisément obtenir cristallisée en prismes orthorhombiques, microscopiques, très-nets, d'une couleur rouge orangée, quand on laisse évaporer lentement sa solution chloroformique sur une lame de verre. Insoluble dans l'eau, à peine soluble dans l'éther, très-peu soluble dans l'alcool, elle se dissout beaucoup mieux dans le chloroforme, surtout à chaud; elle se dissout également dans la benzine et le sulfure de carbone. Ses solutions chloroformiques ou alcalines possèdent un pouvoir colorant immense.

La bilirubine se dissout bien dans les solutions alcalines, elle forme avec les oxydes de véritables combinaisons. En mélangeant une solution de bilirubine dans l'ammoniaque avec un sel soluble (chlorure ou azotate) de chaux, baryte, plomb, etc., on obtient les combinaisons métalliques correspondantes. Ces composés sont insolubles dans l'eau, l'alcool, l'éther et le chloroforme; la bilirubine y joue le rôle d'acide.

Les solutions alcalines de bilirubine, la solution ammoniacale surtout, verdissent promptement à l'air en donnant de la biliverdine.

La solution de bilirubine dans le chloroforme devient rapidement verte, si le chloroforme est altéré et renferme des produits chlorés qui le colorent en jaune.

Caractères distinctifs de l'hématoïdine et de la bilirubine. — Pour beaucoup d'auteurs l'hématoïdine et la bilirubine ne sont qu'un seul et même corps. Pour MM. Holm et Staedeler, ces deux corps sont différents. L'hématoïdine qui a servi comme point de comparaison avait été retirée des corps jaunes de la vache par le chloroforme et obtenue en cristaux microscopiques. Voici le résumé de leurs caractères distinctifs :

	HÉMATOÏDINE.	BILIRUBINE.
1. Dissolution dans le sulfure de carbone..............	Rouge.	Jaune.
2. Éther.....	Soluble.	Insoluble.
3. Alcalis... .,...........	Insoluble.	Soluble.
4. Solution chloroformique traitée par les alcalis.........	Conserve sa couleur et l'hématoïdine.	Devient incolore et cède sa bilirubine au liquide alcalin.
5. La solution alcoolique traitée par l'acide azotique nitreux......	Est décolorée.	Se colore en vert, puis en bleu et en rouge.

La réaction 4 peut servir à séparer ces deux principes l'un de l'autre.

163. Biliverdine $C^{32} H^{20} Az^2 O^{10}$. — La biliverdine est un produit d'oxydation de la bilirubine, elle se forme quand on expose à l'air une solution alcaline de bilirubine. On opère dans un vase plat pour rendre la surface d'oxydation aussi grande que possible, et, au bout d'un certain temps, on verse de l'acide chlorhydrique, on lave le précipité à l'eau, puis on le traite par l'alcool bouillant qui dissout la biliverdine et laisse indissoute la bilirubine inaltérée. La solution alcoolique donne par évaporation une matière amorphe, verte, qui se dissout dans les solutions d'alcalis et les colore en vert. L'action oxydante de l'air a transformé la bilirubine en biliverdine, et, par un effet contraire, l'action réductrice de l'acide sulfureux peut ramener au jaune une solution bouillante de biliverdine. Elle se dissout dans les solutions alcalines qu'elle colore en brun, et l'addition d'un acide la fait déposer avec sa couleur verte, mais avec le temps les solutions alcalines de biliverdine donnent de la biliprasine. La biliverdine se dissout dans le chloroforme et dans l'éther.

La biliverdine n'existe pas à l'état libre dans les calculs biliaires ; on peut s'en convaincre en faisant macérer dans l'alcool les fragments verdâtres, jaunâtres, les débris de calculs biliaires : l'alcool ne se colore pas en vert. Mais le dépôt verdâtre qu'on obtient avec certaines urines ictériques en contient une quantité notable, quelquefois même l'addition de quelques gouttes d'acide chlorhydrique à une urine ictérique détermine immédiatement le dépôt d'une quantité assez considérable de biliverdine.

164. Bilifuscine $C^{32}H^{20}Az^2O^2$. — Elle accompagne la bilirubine et s'obtient en même temps que la bilirubine. La solution chloroformique qui contient ces deux matières est évaporée, et le résidu repris par l'alcool absolu cède la bilifuscine à ce liquide, tandis que la bilirubine reste indissoute. Quelques lavages à l'éther enlèvent les matières grasses. Cette matière est presque noire en masse, et donne une poudre brune qui ne se dissout bien que dans l'alcool. Elle se dissout aisément aussi dans les solutions alcalines qu'elle colore en rouge-brun ; comme la bilirubine, elle donne des combinaisons métalliques par double décomposition, et les acides énergiques la séparent de ses combinaisons.

165. Biliprasine $C^{32}H^{22}Az^2O$. — A la surface de certains calculs biliaires, et surtout dans ces masses noirâtres pultacées que l'on trouve dans les conduits biliaires quand une cause quelconque a fait depuis longtemps obstacle à l'écoulement naturel de la bile, on rencontre une matière d'un noir verdâtre, qui, desséchée, est brillante, friable, insoluble dans l'eau, l'éther, le chloroforme. Pour l'isoler de la bilirubine qu'elle accompagne fréquemment, on traite le calcul pulvérisé successivement par l'éther, l'eau, l'acide chlorhydrique et le chloroforme. La biliprasine reste dans le résidu insoluble; on traite celui-ci par l'alcool, on filtre, évapore et lave la biliprasine avec de l'éther, puis avec du chloroforme.

166. Bilihumine. — Quand un calcul biliaire a été épuisé successivement par l'éther, l'eau, l'acide chlorhydrique, le chloroforme, l'alcool, il reste souvent une matière brune, soluble dans l'ammoniaque et la soude caustique, et que l'on peut précipiter par les acides. Ce corps est insuffisamment étudié, il brunit de plus en plus à l'air, et c'est en vain que l'on essaye d'arriver à un produit nettement défini en répétant les dissolutions dans les alcalis, les précipitations consécutives par un acide, et les lavages aux dissolvants neutres.

167. TABLEAU RÉSUMANT LES PRINCIPALES PROPRIÉTÉS
DES MATIÈRES COLORANTES DE LA BILE.

+ = soluble, — = insoluble.

	ALCOOL.	ÉTHER.	CHLOROFORME.	COULEUR	
				de LA POUDRE.	DE LA SOLUTION ammoniacale.
Bilirubine....	—	—	+	rouge	rouge orangé
Biliverdine...	+	+	+	vert foncé	beau vert
Biliprasine...	+	—	—	verdâtre	verdâtre
Bilifuscine...	+	—	+	brune	brune
Bilihumine...	—	—	—	brunâtre	noirâtre

La bilirubine seule cristallise et possède des caractères exactement définis. La biliverdine et la biliprasine ne se distinguent guère que par la matière
dont elles se comportent vis-à-vis de l'éther qui dissout la biliverdine seulement; la facilité avec laquelle
la biliverdine donne de la biliprasine les fait aisément confondre, et leur purification absolue en
devient très-difficile. Ces deux corps donnent d'ailleurs très-nettement la réaction Gmelin, ce qui suffit
pour les besoins cliniques.

**168. Caractère important commun aux di-
verses matières colorantes de la bile. Réac-**

tion Gmelin. — Les diverses matières colorantes de la bile ont une réaction commune qui sert à caractériser la présence de l'une ou de plusieurs d'entre elles dans un liquide ; cette réaction a été découverte par Gmelin.

Dans un verre à expérience à fond très-conique versez de l'acide azotique contenant des vapeurs nitreuses (acide azotique exposé au soleil), puis faites glisser lentement le long des parois inclinées du verre la liqueur à essayer à la surface de l'acide. Au bout de quelques secondes de repos, vous observerez au contact de l'acide une série de couches colorées de haut en bas en *vert, bleu, violet, rouge, jaune.* Peu à peu ces couches disparaîtront, et la liqueur n'aura plus qu'une couleur jaune orangée. En opérant avec soin sur des liquides assez riches en matières colorées biliaires, ces couches sont bien distinctes et éminemment caractéristiques. Mais, pour que l'observation soit concluante, il faut de toute nécessité constater la couche *verte* et la couche *violette.* La couche bleue est rarement bien nette. Une simple coloration rouge ou violacée ne serait pas décisive, puisque l'indican la donne, et que l'acide azotique colore assez fortement en rouge des urines absolument dépourvues de pigment biliaire.

On peut faire réagir l'acide azotique sur une solution chloroformique ; l'acide surnage le chloroforme et la réaction se fait de haut en bas.

Il ne faut pas opérer avec une solution alcoolique,

parce que l'action de l'acide azotique sur l'alcool est énergique et donne une coloration verte qui pourrait induire en erreur.

Avec l'urine, il ne faut pas employer un acide trop chargé de vapeurs nitreuses, à cause de la rapide décomposition de l'urée par l'acide hypoazotique et de l'effervescence qui en est la conséquence.

CALCULS BILIAIRES.

169. Généralités. — Les calculs biliaires se trouvent dans les conduits biliaires, dans la vésicule biliaire, et même dans le contenu de l'intestin.

On les rencontre quelquefois en nombre considérable, constituant une véritable *gravelle hépatique;* quand ils sont très-nombreux dans la vésicule, ils offrent souvent des formes polyédriques. Ils ont fréquemment un noyau de mucus, de sang ou de matière colorante.

Les éléments principaux qui les constituent sont : la cholestérine, les matières colorantes biliaires (bilirubine, biliprasine, bilifuscine, bilihumine), la chaux, la magnésie, leurs carbonates, enfin du mucus et quelques sels.

Il y en a deux espèces principales : ceux de la première espèce sont presque exclusivement formés par de la cholestérine; ceux de la seconde par des matières colorantes biliaires. Enfin, on pourrait faire un troisième groupe des calculs constitués par un mélange de cholestérine et de matières colorées.

Les calculs de cholestérine sont les plus légers, mais ils sont toujours plus lourds que l'eau, souvent blanchâtres, à cassure rayonnée, brillante, quelques-uns d'entre eux contiennent à peine quelques centièmes de matière étrangère à la cholestérine. L'histoire de ce corps est tracée § 176. Ces calculs de cholestérine ont tantôt la forme arrondie, et les aiguilles de cholestérine partent du centre comme les rayons d'une sphère ; tantôt ils sont allongés et les aiguilles partent d'un axe longitudinal.

Les calculs de matières colorées sont les plus lourds et perdent aussi le plus à la dessiccation. Ils sont souvent noirâtres à la périphérie, verdâtres, et leur intérieur est plus particulièrement brun, jaune foncé, acajou, souvent à structure rayonnée. Les matières colorées qui entrent dans leur composition ne sont généralement pas libres, mais combinées à la chaux, à la magnésie et accompagnées par les carbonates de ces bases. Les couches concentriques d'un même calcul revêtent souvent des couleurs très-différentes suivant la nature du principe coloré qui s'est déposé.

170. ANALYSE DES CALCULS BILIAIRES. — Pour séparer les divers éléments qui entrent dans la composition d'un calcul, et en apprécier la quantité, pulvérisez-le et portez à l'étuve chauffée vers 100° à 110°

un poids déterminé de la poudre ; quand le résidu ne perdra plus de son poids, la différence de ce poids d'avec le poids primitif indiquera la perte d'eau.

Une prise d'essai d'un poids exactement déterminé de poudre desséchée, traitée par l'eau bouillante, cédera à ce liquide la petite quantité de bile qui l'imprégnait. L'évaporation du liquide en indiquera la quantité, presque nulle dans la plupart des cas.

La prise d'essai, de nouveau desséchée, est épuisée à son tour par un mélange à volumes égaux d'alcool très-concentré et d'éther pur ; le liquide laisse, en s'évaporant, la cholestérine qu'on dessèche vers 110°.

Pour isoler les matières colorantes, on traite le résidu dépouillé de toute la cholestérine par de l'acide chlorhydrique étendu, qui dissout les phosphates, la chaux, la magnésie, et met les matières colorées en liberté. Il se fait très-souvent une effervescence vive qui décèle la présence des carbonates terreux. En jetant le tout sur un filtre, on obtient d'une part une solution chlorhydrique des éléments minéraux, et d'autre part un précipité formé par l'ensemble des matières colorées.

Le précipité bien lavé à l'eau distillée, puis desséché, cédera au chloroforme bouillant la bilirubine et la bilifuscine. En faisant agir l'alcool absolu sur le résidu laissé par l'évaporation du chloroforme, on dissoudra la bilifuscine et la biliverdine.

La partie non dissoute par le chloroforme sera

traitée à son tour par l'alcool et par l'éther, pour enlever la biliverdine et la biliprasine (163, 165).

La partie insoluble dans ces dissolvants neutres est parfois considérable, elle renferme de la bilihumine que l'on dissoudra avec un alcali (ammoniaque et mieux soude caustique) en solution pas trop concentrée, et par l'addition d'un acide, on séparera de la liqueur filtrée la bilihumine. L'histoire des matières colorantes biliaires contient les détails nécessaires à la purification de chacun de ces produits.

171. La solution chlorhydrique évaporée au rouge sombre pour détruire la matière organique, puis redissoute dans l'eau acidulée par l'acide chlorhydrique, donne quelquefois un précipité noir de sulfure de cuivre quand on la fait traverser par un courant d'hydrogène sulfuré ; on a fréquemment signalé la présence de ce métal dans la bile. On trouve presque toujours du fer dans la bile, ce métal semble faire partie intégrante des matières colorées biliaires, comme il accompagne la matière colorée du sang. La liqueur chlorhydrique servira à doser la chaux, la magnésie, l'acide phosphorique d'après les données du chapitre *Substances minérales*.

172. **Urine ictérique**. — Dans l'état normal, l'urine ne renferme aucune trace des matières colorantes de la bile. Des causes que nous n'avons pas à examiner ici font passer dans le sang et dans l'urine

les éléments de la bile et plus particulièrement les matières colorées.

L'urine ictérique est jaune, brune, verdâtre. En général, les urines fortement alcalines (riches en carbonate d'ammoniaque au moment de la miction) sont jaunes ou d'un brun orangé; les urines fortement acides sont plus ou moins verdâtres. L'addition de l'acide chlorhydrique amène quelquefois la précipitation d'une partie de la matière colorante et celle de l'acide urique que l'on obtient plus particulièrement dans cette circonstance en cristaux volumineux.

L'urine jaune ou orangée cède assez facilement de la bilirubine au chloroforme, quand on l'agite avec ce liquide après l'avoir légèrement acidulée. Mais le chloroforme ne donne pas toujours des résultats bien nets, quand il n'existe que des traces de bilirubine et surtout quand les autres matières colorées prédominent. L'agitation de l'urine ictérique avec de l'éther amène quelquefois à sa surface une couche de liquide éthéré coloré en vert, mais ce moyen est encore bien imparfait; il est d'ailleurs facile de se convaincre par le tableau (167) que ni la bilirubine, ni la biliprasine pure ne peuvent être séparées par ce dissolvant, il n'entre guère en dissolution dans l'éther que de la biliverdine et des matières encore mal étudiées; souvent ce liquide ne donne aucun résultat positif avec une urine ictérique assez chargée de principes colorants.

173. Les dissolvants neutres donnant des résultats insuffisants, on a cherché à précipiter les matières colorées à l'état de combinaisons avec la chaux ou la magnésie, en faisant bouillir l'urine avec ces oxydes. En reprenant le précipité par l'alcool additionné d'acide sulfurique, on obtient une solution verte ; celle-ci évaporée laisse un résidu verdâtre sur lequel on peut produire la réaction de Gmelin.

Je préfère dans la plupart des cas agir de la façon suivante : l'urine ictérique est précipitée par l'acétate neutre de plomb ; le précipité recueilli sur un filtre, lavé à l'eau distillée, repris par l'eau ammoniacale, fournit une solution qui abandonne par l'évaporation un mélange de bilirubine qui se dépose tout d'abord, de biliverdine provenant de son altération, et des diverses matières vertes qui l'accompagnent. Il suffit de soumettre ce mélange à l'action des réactifs neutres, après addition de quelques gouttes d'acide, pour isoler les différentes matières colorées qui s'y trouvent.

Dans les solutions alcalines les matières colorantes biliaires s'altèrent assez rapidement, et la bilirubine donne aisément de la biliverdine; cette transformation devient surtout sensible quand l'urine est d'un jaune orangé, le précipité plombique est jaune, la solution ammoniacale donne par évaporation rapide un précipité rouge orangé de bilirubine, mais les derniers produits de l'évaporation sont bruns verdâtres et d'autant plus verdâtres qu'ils ont séjourné plus longtemps à l'air.

174. L'urine ictérique peut encore être reconnue de la façon suivante : on ajoute à l'urine quelques gouttes d'acide azotique, de manière à colorer la masse en vert, on fait glisser ensuite sur les parois du verre qui contient ce mélange de l'acide sulfurique concentré (1 à 2 gr.) ; alors on voit la masse liquide prendre successivement les diverses colorations de la réaction Gmelin (Brücke).

La matière verte précipitée en quantité considérable d'une urine ictérique par l'addition de l'acide azotique, m'a donné des cendres ferrugineuses.

175. *Liquides ictériques albumineux.* — L'urine albumineuse et ictérique coagulée par la chaleur après acidulation légère par l'acide acétique donne un précipité albumineux qui retient une notable partie de la matière colorante. Le liquide filtré, ne contenant plus d'albumine, peut être essayé par l'acide azotique, sans qu'on ait à craindre que la coagulation de l'albumine par l'acide azotique masque la réaction.

Quand il s'agit d'une liqueur séreuse (hydrocèle) très-riche en matière albumineuse, je préfère précipiter celle-ci par trois fois son volume d'alcool. La liqueur séparée du précipité est évaporée à siccité, le résidu repris de nouveau par l'alcool, l'éther, le chloroforme, cède à ces liquides des principes colorés et par leur évaporation on obtient des résidus avec lesquels on peut produire la réaction Gmelin.

CHAPITRE VIII

PRODUITS DIVERS.

CHOLESTÉRINE.

176. Cholestérine $C^{52}H^{44}O^2 + 2$ aq. — Ce corps existe principalement dans les calculs biliaires et dans la bile de l'homme et des animaux; on en trouve aussi dans le sang, dans le pus, les kystes de l'ovaire, les hydrocèles, le méconium, les masses tuberculeuses, le cerveau, la moelle, le foie, surtout dans les foies gras, enfin dans les sédiments de l'urine dans le cas de dégénérescence graisseuse des reins. On a signalé sa présence dans le blé, le seigle (Ritthausen), dans l'orge (Lintner), dans les pois (Beneke) et dans un grand nombre de graines; c'est là sans doute que les animaux la puisent toute formée. D'après M. Austin Flint, elle provient de la désassimilation du cerveau et des nerfs; séparée du sang par le foie, elle se transforme dans l'intestin en stercorine ou séroline de M. Boudet. Dans la cirrhose, la cholestérine s'accumule dans le sang (qui en fournit alors jusqu'à $1^g,85$ pour 1000 grammes), il y a alors *cholestérémie*.

177. **Caractères chimiques.** — La cholesté-

rine pure est transparente, mais elle perd facilement ses 2 équivalents d'eau par une douce chaleur
et devient alors nacrée, blanche. Elle fond à 145° et
se prend en masse cristalline en se refroidissant. Elle
peut distiller dans le vide sans altération, à la température de l'ébullition du mercure (360° environ).
Insoluble dans l'eau, elle est presque insoluble dans
l'alcool froid, se dissout dans 9 parties d'alcool bouillant de 0,84 de densité, et dans une moindre quantité d'alcool absolu. Elle se dissout dans 3,7 parties
d'éther à la température de 15°, et dans 2,2 parties à
l'ébullition. La benzine, le sulfure de carbone et le
chloroforme la dissolvent aisément.

L'acide acétique cristallisable (monohydraté) dissout la cholestérine à la température de l'ébullition
et forme avec elle une combinaison que l'eau décompose : la cholestérine se dépose pendant le refroidissement en tables rhombiques (Beneke).

Elle peut être obtenue en grandes tables prismatiques hydratées (*fig.* 9), soit par le refroidissement d'une
solution alcoolique bouillante, soit mieux encore en
abandonnant à l'évaporation spontanée un mélange
à parties égales d'alcool et d'éther saturé de cholestérine. On en trouve souvent de magnifiques cristaux
dans la vésicule biliaire de l'homme et des animaux.

Les solutions de cholestérine dévient à gauche. La
déviation, indépendante de la nature du dissolvant,
de la température, de la concentration du liquide,
est égale pour la lumière jaune à — 32°.

8.

Fondue avec de la potasse caustique, la cholestérine se décompose vers 250° et dégage de l'hydro-

Fig. 9.

gène. Les solutions alcalines même concentrées ne l'attaquent pas.

Diverses réactions colorées servent encore à la caractériser. L'acide sulfurique concentré la colore en rouge, l'eau rend la masse verte, enfin jaune (Zwenger).

Au contact de l'acide sulfurique concentré et d'un peu d'iode, la cholestérine se colore en violet, en bleu, en vert, en rouge; cette succession de couleurs est surtout utilisée pour les observations microscopiques.

Triturée avec de l'acide sulfurique concentré, et le mélange additionné de chloroforme, on a une coloration rouge de sang qui passe peu à peu au violet, au bleu, au vert, et finit par devenir incolore (Meckel). Il est préférable de se servir d'un tube de verre, on dissou la cholestérine dans quelques gouttes de chloroforme, on ajoute 1 ou 2 grammes d'acide sulfurique, la réaction se montre bientôt; on peut l'activer par une légère élévation de température.

Une parcelle de cholestérine évaporée avec une goutte d'acide azotique concentré dans une capsule de porcelaine, donne un résidu jaune; si on laisse tomber une goutte d'ammoniaque sur ce résidu encore chaud, il prend une couleur rouge orangé. L'addition d'un alcali fixe ne rend pas ce résidu violet comme cela arrive avec l'acide urique.

Vient-on à chauffer un fragment de cholestérine dans une capsule de porcelaine avec de l'acide chlorhydrique ou de l'acide sulfurique étendu du 1/3 de son volume d'une solution de perchlorure de fer à 30°, il se produit une coloration rouge, puis violacée, qui devient de plus en plus bleue. Il faut, pour que la réaction réussisse, que la cholestérine soit déjà dans un état de pureté satisfaisant.

La réaction suivante m'a donné des résultats bien préférables encore; si l'on dissout quelques parcelles de cholestérine dans du chloroforme, et que l'on ajoute à la solution un volume double d'acide sulfurique concentré, puis 2 ou 3 gouttes de perchlorure de fer, le mélange se trouble peu à peu, il se fait un dépôt rouge-brique très-foncé, et une liqueur qui de rouge, puis violette, devient d'un beau bleu. Cette réaction est plus facile à produire que la précédente et beaucoup plus nette. Au fur et à mesure que la liqueur se colore en bleu, le dépôt se décolore et devient tout à fait blanc au bout d'un ou de deux jours.

Le sulfure de carbone peut remplacer le chloroforme dans la réaction précédente, la réaction se fait plus rapidement, et la séparation des deux liquides est beaucoup plus nette.

178. LEUCINE $C^{12}H^{13}AzO^4$. — La leucine existe normalement dans le suc pancréatique, la rate, le thymus, le foie, les reins, les glandes salivaires, la salive, le cerveau, le poumon, les ganglions lymphatiques ; elle est un produit constant de la putréfaction des matières albuminoïdes, de l'épiderme, de la corne, de la sueur. Dans les cas de ramollissement du foie elle se trouve en quantité notable dans l'urine. Les insectes (cochenille), les araignées, les crustacés en contiennent fréquemment. La tyrosine l'accompagne presque toujours.

179. *Caractères chimiques.* — La leucine cristallise en paillettes blanches, légères, assez semblables à celles de la cholestérine.

L'eau froide la dissout peu, mais elle se dissout bien dans l'eau bouillante. Pure, elle est très-peu soluble dans l'alcool absolu et froid, l'alcool étendu et bouillant la dissout un peu. L'éther ne la dissout pas.

Chauffée à 170° dans un tube ouvert, elle se volatilise ; ce caractère seul suffirait à la distinguer de la tyrosine.

Elle est soluble dans les acides sulfurique, chlorhydrique. Les alcalis caustiques la dissolvent : fondue avec la potasse caustique, elle donne du valérate de potasse, de l'hydrogène et de l'ammoniaque.

180. TYROSINE $C^{18}H^{11}AzO^6$. — La tyrosine existe dans la rate et dans le pancréas du bœuf. On la trouve dans l'urine humaine dans les cas de ramollissement du foie, ordinairement accompagnée par la leucine, et dans l'atrophie

aigüe de cet organe. Frerichs a signalé sa présence et celle de la leucine dans l'urine des typhiques, des varioleux.

C'est un produit de la décomposition putride des matières albuminoïdes : les ongles épaissis, la sueur des pieds, les produits de la décomposition de l'épiderme, les kystes athéromatheux de la peau contiennent de la tyrosine et de la leucine.

181. La tyrosine cristallise en fines aiguilles soyeuses groupées souvent en étoiles. Elle est inodore et insipide, très-peu soluble dans l'eau froide, mais assez soluble dans l'eau bouillante, insoluble dans l'alcool concentré et dans l'éther. La tyrosine se dissout très-aisément dans l'ammoniaque : quand on laisse évaporer cette dissolution, celle-ci dépose une quantité considérable d'aiguilles fines rayonnant d'un centre commun et prenant souvent la forme de petits sphéroïdes.

La *tyrosine n'est pas volatile* comme la leucine, elle brûle en dégageant l'odeur de la corne brûlée.

La tyrosine se dissout dans les acides minéraux, et si ceux-ci sont volatils, la solution, en s'évaporant, dépose peu à peu de la tyrosine inaltérée.

Si l'on chauffe doucement de la tyrosine avec de l'acide azotique, il se produit de l'acide oxalique et un corps jaune qui n'est autre chose que de l'azotate de nitrotyrosine. A l'ébullition avec de l'acide azotique concentré, on n'obtient que de l'acide oxalique.

La tyrosine arrosée dans une capsule de porcelaine avec quelques gouttes d'acide sulfurique concentré, puis chauffée doucement, donne lieu à une coloration rouge. Après avoir étendu la liqueur avec de l'eau distillée, vient-on à la saturer avec du carbonate de baryte, puis à la faire bouillir pour décomposer le bicarbonate de baryte, on obtient une liqueur que l'addition d'une solution de perchlorure de fer bien neutre colore en violet magnifique. Dans un tube à essai, par conséquent avec une colonne de liquide de faible épaisseur, la coloration est encore rouge-vermeil quand la liqueur est étendue de 6000 fois son volume d'eau (Piria).

Si l'on verse dans une solution bouillante de tyrosine une solution neutre d'azotate de bioxyde de mercure, il se produit un précipité blanc jaunâtre. L'addition, goutte à goutte, d'acide azotique fumant étendu d'eau, dans la liqueur bouillante produit alors une coloration d'un rouge foncé. Un excès d'acide décolorerait le précipité, aussi doit-on agir avec prudence.

182. *Préparation.* — Les procédés à l'aide desquels on prépare la tyrosine et la leucine sont nombreux; en voici un qui nous a semblé des plus avantageux. Faites bouillir pendant un jour entier 500 grammes de râpure de corne avec un mélange de 1300 grammes d'acide sulfurique et de 3 kilogrammes d'eau, en remplaçant l'eau évaporée au fur et à mesure. L'ébullition terminée, étendez la liqueur d'une grande quantité d'eau, saturez-la avec un lait de chaux, passez à travers une toile pour séparer le sulfate de chaux. Faites bouillir encore avec une petite quantité de lait de chaux pour décolorer la liqueur, filtrez, et faites passer dans le liquide bouillant un courant d'acide carbonique pour enlever l'excès de chaux en dissolution. (L'acide oxalique a été employé à la place de l'acide carbonique.) Concentrez la liqueur filtrée, peu à peu elle déposera des cristaux de leucine mêlés à une petite proportion de tyrosine. On les sépare en utilisant leur différence de solubilité dans l'eau bouillante; pendant le refroidissement la tyrosine se dépose. La leucine restée en dissolution est décolorée par le noir animal et cristallise par la concentration de la liqueur.

On peut obtenir par ce procédé 5 grammes de tyrosine.

Dans les cas de ramollissement du foie l'urée diminue considérablement dans l'urine; la leucine et la tyrosine semblent en prendre la place. On peut trouver dans les dépôts urinaires de petites boules sphériques résultant de l'assemblage d'un grand nombre d'aiguilles de tyrosine, reconnaissables au microscope.

183. Séparation de la leucine et de la tyrosine des liquides de l'organisme. — Pour isoler la tyrosine et la leucine, de l'urine par exemple, versez dans ce liquide du sous-acétate de plomb, séparez le précipité, lavez-le légèrement, et faites passer dans la liqueur un courant d'hydrogène sulfuré pour enlever l'excès de plomb. La liqueur concentrée déposera peu à peu de la tyrosine. Faites-la redissoudre dans l'eau bouillante, filtrez, et laissez-la cristalliser pendant le refroidissement.

Pour avoir la leucine, concentrez la liqueur qui a déjà déposé la tyrosine, traitez-la par l'alcool absolu, d'abord froid, puis bouillant tant qu'il se dissout quelque chose : le résidu est une matière brune qui contient encore de la tyrosine. Évaporez les liqueurs alcooliques en consistance fortement sirupeuse, puis abandonnez le résidu au repos; au bout de quelques jours, il se dépose des petites sphères granuleuses, ordinairement colorées en jaune, où le microscope fait découvrir des cristaux mêlés à des globules graisseux. Exprimez-les entre des feuilles de papier à filtre, et, pour les purifier, redissolvez-les dans l'eau rendue alcaline par l'addition d'une quantité suffisante d'ammoniaque, versez du sous-acétate de plomb tant qu'il se produit un précipité. Ce précipité est une combinaison de leucine et d'oxyde de plomb. Recueilli sur un filtre, légèrement lavé, il est ensuite divisé dans l'eau distillée, et un courant d'hydrogène sulfuré enlève le plomb à l'état de sulfure. La leucine devenue libre se dissout dans la liqueur, concentrez celle-ci et la leucine se déposera lentement en cristaux mieux définis.

Il faut employer de l'urine fraîche, sans quoi la leucine serait déjà transformée en valérate d'ammoniaque.

Si l'urine était albumineuse, il faudrait préalablement coaguler l'albumine par la chaleur.

S'il s'agissait d'opérer sur des matières solides, des tumeurs, il faudrait les réduire mécaniquement dans le plus grand état de division possible, les épuiser par l'eau froide, en se servant d'une bonne presse pour ménager la quantité de liquide. Cela fait, on acidulerait légèrement ce liquide avec quelques gouttes d'acide acétique, puis on le chaufferait à l'ébullition pour coaguler l'albumine, et l'on continuerait comme nous avons dit précédemment.

184. CRÉATINE $C^8H^9Az^3O^4 + 2HO$. — La créatine est un produit cristallisé qui existe en très-petite proportion dans le suc des muscles striés et lisses des animaux. La chair de poulet, qui est la plus avantageuse pour sa préparation, en donne jusqu'à trois millièmes de son poids. Celle de la plupart des autres animaux en donne un à deux millièmes. On a signalé des traces de créatine dans le sang (Marcet, Verdeil), dans le cerveau (W. Müller et Lerch).

L'urine normale ne contient pas de créatine, mais diverses causes transforment la créatinine en créatine, aussi trouve-t-on quelquefois une plus grande quantité créatine que de créatinine dans ce liquide.

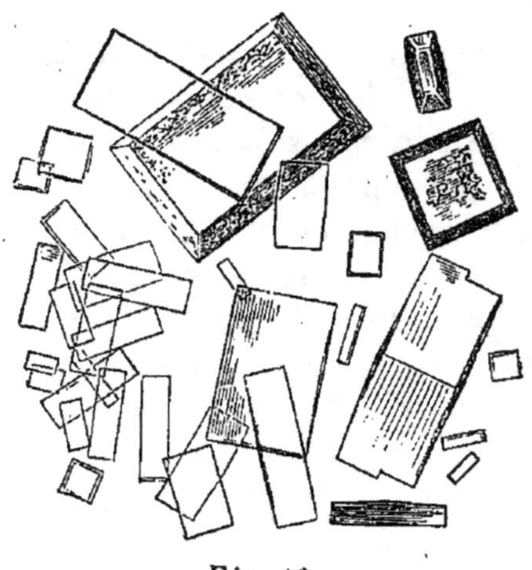

Fig. 10.

La créatine est un produit très-azoté qui figure dans les extraits de viande en notable proportion ; ce n'est pas pourtant un aliment, car elle se transforme aisément en urée et sarkosine, et même en créatinine que l'on retrouve dans l'urine. Il est bien rare d'ailleurs que des substances azotées cristallisées jouent le rôle d'aliment. La créatine peut être considérée comme un produit d'excrétion intermédiaire entre l'albumine et l'urée. (Voir sur ce sujet: *Annuaire de Chimie de Millon et Reiset*, 1848, p. 402.)

185. *Caractères chimiques*. — La créatine est incolore, cristallisée en prismes brillants qui appartiennent au système klinorhombique; ses cristaux (*fig.* 10) peuvent être obtenus très-volumineux et d'une remarquable transparence.

Sa solution aqueuse a une saveur désagréable. Il faut 75 parties d'eau froide pour la dissoudre, et beaucoup moins d'eau bouillante. Elle se dissout dans 94 parties d'alcool absolu, et dans un peu moins d'alcool étendu. Elle est insoluble dans l'éther.

La créatine est sans action sur le tournesol, on a réussi à la combiner avec l'acide azotique, l'acide chlorhydrique et l'acide sulfurique (Dessaignes).

186. Les acides concentrés la transforment à la température de l'ébullition en créatinine, en lui enlevant les éléments de l'eau :

$$C^8H^9Az^3O^4 = C^8H^7Az^3O^2 + 2HO$$

Créatine.   Créatinine.

Les solutions alcalines bouillantes et concentrées, celle de baryte caustique par exemple, la changent en urée et en sarkosine :

$$C^8H^9Az^3O^4 + 2HO = C^2H^4Az^2O^2 + C^6H^7AzO^4$$

Créatine.   Urée.   Sarkosine.

Mais l'alcali caustique concentré tend à décomposer l'urée en carbonate d'ammoniaque, à s'emparer de l'acide carbonique et à laisser dégager l'ammoniaque, aussi ne retrouve-t-on jamais toute la quantité d'urée indiquée par la théorie.

L'oxyde de mercure est réduit par une solution bouillante de créatine, il y a dégagement d'acide carbonique, dépôt de mercure métallique et formation d'oxalate de méthyluramine ($C^4H^7Az^3$).

187. *Préparation*. — Pour obtenir de la créatine, hachez

de la viande, pilez-la dans un mortier, mettez-la dans un matras de verre avec une fois et demie son volume d'alcool, chauffez au bain-marie jusqu'à l'ébullition, enfin soumettez le tout à la presse. Vous pourrez soumettre le résidu à un nouveau traitement avec une moindre quantité d'alcool. Distillez pour recueillir l'alcool, et, dans l'extrait alcoolique qui reste au fond du bain-marie, versez, après addition d'eau, du sous-acétate de plomb tant qu'il se produira un précipité. Recevez ce précipité sur un filtre, lavez-le, puis rejetez-le. Dans le liquide, faites passer un courant d'hydrogène sulfuré pour enlever l'excès de plomb, filtrez pour enlever le sulfure de plomb, et concentrez la liqueur au bain-marie jusqu'en consistance de sirop épais : au bout de quelques jours vous verrez se déposer des cristaux de créatine impure. Quand ce dépôt n'augmentera plus, recueillez-le, et, après l'avoir desséché entre des feuilles de papier à filtre, soumettez le à une nouvelle cristallisation dans l'eau bouillante, avec addition de charbon de sang ou de noir animal lavé.

Autre procédé. — Si vous opérez sur le suc des muscles, étendez-le d'eau, coagulez l'albumine qu'il renferme en le chauffant au bain-marie d'eau bouillante, filtrez et ramenez la liqueur en consistance d'extrait dans une capsule de porcelaine. Cet extrait est acide, rendez-le alcalin, en y versant de l'eau de baryte qui précipitera en même temps les phosphates, filtrez, concentrez le liquide à basse température, et laissez cristalliser la créatine en abandonnant l'extrait sirupeux dans un milieu d'une basse température (Liebig).

188. CRÉATININE $C^8H^7Az^3O^2$. — Ainsi que l'indique sa formule, la créatinine ne diffère que par deux équivalents d'eau en moins de la créatine dont elle dérive d'ailleurs très-facilement.

La créatinine forme des prismes incolores (*fig.* 11), d'une saveur très-alcaline, solubles dans $11\frac{1}{2}$ parties d'eau à la température de [16°] et encore plus solubles dans l'eau bouillante. L'alcool en dissout le centième de son poids.

C'est une base très-énergique qui ramène vivement au bleu le papier de tournesol rougi. Elle déplace même l'ammoniaque de ses combinaisons salines :

La créatinine forme avec les acides minéraux des sels

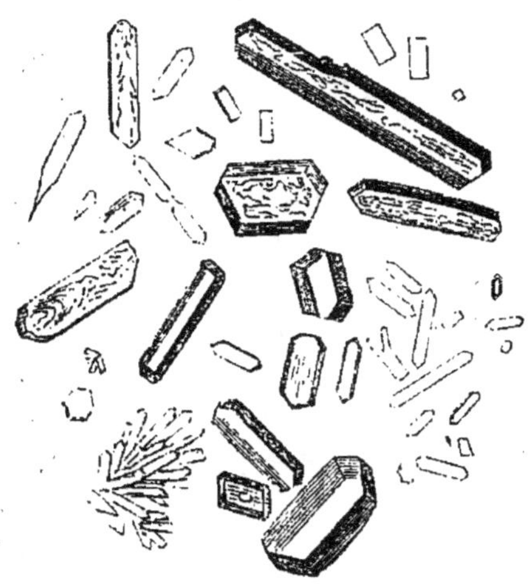

Fig. 11.

bien définis, généralement très-solubles dans l'eau et dans l'alcool (sulfate, chlorhydrate).

Une solution un peu concentrée de créatinine additionnée d'une solution pas trop étendue d'azotate d'argent se prend en une masse cristalline, facilement soluble à chaud, qui se dépose par le refroidissement.

Le bichlorure de mercure précipite aussi la créatinine en blanc, et le précipité devient cristallin en très-peu de temps.

Les oxydants, l'oxyde de mercure, le bioxyde de plomb et le permanganate de potasse la transforment en acide oxalique et oxalate de méthyluramine :

$$C^8H^7Az^3O^2 + 40 = C^4H^7Az^3 + (C^2O^3)^2.$$

La créatine subit cette dernière transformation dans les même conditions.

L'azotate de mercure ne précipite pas la solution de créatinine, mais si l'on ajoute goutte à goutte au mélange une solution de carbonate de soude jusqu'à ce qu'il se produise un trouble persistant, il se fait un dépôt d'aiguilles microscopiques ($C^8H^7Az^3O^2,AzO^5+2HgO$). L'emploi du carbonate de soude a pour effet de neutraliser l'acide azotique libre, dans lequel le précipité est soluble.

A ces caractères, il faut en ajouter un d'une extrême importance. Si l'on verse une solution concentrée de chlorure de zinc dans une solution concentrée de créatinine, il se produit un précipité cristallin, résultant de la combinaison à équivalents égaux de la créatinine et du chlorure de zinc ($C^8H^7Az^3O^2,ZnCl$). Si cette combinaison se dépose assez lentement, elle prend une forme cristalline où le microscope fait distinguer des groupes d'aiguilles rayonnant d'un centre, ou disposées en aigrettes. Ce chlorure double de créatinine et de zinc est très-peu soluble dans l'eau froide, il est encore moins soluble dans l'alcool; l'eau bouillante le dissout un peu. Il faut noter encore que le chlorure de zinc ne précipite pas les sels (chlorhydrate, sulfate, azotate) de créatinine, à moins qu'on ne les additionne préalablement d'une quantité suffisante d'acétate de soude.

La créatinine est caractérisée par sa combinaison avec le chlorure de zinc, par son action réductrice sur l'oxyde de mercure, par les réactions qu'elle produit au contact de l'azotate d'argent et du bichlorure de mercure. De plus, la créatinine réduit assez aisément à la température de l'ébullition l'hydrate d'oxyde de cuivre.

189. *Préparation.* — Pour obtenir de la créatinine, on fait bouillir pendant une demi-heure au moins de la créatine avec un acide minéral concentré, de préférence avec de l'acide chlorhydrique. Peu à peu la créatine passe à l'état de chlorhydrate de créatinine, que l'on fait cristalliser.

Ces cristaux sont redissous dans 25 à 30 fois leur poids d'eau, la liqueur est portée à l'ébullition et additionnée d'hydrate d'oxyde de plomb récemment précipité. Peu à peu l'oxyde de plomb se combine à l'acide chlorhydrique, forme du chlorure de plomb et élimine de la créatine. Un excès d'hydrate d'oxyde de plomb est nécessaire pour transformer le chlorure de plomb en oxychlorure tout à fait insoluble. On reçoit ce précipité sur un filtre, et par l'évaporation du liquide filtré on obtient la créatinine.

La créatinine donne, au contraire, de la créatine quand on la laisse longtemps au contact d'un alcali. L'action d'une température un peu élevée favorise la réaction.

Cette assimilation des éléments de l'eau est assez fréquente pour que l'on puisse trouver de la créatine dans l'urine qui n'en renferme probablement jamais quand on opère rapidement, tandis qu'en agissant sur de grandes masses à la fois, et en les maintenant à une température élevée pendant un temps prolongé, on obtient assez ordinairement un mélange de créatine et de créatinine. L'oxyde de plomb dont on fait usage pour isoler la créatinine de sa combinaison avec l'acide chlorhydrique ou le chlorure de zinc paraît concourir à cette transformation.

Le sulfhydrate d'ammoniaque, mis au contact du chlorure double de zinc et de créatinine impure, donne de la créatinine mélangée à de la créatine.

La putréfaction de l'urine et l'alcalinité qui en est la conséquence, paraissent aussi produire la transformation de la créatinine en créatine.

190. Recherche de la créatinine dans l'urine. — Opérez sur 300 grammes d'urine au moins. Neutralisez le liquide avec un lait de chaux, puis versez-y une solution de chlorure de calcium tant qu'il se produit un précipité : recueillez le précipité sur un filtre (phosphate, sulfate de chaux), lavez-le, et concentrez rapidement le liquide au bain-marie en consistance de sirop épais. Traitez ce sirop par de l'alcool aussi concentré que possible, laissez déposer les sels pendant quelques heures, filtrez et versez dans la liqueur limpide une solution très-concentrée de chlorure de zinc. Le liquide se trouble peu à peu et dépose du chlorure double de créatinine et de zinc. Au bout de deux jours, tout le dépôt sera formé, surtout si vous avez mis le mélange dans un lieu froid, recueillez-le dépôt sur un filtre et lavez-le à l'alcool. Pour obtenir de cette combinaison de la créatinine pure, décomposez la par l'oxyde de plomb hydraté récemment précipité, comme il vient d'être dit précédemment (§ 189).

Mais la créatinine ainsi obtenue n'est pas pure, elle est colorée ; pour la purifier, il faut la dissoudre dans l'eau, la faire bouillir avec du charbon de sang ou du noir animal bien lavé. Elle est d'ailleurs mélangée à de la créatine, on isole ce dernier corps au moyen de l'alcool froid et concentré qui dissout la créatinine et laisse la créatine indissoute. L'alcool dépose de la créatinine pure en s'évaporant ; la créatine s'obtiendra à son tour en beaux cristaux quand on la fera cristalliser dans l'eau chaude (Liebig, Neubauer).

Si l'urine était albumineuse, il faudrait à l'aide de la chaleur et de quelques gouttes d'acide acétique coaguler l'albumine, puis filtrer (51), avant d'appliquer ce procédé.

191. L'urine d'un homme en bonne santé renferme 6 à 16 décigrammes de créatinine par 24 heures (Neubauer, Munk). Cette quantité diminue sous l'influence d'un régime végétal, et augmente avec une alimentation animale ou l'administration directe de la créatine. L'urine contient une plus grande proportion de créatinine dans la fièvre typhoïde, dans la pneumonie, dans la fièvre intermittente, au plus fort de la maladie. Il est à noter que, dans ces maladies, le malade ne prend pas d'aliments et qu'il vit de sa propre substance, en s'amaigrissant de plus en plus, c'est donc comme s'il était soumis à un régime exclusivement animal.

192. Pour démontrer la présence de la créatinine, on peut se servir de l'extrait alcoolique d'urine, d'où l'on a précipité l'acide hippurique par une addition d'acide chlorhydrique et d'éther. Après avoir séparé l'acide hippurique par filtration, on sature l'acide libre par de la soude caustique, on ajoute enfin une solution alcoolique saturée de chlorure de zinc pour précipiter la créatinine.

CHAPITRE IX

193. Mucus. — Le mucus est un liquide de consistance mucilagineuse sécrété par les membranes muqueuses. Suivant qu'il provient de telle ou telle muqueuse, il possède des qualités un peu différentes. La bile, la salive, l'urine, etc., contiennent du mucus. Il contient toujours quelques leucocytes, assez semblables à ceux du pus, du sang, du colostrum, mais ordinairement un peu plus petits et plus brillants, dans l'urine surtout. On y rencontre aussi des cellules épithéliales distinctes les unes des autres suivant la région à laquelle elles appartenaient.

194. On appelle *mucine* le principe qui donne au mucus sa consistance mucilagineuse. On l'extrait ordinairement de la bile de bœuf, quand on veut s'en procurer une quantité notable. Pour cela, on ajoute à la bile deux à trois fois son volume d'alcool concentré, on agite bien le mélange, on obtient un précipité de mucine brute que l'on reçoit sur un filtre ; on laisse égoutter, puis on redissout le précipité dans l'eau, on filtre de nouveau, et on précipite la mucine par de l'acide acétique. On la recueille sur un filtre et on la lave à l'alcool.

Le suc des glandes salivaires précipité par l'acide acétique donne de la mucine dans un état plus grand de pureté.

195. *Caractères.* — Quelle qu'en soit l'origine, la mucine se dissout dans l'eau, *elle est précipitée de sa dissolution par l'acide acétique*, et *un excès d'acide ne redissout pas le précipité.* L'alcool la précipite également de ses dissolutions. La mucine ainsi séparée de ses dissolutions naturelles ou artificielles redevient soluble dans l'eau pure; ses dissolutions ne sont pas coagulables par la chaleur.

Les acides minéraux la précipitent comme l'acide acétique, mais si l'on en verse un excès, le précipité disparaît. Le sublimé corrosif, l'acétate neutre de plomb ne la précipitent pas, tandis que l'alun, le sous-acétate de plomb (extrait de Saturne) s'en emparent et forment avec elle des combinaisons insolubles.

Les alcalis la dissolvent plus aisément que l'eau pure; en saturant la liqueur, la mucine se dépose.

Ces faits ont une grande importance et permettent de ne pas confondre la mucine en dissolution avec l'albumine. L'acide acétique permet de séparer la mucine qu'il précipite, de l'albumine sur laquelle il est sans action. C'est sur cette propriété qu'est fondée l'addition préalable de l'acide acétique à une urine avant de doser l'albumine : l'urine acidifiée nettement d'acide acétique se trouve dépouillée de la mucine qu'elle tenait en dissolution. (Voir *Métal-*

bumine, hydropisine, paralbumine, 205 à 207.)

196. *Mucus de la vessie.* — L'urine abandonnée à elle-même pendant quelques heures dépose peu à peu un nuage blanchâtre, floconneux, qui laisse voir au microscope des globules incolores qui nagent au milieu d'un liquide transparent, à côté de quelques débris de cellules épithéliales, et des urates.

Ce dépôt, presque insignifiant dans l'état de santé, devient abondant dans quelques maladies, surtout dans les maladies chroniques des voies urinaires. Recueillie dans un verre conique, l'urine dépose alors une masse blanche, ou à peu près blanche, contenant les éléments précédents, souvent mélangé avec une certaine quantité de pus. L'urine est souvent alcaline dans ces conditions, et alors la mucine existe en grande partie en dissolution. Si l'on filtre une telle urine, et que l'on verse dans la liqueur de l'acide acétique en quantité plus que suffisante pour que le liquide rougisse le tournesol, il se fait un précipité blanc de mucine.

D'un autre côté, le dépôt blanchâtre du filtre contient de la mucine, des cellules épithéliales, des urates, des phosphates et même de l'oxalate de chaux. L'examen microscopique permet de distinguer au milieu de tous ces éléments des globules de mucus.

Ces globules ou leucocytes sont généralement plus petits que ceux du pus, d'un tiers environ, ils sont

brillants, nacrés, dans l'urine récente, et plus ou
moins gonflés et déformés dans l'urine ammoniacale. Quand ils contiennent des cellules granuleuses,
il est possible de les confondre avec les leu-
-cocytes du pus, dont ils ne sont véritablement
qu'une variété. Leur éclat, leur plus petit diamètre
aident à les en distinguer. D'ailleurs, toute urine
purulente contient en même temps de l'albumine.

L'acide acétique peut donner un trouble abondant dans une urine limpide, et ce trouble peut être
produit par la décomposition des urates, avec dépôt
d'acide urique, et non par la séparation de la mucine. Dans ce cas, *une légère élévation de température redissout le précipité*, et par le refroidissement l'acide urique se reproduit peu à peu sous la
forme de cristaux bien déterminés, qu'il n'est pas
besoin de soumettre au microscope pour les distinguer de la mucine toujours amorphe.

197. Pus. — Le pus diffère beaucoup d'aspect aux
différentes périodes de la maladie, il varie aussi de
consistance avec le tissu qui le sécrète. Tantôt *crémeux* ou *phlegmoneux*, opaque et épais, tantôt beaucoup plus fluide, *séreux*, visqueux, demi-transparent,
il offre dans sa composition des variations non moins
grandes.

Il est essentiellement formé par une substance
albumineuse liquide, nommée *sérum*, qui tient en
suspension des *leucocytes* ou *globules de pus*, des

matières grasses, de la cholestérine, des matières extractives, de la leucine, de l'urée, du sucre et des matières odorantes, parfois d'une fétidité extrême.

Tout liquide purulent contient de l'albumine coagulable ; aussi, dans une urine albumineuse les globules seuls trahissent l'existence du pus.

Jetés sur un filtre, les leucocytes restent sur le filtre, avec les globules de matières grasses, et les cellules épithéliales. Ces globules constituent l'élément le plus important, le plus caractéristique du pus ; ils sont ordinairement accompagnés par des granulations très-fines. Quand ces globules sont nombreux, ils donnent au pus l'aspect crémeux, qui le fait appeler pus phlegmoneux, c'est alors qu'ils forment environ le quart de la masse totale du pus.

198. Au microscope, ces globules (*fig.* 12) apparais-

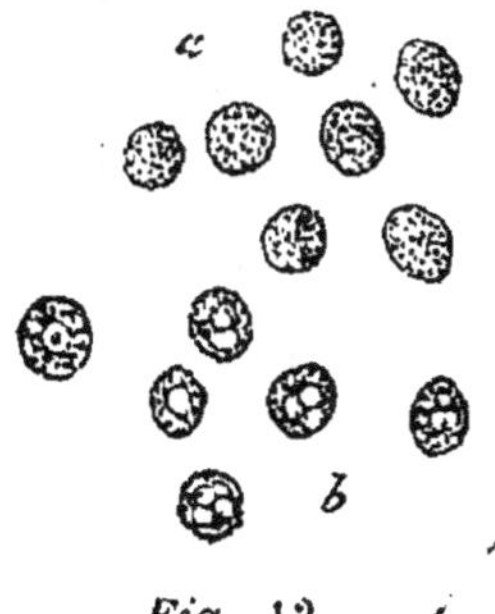

Fig. 12.

sent sous la forme de petites vésicules opaques, arrondies, d'un diamètre variable, plus grand ordinairement que celui des globules du sang (9 à 14 millièmes de millimètre). Ces globules ne sont pas déprimés comme ceux du sang, ils s'en distinguent surtout

parce qu'ils contiennent 1, 2, 3, 4 noyaux de formes
variées, souvent réunis en groupes. Leur surface est
rarement parfaitement lisse, et leur contour ordinairement irrégulier. Dans l'eau, ils se gonflent peu
à peu, se ramollissent, leurs bords deviennent moins
nets, les granulations de leur surface disparaissent,
leurs noyaux se montrent plus apparents, ainsi qu'une
quantité plus ou moins grande de granulations opaques. Dans l'acide acétique étendu, les globules dou-
blent de volume, leur aspect granuleux, demi-transparent, fait place à une transparence marquée, qui
laisse nettement apparaître les noyaux ; parfois ils
sont si distendus qu'ils crèvent, et l'on voit alors flotter les débris de leur enveloppe et leurs noyaux.

Quand on laisse déposer dans un verre conique un
liquide qui contient du pus, de l'urine par exemple,
les globules viennent peu à peu occuper le fond du
vase ; au bout de quelques heures on peut décanter
le liquide et examiner le dépôt blanchâtre au microscope. C'est le même procédé que l'on applique pour
la recherche des globules du sang et des spermatozoïdes.

199. L'urine qui contient du pus en quantité
notable est ordinairement alcaline. Si la quantité de
pus est considérable, et que l'urine devienne très-
ammoniacale, elle prend une consistance visqueuse,
qui fait croire que l'urine est chargée de mucus. Mis
au contact des alcalis caustiques, le pus se prend en
gelée plus ou moins visqueuse, tandis que le mucus

se dissout presque complétement en donnant une solution très-fluide.

L'action des alcalis caustiques différencie donc bien le pus du mucus. Mais la présence de l'albumine dans ces urines fortement alcalines, visqueuses, presque gluantes est assez difficile parfois à mettre en évidence à cause de la putréfaction du liquide qui en a altéré les qualités. Pour y reconnaître l'albumine, il faut alors aciduler le liquide avec de l'acide acétique, le saturer de sulfate de soude pur, filtrer, et chauffer le liquide transparent jusqu'à l'ébullition ; s'il se produit un coagulum ou un trouble, c'est qu'il y a de l'albumine.

Le pus de l'urine vient des reins, des uretères, de la vessie, de l'urètre; chez la femme, il peut provenir aussi du vagin, de l'utérus. Il suffit d'une légère irritation des muqueuses buccales, nasales, vaginales, pour qu'il se produise du pus, ou tout au moins un abondante sécrétion de leucocytes, sans que l'organe soit le siége d'une inflammation bien manifeste.

200. Sérum du pus. —La partie liquide du pus peut traverser les filtres de papier, et même assez souvent être obtenue limpide par repos et décantation. Ce liquide est précipitable par l'acide acétique; on obtient ainsi une matière légèrement jaunâtre, insoluble dans l'acide acétique, insoluble dans l'alcool, soluble dans l'eau, à laquelle on a donné le nom de *pyine*. Denis la regarde comme de la *fibrine dissoute*.

Ce précipité de pyine ne forme qu'une très-faible proportion des éléments solides du pus. Il reste dans le liquide transparent dont elle a été précipitée, une abondante matière albumineuse que vous pourrez en séparer comme il suit : ajoutez de l'acide acétique au liquide précédent, saturez-le avec du sulfate de magnésie pur, agitez bien la masse avec une baguette de verre pour la diviser en grumeaux très-ténus, enfin jetez ce magma sur un filtre ou sur un linge et lavez-le à l'eau distillée. Desséchez ce précipité à l'étuve, à une basse température (40°), divisez-le dans un mortier, et lavez-le de nouveau à l'eau distillée pour le dépouiller du sulfate de magnésie qu'il pourrait retenir. Cette matière albumineuse ne se redissout pas dans l'eau et me paraît identique à l'albumine du sérum.

201. Si l'on ajoute au sérum du pus bien transparent du sulfate de magnésie de façon à ce qu'il y en ait un excès, on précipite une matière albuminoïde qui n'est pas soluble dans une solution de sulfate de magnésie, aussi peut-on la débarrasser de tous les éléments albumineux qu'elle contient par des lavages répétés à l'eau saturée de sulfate de magnésie. Le précipité brut, desséché à l'air, se redissout très-aisément dans l'eau, la liqueur filtre assez bien, elle n'est pas sensiblement précipitée par l'acide acétique, tandis que l'alcool la précipite

complétement. Après de nombreux lavages à l'alcool affaibli, elle peut être desséchée, et n'a pas perdu la faculté de se redissoudre dans l'eau. Cette matière est l'hydropisine de F. Gannal (206), je l'ai rencontrée dans des kystes ovariques purulents : elle n'est pas spéciale au pus, qu'elle accompagne fréquemment.

202. Les autres éléments du pus sont : la leucine, la cholestérine, des matières grasses libres ou déjà saponifiées, des éléments anatomiques provenant des tissus au contact desquels il s'est formé ; ces éléments ne forment généralement qu'une très-faible portion de la masse solide. On y trouve assez souvent du sulthydrate d'ammoniaque ; c'est à sa présence que l'on doit attribuer la teinte brune ou noire (sulfure de cuivre) que prennent les bassins de cuivre jaune dans lesquels on reçoit le pus.

Les cendres du pus contiennent de l'oxyde de fer et de la silice. La proportion de cette dernière substance est vraiment considérable relativement aux faibles traces qu'on en rencontre habituellement dans les liquides simplement séreux.

203. *Matière colorante bleue du pus. Pyocyanine.* — Le pus prend quelquefois une coloration bleue. M. Fordos isole cette matière colorante bleue en faisant macérer pendant quelques heures les linges à pansement dans de l'eau additionnée de quelques gouttes d'ammoniaque. La dissolution bleue un peu verdâtre est agitée avec du chloroforme ; ce

liquide dissout la matière bleue, des matières grasses et la matière jaunâtre qui verdit le liquide. A l'aide d'un entonnoir à robinet, la solution chloroformique est séparée du liquide qui la surnage, puis abandonnée à l'air. Le résidu laissé par l'évaporation du chloroforme est traité par l'eau distillée qui enlève la matière bleue, et laisse les matières grasses. Cette dissolution àqueuse est à son tour agitée avec du chloroforme, et la solution chloroformique filtrée abandonnée à l'air jusqu'à évaporation parfaite.

La matière bleue n'est pas encore pure, elle contient encore des traces de matière jaunâtre. Pour isoler la matière bleue des substances qui l'accompagnent, M. Fordos la traite par l'acide chlorhydrique qui se combine avec elle en donnant un produit rouge : comme cette combinaison n'est pas soluble dans le chloroforme, en traitant le nouveau produit bien sec par ce liquide, il le dépouille des matières étrangères qui l'accompagnaient. Après ce traitement, il broie la matière rouge avec du carbonate de baryte en présence du chloroforme, la pyocyanine mise en liberté se dissout dans ce liquide et la solution filtrée dépose spontanément, par évaporation à l'air libre, des cristaux de pyocyanine.

Ce corps est bleu, cristallisé en prismes microscopiques, soluble dans l'eau, l'alcool, l'éther, le chloroforme ; le chlore le décolore, les sulfures alcalins agissent de même.

CHAPITRE X

MÉTALBUMINE, HYDROPISINE, PARALBUMINE, LIQUIDES
SÉREUX.

MÉTALBUMINE, HYDROPISINE, PARALBUMINE.

204. Caractères communs. — Ces trois matières ont des caractères qui les rapproche beaucoup de l'albumine, et quelques autres qui permettent de les distinguer nettement de l'albumine et de les distinguer entre elles.

Elles sont entièrement coagulables par la chaleur après addition légère d'acide acétique, et même sans cette addition dans les liqueurs neutres ou acides.

L'alcool employé en grande quantité les précipite complétement. Elles sont précipitées de leur dissolution aqueuse par l'acide azotique, par l'acide phénique; l'acide acétique ne les précipite pas, mais leur solution acétique est précipitée par le cyanoferrure de potassium.

Enfin ces trois matières albuminoïdes jouissent de toutes les propriétés générales des matières albuminoïdes (38 et suiv.). Nous allons décrire maintenant leurs caractères particuliers qui en font des espèces très-nettement séparées les unes des autres.

205. MÉTALBUMINE. — Dans un grand nombre de liquides séreux et particulièrement dans l'hydrocèle, l'ascite, l'hygroma et certains kystes ovariques, on peut précipiter la matière albumineuse par l'alcool (4 volumes), recueillir le précipité albumineux, le laver à l'alcool, laisser évaporer l'alcool à l'air, et redissoudre très-aisément le précipité dans l'eau. Le liquide reprend la consistance séreuse ou légèrement oléagineuse du liquide primitif, et, par évaporation à une température de 40 à 45° au plus, laisse de la métalbumine en paillettes brillantes. Souvent aussi il ne se redissout qu'une partie du précipité, c'est qu'alors la métalbumine est mélangée à l'albumine ou à l'hydropisine.

Cette matière albumineuse qui se redissout si facilement dans l'eau après avoir été précipitée par l'alcool est la métalbumine. La solution aqueuse jouit des caractères généraux de l'albumine décrits paragraphe 42 et suiv. ; elle diffère essentiellement de l'albumine par la facilité avec laquelle elle se redissout dans l'eau, même après un séjour prolongé dans une masse considérable d'alcool concentré. Elle n'est pas précipitée par l'acide acétique, ce qui la différencie tout de suite de la caséine et de la mucine. (Voir *Paralbumine*, 207.) Elle n'est pas précipitée par le sulfate de magnésie seul comme l'hydropisine ; mais si l'on verse de l'acide acétique dans la solution de métalbumine saturée de sulfate de magnésie, on précipite la métalbumine, comme

on précipiterait l'albumine dans les mêmes conditions. .

206. Hydropisine. — Ce nom a été donné par
M. F. Gannal à une matière très-voisine de l'albumine que l'on rencontre dans divers liquides séreux
(liquide pleural, ascite, kyste ovarique).

Quand on ajoute à ces liquides du sulfate de magnésie cristallisé en quantité suffisante pour sursaturer le liquide, on obtient un précipité que l'on
peut recueillir sur un filtre et laver avec une solution saturée de sulfate de magnésie. Le précipité,
desséché à une basse température, peut être lavé
rapidement à l'eau distillée de manière à dissoudre
le sulfate de magnésie, et, abandonné ensuite dans
l'eau pure, il se dissout assez promptement, donne
une solution gommeuse, oléagineuse, plus ou moins
épaisse, non filante, entièrement coagulable par la
chaleur, par l'acide azotique, par l'acide phénique, par l'alcool. Le précipité alcoolique ne se
redissout pas dans l'eau. Au contraire, l'alcool
donne dans la solution de métalbumine un précipité
qui se redissout dans l'eau. Les carbonates de soude
et de potasse précipitent aussi la solution d'hydropisine, et ce précipité ne saurait être confondu avec le
carbonate de magnésie.

J'ai obtenu une grande quantité d'hydropisine
d'un kyste ovarique purulent, préalablement filtré
pour séparer les leucocytes (n° 13 du tableau § 221).

Une autre poche en contenait beaucoup aussi, sans qu'il y eût de pus. Les kystes ovariques à liquide filant m'ont paru peu chargés d'hydropisine.

L'hydropisine ressemble à la *fibrine dissoute* de Denis, obtenue en précipitant le sérum du sang par du sulfate de magnésie, je crois même que ces deux corps sont identiques.

207. PARALBUMINE DES KYSTES DE L'OVAIRE. — La paralbumine est la substance albuminoïde qui donne au contenu de certains kystes de l'ovaire cette consistance visqueuse, filante, souvent tellement épaisse que l'on peut dans des cas, assez rares à la vérité, soulever la masse entière avec la main, comme un corps demi-solide.

Tandis que le liquide de l'hydrocèle reste parfaitement liquide alors qu'il laisse plus d'un dixième de son poids de résidu sec, le contenu de ces kystes ovariques qui ne donnent le plus souvent que 1/40 à 1/20 de résidu sec est visqueux, *filant* à la façon de la bile fraîche contenue dans la vésicule du bœuf, et se laisse étirer au moyen d'une baguette de verre en filaments d'un à plusieurs pieds.

Quand on essaye de filtrer un de ces liquides filants, on n'y réussit quelquefois pas ; c'est à peine s'il passe quelques gouttes en quelques heures, bien que le filtre contienne 600 gram. environ de liquide. Dans d'autres cas, le liquide passe d'abord, à peine filant, quelquefois même simplement épais, visqueux, la paralbumine se concentre sur le filtre, comme si elle était demi-solide, gonflée, mais non dissoute au sein d'un liquide albumineux.

La partie qui reste sur le filtre est alors incomparablement plus filante que le liquide primitif. J'ai essayé de diviser la masse dans l'acide acétique étendu, de filtrer rapidement pour obtenir la paralbumine beaucoup plus pure. Je n'ai réussi qu'à demi. L'alcool la précipite de sa dissolution aqueuse, mais elle peut être accompagnée par la métalbumine, soluble comme elle dans l'eau distillée, aussi la séparation de ces deux substances n'a pas pu être réalisée exactement jusqu'à ce jour.

Tandis que la métalbumine donne une solution oléagineuse, même quand elle est très-concentrée, la paralbumine se gonfle d'abord au contact de l'eau, lui communique une consistance tremblante, et quand on soulève la masse avec une baguette, le liquide se laisse étirer en longs filaments.

Comme la métalbumine, la paralbumine n'est pas précipitée par l'acide acétique, mais elle se dissout plus lentement dans ce liquide, ce qui m'avait fait espérer par l'emploi de ce réactif une séparation exacte de ces deux matières. La paralbumine n'est pas précipitée par le sulfate de magnésie comme l'hydropisine.

LIQUIDES SÉREUX.

208. Les diverses sérosités que l'on retire des kystes, des épanchements dans la plèvre, le péricarde, le péritoine, la tunique vaginale, les bourses séreuses sont tantôt fluides comme de l'eau, tantôt oléagineuses, enfin quelques kystes ovariques ont un contenu si épais que celui-ci se laisse étirer en longs filaments. Parmi ces liquides, les uns sont presque incolores, d'autres sont légèrement jaunes, d'autres fortement colorés en jaune foncé, ou même verdâtres; ces derniers contiennent de la matière colorante de la bile. Tantôt ils sont absolument transparents, tantôt ils sont opalescents, dichroïques (jaunes quand on les examine à la lumière transmise, verts quand ils sont vus par réflexion); dans quelques cas ils sont rendus complétement opaques par des matières grasses, par de la cholestérine en suspension et plus fréquemment encore par une quantité considérable de pus. Ils contiennent parfois du sang; généralement les globules rouges y sont méconnaissables, il ne reste plus que leur matière colorante plus ou moins profondément altérée, de là ces colorations brunes, chocolat, café, suie qu'on observe principalement dans les kystes de l'ovaire.

209. Ces liquides sont toujours alcalins. Ils peuvent contenir de l'ammoniaque provenant d'un commencement de putréfaction, souvent même du

sulfhydrate d'ammoniaque (202) qui leur donne la propriété de noircir les bassins de cuivre dans lesquels on les a recueillis (par formation de sulfure de cuivre), et de précipiter en brun, presque en noir par le sulfate de cuivre. Leur alcalinité n'est généralement pas due au carbonate d'ammoniaque, le plus ordinairement elle est l'effet de la présence du carbonate de soude dans une proportion considérable. En effet, on peut chauffer jusqu'à l'ébullition une masse considérable de ces liquides sans que la vapeur qui se dégage bleuisse le papier rouge de tournesol, sans que cette vapeur donne une fumée blanche quand on porte au milieu d'elle une baguette trempée dans l'acide chlorhydrique. Si l'on remplit un matras de verre avec une de ces liqueurs, jusqu'à la moitié du col, par exemple, puis que l'on verse de l'acide acétique fort et qu'on mélange le tout, la masse augmente de volume, parce qu'il se dégage de l'acide carbonique. Le gaz emprisonné dans une masse visqueuse se sépare très-difficilement, très-lentement, la rend opaque, ce que l'on peut obtenir d'ailleurs directement en faisant traverser le liquide par un courant d'acide carbonique, ce qui a fait croire souvent à la formation d'un précipité.

210. La proportion des matières solides contenues dans ces liquides est des plus variables, je l'ai vue varier dans la proportion de 1 à 50 ; ces différences considérables portent à peu près uniquement sur la matière organique. La proportion des éléments mi-

néraux reste à peu près fixe (7 à 9 gr. par kilog. de liquide). La proportion des éléments solides n'est qu'un faible élément de la consistance plus ou moins grande du liquide, la nature du produit dissous est bien autrement importante.

211. On trouve dans ces liquides des matières grasses saponifiées, du sucre, de l'urée, de la leucine. J'y ai bien vainement cherché de la créatine et de la créatinine. Ces divers éléments ne forment qu'une très-faible partie des éléments solides, ordinairement leur poids est de beaucoup inférieur à celui des sels.

212. Les matières albuminoïdes (albumine, métalbumine, hydropisine, paralbumine, fibrine) forment la plus grande partie des éléments solides organiques des liquides séreux.

Ces liquides sont coagulables par la chaleur seule, mais leur alcalinité est parfois tellement considérable qu'une très-faible proportion de liquide se coagule. Aussi doit-on dans tous les cas rendre le liquide légèrement acidule par l'acide acétique. L'acide azotique, l'acide phénique donnent également un précipité.

213. A côté des matières albuminoïdes on trouve quelques matières extractives, les unes précipitables par l'alcool ressemblent à la gélatine, mais le précipité ne donne pas la consistance gélatineuse à l'eau ; d'autres sont solubles dans l'alcool, et offrent après l'évaporation de ce liquide une odeur très-prononcée de colle forte, sans en avoir les qualités adhésives.

214. Dans la plèvre, dans le péritoine, on trouve très-

souvent un liquide qui contient de la fibrine toute formée. Cette fibrine séparée, le liquide abandonné à lui-même se prend en masse dans les quelques heures qui suivent son extraction. Si l'on rassemble ce nouveau dépôt de fibrine par l'agitation, au bout de quelques heures on peut en obtenir une nouvelle quantité. Un courant d'acide carbonique paraît hâter cette séparation. Ce résultat est dû à la plasmine que le liquide renfermait et qui s'est dédoublée au sortir de la cavité thoracique (84 et suiv.). La proportion de fibrine de ces liquides ne paraît pas dépasser celle que l'on trouve ordinairement dans le sang.

215. Séparation des matières albuminoïdes des liquides séreux. — Pour doser séparément chacun des éléments qui entrent dans la composition d'un liquide séreux, il faut tout d'abord en filtrer une portion pesée pour apprécier la proportion des éléments solides en suspension (leucocytes, matières grasses, etc.). Cela fait, dans une partie du sérum on ajoute un excès de sulfate de magnésie pur, on recueille le précipité d'hydropisine sur un filtre, on le lave avec une solution saturée de sulfate de magnésie, on le dessèche, on déduit de son poids le poids du filtre chargé d'hydropisine sèche, ceux du filtre vide et des cendres, pour avoir le poids de l'hydropisine.

Une autre portion du sérum est précipitée par 4 à 5 fois son volume d'alcool concentré, le précipité recueilli sur un filtre est lavé à l'alcool. On pèse le filtre chargé après dessiccation à une température qui ne dépasse pas 45°, puis on le traite par l'eau qui dissout la métalbumine et laisse intacte l'albumine (sérine) coagulée. En pesant le filtre après une nouvelle dessiccation, on a le poids de l'albumine.

Quant à la paralbumine, tous les essais que j'ai tentés jusqu'à ce jour ne me permettent pas d'indiquer un moyen précis de la séparer de la métalbumine qui l'accompagne fréquemment.

Toutes les fois que le liquide contient du pus, le sérum est précipitable par l'acide acétique (*pyine*, 200). On peut apprécier la proportion de pyine par un essai direct sur une partie du sérum.

216. Albumine des liquides séreux. — A côté de la métalbumine, de l'hydropisine, de la paralbumine, de la pyine et de la fibrine, se trouve une matière albumineuse qui nous paraît identique à l'albumine du sérum du sang ou sérine.

Supposons qu'à l'un de ces liquides on ait ajouté du sulfate de magnésie en excès et séparé l'hydropisine ; après avoir été filtré, le liquide saturé de sulfate de magnésie donnera par l'addition de l'acide acétique un précipité volumineux, en petits grumeaux, faciles à laver sur le filtre, insolubles dans l'eau, ne cédant à ce liquide que des traces de matières, pas plus que la caséine. Ce précipité s'obtient, de la même façon, avec les mêmes qualités, quand on ajoute de l'acide acétique à une solution d'albumine d'œuf ou de sérum saturée de sulfate de magnésie.

C'est l'albumine qui forme ordinairement la plus grande partie de la masse des éléments organiques des liquides séreux. Il n'y a jamais dans ces liquides que quelques millièmes de fibrine, quelques centièmes de paralbumine, l'hydropisine manque souvent, mais elle peut aussi atteindre une proportion assez élevée. Ce précipité albumineux, résultat d'un mélange d'acide acétique et de sulfate de magnésie, est bien distinct de celui de la caséine que chacun des éléments de la précipitation pourrait produire.

La métalbumine est précipitable comme l'albumine par ce mélange (acide acétique et sulfate de magnésie), et le précipité ne se redissout pas dans l'eau. Il faut donc déduire du poids du précipité albumineux brut le poids de la métalbumine obtenu en précipitant une partie du mélange par l'alcool (5 vol.), et redissolvant la métalbumine par l'eau distillée.

217. Matière colorante jaune. — Cette matière n'existe qu'en très-faible proportion dans la plupart des liquides séreux, mais chez quelques-uns la coloration jaune est si prononcée qu'on croirait aisément à la présence de la matière colorante de la bile. En filtrant les liquides séreux jaunes après addition d'acide acétique, la plus grande partie de cette matière jaune reste sur le filtre, difficile à séparer même à l'état impur des matières albumineuses qui l'accompagnent. Cette matière verdit au contact de l'acide azotique nitreux, ce qui laisse à penser qu'elle n'est pas sans analogie avec la matière jaune de la bile.

218. Dosage de la métalbumine, de l'hydropisine, de la paralbumine. — La méthode de dosage de l'albumine par la chaleur (66), celle de dosage par une solution d'acide phénique (72) sont également applicables aux trois variétés d'albumine précitées. Il ne faut pas opérer sur un liquide concentré, surtout si ce liquide contient de la paralbumine, parce que la masse élastique et compacte se laisse difficilement laver.

Pour doser le poids des éléments solides, on se sert d'une capsule de platine à fond plat (6), surtout si l'on opère sur le contenu filant des kystes ovariques, pour rendre la dessiccation plus facile. Le résidu sec épuisé par l'éther froid, puis bouillant, enfin par l'alcool concentré bouillant, cède à ces liquides des matières grasses neutres ou saponifiées, de la cholestérine, des sels alcalins à acides organiques, de la glutine ; quand on traite par l'eau distillée le résidu de ces traitements après addition de quelques gouttes d'acide acétique, on enlève le chlorure de sodium, les autres sels solubles, il ne reste plus que l'élément albumineux, et des sels insolubles dont il est facile d'avoir le poids par une dessiccation nouvelle et l'incinération. L'eau enlève encore quelques matières qui paraissent provenir de la destruction des cellules épithéliales qui tapissent la tumeur.

219. Des matières albumineuses des li-quides séreux au point de vue du pronostic.
— La présence de la fibrine ou de la plasmine dans le liquide pleural est favorable à la guérison, tandis que celle du pus est d'un fâcheux augure.

Les kystes ovariques (nos 1 et 2) simplement albu-mineux, très-peu chargés de matières organiques, guérissent par une simple ponction suivie d'une in-jection iodée. Au contraire, je n'ai jamais vu les kystes à liquide filant chargé de paralbumine donner lieu à une guérison durable par cette méthode. On est amené à rendre les ponctions et les injections de plus en plus fréquentes, et, quand le pus apparaît, la fin du malade approche.

220. Le tableau suivant, que j'emprunte à mes pro-pres observations, montre combien est variable la pro-portion des matières organiques dans les liquides albu-mineux pathologiques, et combien varie peu celle des matières minérales. Le poids des substances étran-gères à l'albumine (cholestérine, matières grasses, matières extractives) n'atteint généralement pas 1/20 du poids des matières organiques, et souvent se trouve bien au-dessous de cette proportion; aussi peut-on, sans commettre une grande erreur, prendre le poids des matières organiques pour celui de l'al-bumine brute et de ses congénères (paralbumine, métalbumine, hydropisine).

221. COMPOSITION GÉNÉRALE DES LIQUIDES SÉREUX

Nᵒˢ	ORIGINE DES LIQUIDES.	DENSITÉ des LIQUIDES.	POIDS PAR KILOGRAMME DE LIQUIDE DES MATIÈRES		
			solides.	organiques.	minérales.
1	Kyste ovarique.. ...		10^{gr},69	2^{gr},63	8^{gr},16
2	Idem... ...	1,005	17 ,2	9 ,20	8
3	Idem..	1,015	42 ,8	34 ,70	8 ,1
4	Idem..	1,014 à 25°	47 ,52	38 ,52	9
5	Idem	1,014 à 32°	46 ,75	37 ,60	9 ,15
6	Idem.. ,....	1,014 à 26°	51 ,19	43 ,34	8 ,85
7	Idem	1,013 à 25°	43 ,60	35 ,30	8 ,30
8	Idem..	1,011 à 32°	42 ,70	34 ,45	8 ,25
9	Idem..	1,015	61 ,50	53 ,06	7 ,9
10	Idem.......	1,019 à 19°	61 ,6	53 ,39	8 ,21
11	Idem...	1,0205	59	51	8
12	Idem..	1,020 à 18°	71 ,5	63 ,3	8 ,2
13	Idem....	1,030 à 16°	109 ,6	100 ,2	9 ,4
14	Idem...... ..	1,030 à 15°	105 ,1	96 ,36	8 ,74
15	Kyste du corps thy-roïde...........	1,0195 à 13°	65 ,5		
16	Hydarthrose..	1,018	58 ,2	50 ,2	8
17	Idem.......	1,021 à 14°	64	53 ,45	10 ,55
18	Hydrocèle....	1,0285 à 16°	100 ,53	89 ,40	11 ,13
19	— , ictérique.	1,023 à 12°	70 ,06	61 ,63	8 ,43
20	Sérosité pleurale. .		60 ,50	53 ,3	7 ,2
21	Ascite.........	1,0185 à 20°	59 ,50	51 ,55	7 ,95
22	Id............ ..	1,0215 à 9°	68 ,50	60 ,05	8 ,45
23	Id............ ..	1,020 à 10°	60 ,10	51 ,8	8 ,3
24	Id	1.019 à 13°	50 ,04	40 ,64	9 ,4

Les nᵒˢ 4, 5, 6, 7, 8 proviennent de cinq ponctions prati-quées au même kyste à une distance moyenne de 27 jours. Le liquide était filant, chargé de paralbumine. Les cinq ponctions avaient fourni 27^{kil},325 de liquide.

Les nᵒˢ 1 et 2 étaient presque aussi limpides que l'eau, opalescents, albumineux.

Les nᵒˢ 21, 22, 23 proviennent d'une ascite provoquée chez une femme de trente-deux ans par plusieurs tumeurs abdominales de nature encore mal déterminée, et prises tout d'abord pour un kyste ovarique multiloculaire. 124 jours

se sont écoulés entre la première et la deuxième ponction, 80 jours entre la deuxième et la troisième ponction.
La seconde ponction a donné 17^k,200 de liquide, et la troisième 18^k,285.

Le n° 20 provient d'une pleurésie aiguë. La ponction
thoracique pratiquée, le malade recouvra rapidement la
santé. Ce liquide contenait de la fibrine libre et de la fibrine provenant du dédoublement lent de la plasmine (en
tout 1^g,7 par kilog.).

Les n°s 18 et 19 (hydrocèles) étaient composés uniquement de métalbumine facile à redissoudre complétement
après un séjour prolongé dans une grande masse d'alcool.

222. Liquide céphalo-rachidien. — A la suite
d'une fracture du crâne, chez un jeune homme de
20 ans, j'ai pu recueillir au 5e jour de l'accident un
liquide presque incolore qui s'écoulait goutte à goutte
par l'oreille, et qui avait coulé beaucoup plus abondamment les jours précédents. *Évaporé au moment
même de sa sortie de l'oreille*, ce liquide laissa 10^{gr},98
de résidu sec par kilogr., dont 1^{gr},38 d'albumine et
9^{gr},2 de matières minérales. — Une autre portion de
liquide, qui avait passé la nuit à l'air, donna 11^{gr},46
à cause de l'évaporation qu'elle avait subie.

Ce liquide très-alcalin ne contenait ni sucre ni
urée ; la chaleur seule ne le coagulait pas, à cause
du carbonate de soude libre qu'il contenait en abondance, mais l'addition de l'acide acétique au liquide
bouillant donnait immédiatement un précipité d'albumine et un dégagement d'acide carbonique (56,64).
L'acide azotique précipitait immédiatement l'albumine.

CHAPITRE XI

GÉNÉRALITÉS.

223. L'urine est un liquide séparé du sang par les reins, destiné à être rejeté de l'organisme après un séjour plus ou moins long dans la vessie. Sa composition est des plus complexes ; chaque jour il faut recourir à son examen pour éclairer le diagnostic de certaines maladies, soit par le dosage de ses éléments normaux, soit par la recherche de produits anormaux (sucre, albumine, poisons, etc.), soit enfin pour constater son altération spontanée dans la vessie.

224. Le tableau suivant donnera une idée des nombreuses substances qui entrent dans la composition de l'urine normale ou pathologique.

Eau, urée, créatine, créatinine, mucine, albumine, fibrine, glycose, inosite, indicane, indigo bleu, allantoïne, cystine, xanthine, tyrosine, leucine, cholestérine.

Matières colorantes naturelles, *id.* de la bile et du sang. Matières grasses et odorantes.

Acides carbonique, biliaires, hippurique, lactique, benzoïque, oxalique, urique.

Acides chlorhydrique, azotique, phosphorique, sulfurique ; ammoniaque, soude, potasse, chaux, magnésie, oxyde de fer.

Poisons minéraux et organiques : champignons ; vers vésicaux ; gaz.

Quelques-uns de ces corps ne se rencontrent qu'accidentellement, en quantité très-faible, et l'on est réduit à des conjectures sur leur rôle dans l'économie.

225. Odeur. — L'odeur de l'urine n'est pas constamment la même ; elle est modifiée par les aliments, par les médicaments, dont elle rappelle souvent l'odeur propre. Mais fréquemment l'odeur de l'urine est différente de celle du produit qui lui donne naissance : qui ne sait qu'un court séjour dans une atmosphère chargée de vapeurs d'essence de térébenthine suffit pour communiquer à l'urine une odeur de violettes des plus suaves ? L'absorption par le tube digestif d'une minime dose de térébenthine ou de copahu produit le même effet. Les asperges communiquent au contraire à l'urine une odeur fétide.

La présence de certains produits morbides dans le rein ou la vessie (cancers, pus, calculs) peut donner à l'urine une odeur des plus infectes.

226. Consistance. — A l'état normal, l'urine est fluide comme de l'eau, nullement visqueuse. Agitée dans un flacon à demi rempli, elle mousse en donnant de grosses bulles peu persistantes. Mais chargée de mucus, et surtout d'albumine, elle mousse bien davantage, les bulles sont plus fines, plus persistantes ; ce caractère n'a qu'une mince valeur. Les urines alcalines moussent bien plus abondamment que les urines très-acides.

Le mucus et le pus communiquent aux urines fortement alcalines une consistance visqueuse.

227. Transparence. — L'urine de l'homme en bonne santé est transparente, mais, dans les conditions les plus favorables, elle dépose peu après son émission un léger nuage, formé par des débris de cellules de la vessie.

L'urine des herbivores est ordinairement trouble et contient du carbonate de chaux non dissous, avec de l'oxalate de chaux et quelques débris organiques provenant de la membrane muqueuse qui tapisse la vessie. On trouve quelquefois de l'oxalate de chaux en petits cristaux octaédriques dans l'urine humaine (418 et suiv.). L'urine trouble des herbivores est dite *jumenteuse* (244).

L'urine se trouble souvent au fur et à mesure que sa température s'abaisse, en déposant des urates, des matières colorantes.

Souvent aussi l'urine est trouble au moment même où elle sort de la vessie, telle est une urine chargée de pus, de matières grasses ; telle est encore une urine devenue fortement alcaline dans la vessie, et qui entraîne avec elle des phosphates et des carbonates terreux mélangés à une grande quantité de débris épithéliaux. (*Sédiments*, 445.)

228. **Couleur.** — L'urine est quelquefois *incolore*, mais dans des cas exclusivement pathologiques (affections nerveuses, hystérie) ; cet état peut persister pendant un temps très-long.

Dans l'état de santé, l'urine est ordinairement *ambrée*, c'est-à-dire qu'elle a une des infinies variétés de nuances jaunes du succin ou ambre jaune.

Elle est *pâle*, à peine colorée, quand elle est rendue en très-grande quantité (polyurie). Elle peut être encore décolorée dans le cas de diabète sucré, mais à la condition que le malade sera en même temps polyurique.

Une urine très-colorée est déjà un indice de la présence d'une grande quantité de matières en dissolution : les urines sucrées font exception à cette règle.

L'urine peut être *blanche* comme du lait quand elle est chargée de matière grasse (urine laiteuse, urine chyleuse). Elle est *rouge* quand elle contient du sang dans une notable proportion, *brune* et même *presque noire* si le sang épanché a longtemps séjourné dans la vessie ou sur un autre point du trajet urinaire. On a signalé l'empoisonnement par l'hydrogène arsénié comme pouvant donner lieu à une urine colorée en rouge, par la présence de la matière colorante du sang.

Dans des cas fréquents, dans les affections fébriles, dans les troubles de la digestion, l'urine est limpide au moment de l'émission, puis, au fur et à mesure qu'elle se refroidit, elle devient *rosée* et trouble : ce sont des urates qui se déposent, et plus particulièrement de l'urate d'ammoniaque et de l'urate de soude, accompagnés par une matière colorée.

L'urine est *jaune orangée, rougeâtre, verdâtre*, quand la matière colorante de la bile passe dans l'urine (Voy. *Mat. color. de la bile*, 161.).

Elle peut contenir des matières colorantes provenant des aliments ou des médicaments (rhubarbe, (260), casse, séné, etc.), aussi faut-il prendre garde de la confondre avec l'urine chargée de matière colorante de la bile.

229. Urines bleues. — Certaines urines déposent une matière bleue qui, examinée au microscope, apparaît avec une forme cristalline très-nette, et possède les propriétés de l'indigo bleu. Cette matière est accompagnée ordinairement par une autre de couleur rouge, que l'on a nommée indigo rouge (252,261).

230. Quantité d'urine. — Un adulte en bonne santé rejette chaque jour 800 à 1500 grammes d'urine ; ce chiffre varie avec le poids de l'individu, l'alimentation dont il fait usage, l'exercice auquel il se livre, la température extérieure ; dans l'état de maladie, les différences sont bien autrement grandes.

Il faut recueillir l'urine rendue toutes les vingt-quatre heures ; cette constatation se fait de préférence le matin, quand le malade a rendu l'urine de la nuit, et qu'il n'a encore pris aucun aliment, aucune boisson. On est souvent trompé sur la quantité d'urine que rend un malade, par le malade lui-même. Il n'y a guère que ceux qui ne quittent pas le lit qui offrent quelque sécurité. Chez les polyuriques (diabète non sucré), la quantité d'urine rendue s'élève parfois à 30 kilogrammes chaque jour, et même au-delà.

On a très-souvent rapporté la quantité d'urine rendue par vingt-quatre heures ou par heure au nombre de kilogrammes exprimant le poids de l'individu, et l'on est arrivé à reconnaître qu'un kilogramme d'homme adulte rendait dans l'état de santé un centimètre cube d'urine par heure environ. A ce compte, un homme du poids de 60 kilogrammes, doit rendre 1440 grammes d'urine par vingt-quatre heures, ce qui est à peu près exact.

231. Température. — La température de l'urine est à peu près celle du corps, 37 à 38°. On l'apprécie à l'aide d'un petit thermomètre très-sensible, et, pour éviter la rapide déperdition de la chaleur, on reçoit l'urine dans un verre plongé dans l'eau chauffée à 35° environ. Quand on prend la densité de ce liquide, il faut toujours noter la température.

232. Densité. — La densité de l'urine s'obtient par la méthode du flacon ou au moyen du densimètre. Nous avons exposé l'usage de ces instruments au commencement de ce livre (10, 12). La densité moyenne de l'urine est 1,018.

Divers observateurs (Simon, Beneke) ont constaté qu'une différence de 3 degrés dans la température correspondait très-sensiblement à un degré de l'aréomètre. C'est ainsi qu'une urine qui marquerait 1,024 au densimètre à la température de 15°, marquera 1,022 à la température de 21°. Ceci ne s'applique qu'à l'urine normale.

L'urine des polyuriques descend à 1,001, l'urine des diabétiques monte à 1,050 et 1,070, l'urine normale est ordinairement comprise entre 1,014 et 1,028. Nous verrons les causes qui, dans l'état de santé, font varier la densité et le poids des éléments dissous.

233. Quantité d'eau. — Matières solides. — Tandis que certaines urines contiennent à peine un centième de leur poids de résidu solide (polyurie et 990 à 998 parties d'eau sur 1000, d'autres urines (diabète sucré) contiennent jusqu'à 125 grammes de résidu sec, même davantage, par kilogramme et seulement 900 à 875 parties d'eau. Dans ces dernières, le résidu solide atteint donc $\frac{1}{8}$ du poids de l'urine brute.

Dans l'état normal, un adulte émet une urine qui contient 40 à 65 grammes de résidu sec par kilogramme ; en moyenne, on obtient 50 grammes.

L'urine du matin est ordinairement plus chargée de matières solides que l'urine du jour, aussi, *l'analyse d'une urine doit toujours être faite sur la masse rendue dans l'espace de vingt-quatre heures.*

234. La densité de l'urine des malades des hôpitaux et des convalescents est généralement plus faible que celle des individus en pleine santé. Il en est de même du poids du résidu sec fourni par un même volume d'urine dans les deux cas. Ce résultat ne doit pas surprendre, quand on considère combien la nature et la quantité des aliments d'une part, l'exercice du corps et les conditions climatériques d'autre part, jouent un rôle important sur nos sécrétions. A l'hôpital, l'urine donne ordinairement un résidu sec de 40 grammes par kilogramme, souvent même 25 à 30 grammes seulement, ou 960 à 975 grammes d'eau par kilogramme.

235. J'ai comparé le poids du résidu sec laissé par un kilogramme d'urine chez les albuminuriques, les ictériques, les diabétiques, les polyuriques, les convalescents, les individus en bonne santé, avec la densité de ces mêmes urines, et, bien que j'aie poursuivi ces observations pendant un temps déjà

bien long, je ne connais aucun rapport exact entre la densité et le poids du résidu sec.

En observant un seul malade pendant un mois, si ce malade vit dans des conditions à peu près constantes, il est possible de savoir bientôt à très-peu près le poids des matériaux secs par litre, connaissant la densité, mais transmettre à l'urine de même densité d'un autre malade les résultats obtenus, c'est s'exposer à des erreurs, souvent très-importantes.

236. Pour déterminer la quantité de résidu solide que contient une urine, procédez comme il a déjà été dit au paragraphe 6. Pesez dans une capsule de platine à fond plat, et, à défaut, dans une capsule mince de porcelaine ou de verre, 5 à 10 grammes d'urine, notez le poids de la capsule pleine, placez-la sur le bain-marie, laissez évaporer ; quand le résidu semblera sec, portez la capsule dans une petite étuve à eau bouillante (*fig.* 1) dont la température sera maintenue exactement à 100°, et pesez la capsule de temps en temps jusqu'au moment où elle ne perdra plus de son poids. Cela fait, pesez la capsule vide. Vous connaîtrez par un simple calcul le poids total de l'urine employée, le poids du résidu, et même celui des cendres. Par un autre calcul non moins facile, vous rapporterez les chiffres obtenus à 1000 grammes.

Exemple :

La capsule et l'urine pèsent ensemble......... 15ᵍʳ,747
La capsule vide............................... 8 ,431
La capsule et le résidu sec................... 8 ,672

15ᵍʳ,747 — 8, 431 = le poids de l'urine, soit.... 7ᵍʳ,316
15 ,747 — 8,672 = le poids de l'eau évaporée.. 7 ,075
7 ,316 — 7,075 = le poids du résidu sec...... 0 ,241

7,316 d'urine contiennent donc 0ᵍʳ,241 de matières solides, soit par kil. $\dfrac{0ᵍʳ,241 \times 1000}{6,616} = 36ᵍʳ,42$ par kilog. L'urine avait une densité de 1,015 ; en multipliant 36ᵍʳ,42 par 1,015 on a 36ᵍʳ,96, poids du résidu par litre.

Si l'on s'est servi d'une capsule de platine, en incinérant le résidu sec on aura le poids des cendres.

Une urine très-pauvre en éléments solides, telle est une urine de polyurique qui donne moins de 1 p. 100 de résidu, doit être évaporée à la dose de 50 à 100 grammes au moins.

237. Cette petite opération, malgré son extrême simplicité apparente, exige une grande attention. Il faut achever la dessiccation à une température bien déterminée, et éviter les poussières de l'atmosphère. Le résidu est très-hygroscopique, aussi, pour être exact, est-il préférable d'opérer avec une capsule de platine mince et large, munie d'un couvercle de creuset, et de peser après refroidissement sur l'acide sulfurique. Si le vase évaporatoire est trop conique, il faut ajouter un petit fil de platine qui fait partie du poids de l'appareil et permet d'étaler le résidu

déjà épaissi sur les parois de la capsule afin d'en parfaire la dessiccation.

Même en suivant exactement toutes ces prescriptions, une partie de l'urée se décompose, et l'urine primitivement acide donne un résidu alcalin. Pendant la dessiccation, il s'est perdu de l'ammoniaque, en très-minime quantité, il est vrai. Pour en apprécier la quantité, et en même temps connaître le poids exact de l'eau, on opère la dessiccation de l'urine dans une nacelle placée dans un tube de verre chauffé à 100°, on fait arriver dans le tube de l'air desséché par de l'acide sulfurique et du chlorure de calcium, et l'on condense l'eau et l'ammoniaque dégagées dans de l'acide sulfurique. On a eu soin de titrer l'acide sulfurique avant l'opération, on le titre de nouveau après l'opération, on conclut du poids d'acide sulfurique saturé par l'ammoniaque le poids de l'ammoniaque dégagée, on ajoute ce dernier poids au résidu fixe de l'urine (Neubauer). On a bien rarement besoin d'une aussi grande précision. Il vaudrait d'ailleurs beaucoup plus justement ajouter au poids du résidu sec un poids d'urée correspondant au poids d'ammoniaque obtenu.

238. Deux urines de même densité peuvent fournir des résidus secs très-différents par leurs poids, suivant que l'une est chargée plus exclusivement de sels minéraux, et l'autre plus riche en matières organiques, urée, albumine et matières extractives. Les sels minéraux donnent, à poids égal,

une densité bien plus élevée que les substances organiques. Il n'est donc pas étonnant que le mode d'alimentation exerce sur la densité de l'urine et sur le poids du résidu sec une immense influence.

Dans l'été, si le corps est soumis à un exercice violent, et partant à une sudation extraordinaire, la quantité d'urine rendue est faible, et sa densité s'élève par contre à 1,025 et même à 1,030; son émission devient parfois douloureuse, parce que l'urée, l'acide urique et les sels sont en solution plus concentrée. Dans ce cas, le poids du résidu sec est resté sensiblement le même par 24 heures; la grande concentration du liquide est son seul caractère spécial; l'eau qui lui fait défaut a été vaporisée par la transpiration cutanée.

239. Quand une urine atteint une densité de 1,025 et au delà, on est assez prédisposé à la considérer comme une urine sucrée. Ce que nous venons de dire montre déjà qu'il n'en est pas toujours ainsi. La quantité d'urine rendue dans les 24 heures, le poids du résidu solide dans le même espace de temps, sont de meilleurs éléments de comparaison. Tel malade rendra, par exemple, en 24 heures, 6 à 10 litres d'urine sucrée, d'une densité égale à 1,014, tandis qu'un autre diabétique rendra le même poids de résidu sec dans le même temps, avec une urine de densité égale à 1,060, mais la quantité de cette dernière ne sera que d'un à deux litres. Ces deux malades auront perdu un égal poids de sucre dans le

même espace de temps, tandis que les deux liquides, considérés à volumes égaux, seront totalement différents dans leur densité et le poids du résidu sec. Aussi, la polyurie n'accompagnant pas nécessairement le diabète sucré, la connaissance de la densité d'une urine n'est qu'un élément très-secondaire de la recherche du sucre, et ne saurait jamais suppléer aux recherches chimiques. On rencontre d'ailleurs des urines manifestement diabétiques qui ne contiennent que 2 à 5 grammes de sucre par litre, c'est-à-dire une quantité presque sans influence sur la densité du liquide.

240. Si la quantité de matières dissoutes dans un litre d'urine est considérable, et si en même temps la quantité de liquide est elle-même considérable, le malade est dans des conditions d'épuisement bien autrement compromettantes pour sa vie que si l'un des deux facteurs s'était seul accru. En résumé, dans les cas pathologiques, qu'il s'agisse d'albumine, de sucre, ou de tout autre élément, c'est le poids des matières perdues en 24 heures qu'il faut prendre en considération, de préférence à la quantité contenue par kilogramme. Il faut donc constater et le nombre de kilogrammes et le poids du résidu sec d'un kilogramme : le produit de ces deux facteurs représente la déperdition vraie.

Le chimiste rapporte tous les résultats de son analyse à 1 kilogramme de liquide, ou à un litre ; c'est au médecin à tenir un compte exact de la quantité de liquide rendue pour en conclure la somme des matières solides rejetées dans les 24 heures.

241. La quantité d'eau de l'urine peut dépasser 2 kilog. par 24 heures, tandis que le poids des matières solides rendues dans les 24 heures reste normal. On désigne cet état sous les noms d'*hydrurie*, de *polydipsie*.

Si le chiffre des matières solides excrétées dans les 24 heures dépasse le chiffre normal, en même temps que la quantité d'eau est elle-même accrue, la maladie prend le nom de *diabète insipide*.

On a donné le nom de *diabète sucré*, de *glycosurie* au cas où l'eau et les matières solides non-seulement sont en plus grande quantité, mais encore accompagnées par du sucre de glycose en quantité variable.

242. **Réaction**. — L'urine normale de l'homme et des carnivores est acide, et rougit franchement le papier bleu de tournesol. L'herbivore émet une urine alcaline, mais si on le soumet à la diète ou à une alimentation de carnivore, il donne bientôt une urine à réaction acide. L'homme donne à son tour une urine alcaline quand il se soumet à un régime exclusivement végétal, surtout si ce régime comprend en abondance des sels à acides végétaux.

L'urine devient acide chez tous les animaux (herbivores, carnivores, omnivores) soumis à une abstinence prolongée (Cl. Bernard). Une alimentation insuffisante produit les mêmes effets (Chossat).

11.

243. A quel corps faut-il attribuer la réaction acide de l'urine? La plupart des urines, au bout de quelques heures de séjour dans un endroit frais, déposent des cristaux d'acide urique libre ou d'urates acides, et comme l'urine possède assez généralement une réaction acide d'autant plus forte que ce dépôt d'acide urique est plus abondant, on serait tout disposé à croire que l'urine normale doit sa réaction acide à l'acide urique.

La solution aqueuse d'acide urique pur, même saturée, est à peu près sans action sur le papier bleu de tournesol. La solution saturée à chaud donne à peine la teinte vineuse à ce papier. L'acide urique est donc doué d'une énergie très-faible.

Si l'on fait bouillir du tartrate de potasse neutre parfaitement pur dans de l'eau distillée, la solution est alcaline au tournesol. Vient-on à chauffer jusqu'à l'ébullition un mélange de 2 grammes de ce tartrate, 2 décigrammes d'acide urique pur et 20 grammes à 30 grammes d'eau distillée, la plus grande partie de l'acide urique se dissoudra, la liqueur filtrée bouillante et fortement acide abandonne par le repos la plus grande partie de l'acide urique à l'état de biurate de potasse, en même temps qu'elle devient neutre. La concentration de ce liquide bien refroidi donne des cristaux de bitartrate de potasse, surtout par addition d'alcool, cristaux bien reconnaissables au microscope, et d'ailleurs bien différents de l'urate, puisqu'ils ne donnent pas de murexide par l'acide azotique et l'ammoniaque.

D'autre part, si l'on remplace dans cette expérience le tartrate de potasse, qui n'existe pas dans l'urine, par du phosphate de soude à deux équivalents de soude, purifié par plusieurs cristallisations, le même phénomène que précédemment se reproduira. Une grande quantité d'acide urique se dissoudra à chaud, la liqueur fortement acide et bouillante déposera, en se refroidissant, des cristaux d'urate de soude sous la forme de boules arrondies hérissées de pointes cristallines très-fines, et l'eau mère refroidie restera légèrement acide, si l'on a fait usage d'une grande quantité d'acide urique.

Dans les deux cas, il s'est fait un urate acide qui n'a pas d'action bien sensible sur le tournesol, mais les sels alcalins privés d'une partie de leurs bases ont maintenant une réaction acide, ou tout au moins neutre, tandis qu'avant d'avoir le contact de l'acide urique, cette réaction était franchement alcaline.

Le chlorure de sodium n'agit ni comme le tartrate ni comme le phosphate de soude, la liqueur bouillante ne devient pas acide, et, par le refroidissement, elle n'abandonne que des cristaux d'acide urique en longs prismes, et non pas de l'urate de soude.

L'acidité de l'urine peut donc être attribuée à la formation d'un phosphate de soude à réaction acide, plutôt qu'à l'acide urique et aux urates acides qui

sont à peu près sans action sur les papiers réactifs. A
chaud, la grande quantité d'acide urique dissous à
l'état d'urate acide met en liberté une quantité correspondante d'acide phosphorique à l'état de phosphate acide, d'où la plus grande intensité de l'action
sur le tournesol. S'il ne se déposait pas d'urate alcalin pendant le refroidissement, on pourrait attribuer la teinte pelure d'oignon du tournesol à la
dissolution d'une plus grande quantité d'acide
urique dans la solution saline que dans l'eau distillée,
phénomène analogue à celui que présentent vis-à-vis
du tournesol l'acide carbonique sous forte pression,
et l'acide borique en solution saturée bouillante;
mais la formation de l'urate alcalin met hors de
doute la perte d'une partie de la base du phosphate,
aussi ne peut-on attribuer la réaction acide de l'u-
rine à l'action purement dissolvante du phosphate de
soude.

Cette cause de l'acidité de l'urine explique assez
bien le dépôt de l'urate acide de soude et de l'acide
urique dans les urines pendant leur refroidissement.
Il m'a semblé que l'absence ou une faible quantité
de chlorure de sodium dans l'urine favorisait la présence du dépôt d'urate de soude, tandis qu'une
grande quantité de chlorure de sodium faisait de
préférence apparaître de l'acide urique. D'ailleurs
divers autres éléments connus ou inconnus peuvent
contribuer à donner à l'urine une réaction acide.

244. Urine alcaline. — Abandonnée à elle-même, l'urine normale ou acide devient peu à peu alcaline par suite de la transformation spontanée de l'urée en carbonate d'ammoniaque. Cet effet est plus rapide si la température est élevée, et si l'urine contient déjà du sang, de l'albumine, du pus.

Quelques urines, particulièrement les urines albumineuses, sont acides au moment de la miction et deviennent alcalines en quelques heures. Gardez-vous donc de conclure à l'alcalinité d'une urine si vous n'avez pas pu la constater au moment même de la miction.

Les boissons alcalines (eau de Vichy, de Vals) rendent les urines alcalines au bout de peu de temps. Une alimentation exclusivement végétale, surtout si cette alimentation comprend en abondance des fruits qui renferment des tartrates alcalins (raisin, prune), des citrates (groseilles), des malates (pommes), des acétates alcalins, dont l'élimination de l'organisme se fait à l'état de bicarbonates alcalins, l'urine neutre d'abord, puis alcaline, ramène nettement au bleu le papier rouge de tournesol. Cette destruction des acides organiques ne paraît pas s'étendre à l'acide oxalique.

En dehors de ces conditions provoquées en quelque sorte artificiellement, l'alcalinité de l'urine est d'un mauvais augure. L'urine peut être alcaline dans le rein même, toutes les fois que cet organe est le siége d'une inflammation chronique, ou d'abcès déterminés par la présence d'un ou de plusieurs calculs. L'urine peut sortir du rein avec une réaction acide et s'altérer pour les mêmes causes dans la vessie. La paralysie de cet organe, la présence des calculs, l'inflammation chronique qui en est la conséquence, peuvent provoquer l'altération de ce liquide au point qu'il sorte de la vessie trouble, chargé d'un pus épaissi, rendu visqueux par l'alcali du liquide, et parfois avec une odeur des plus repoussantes.

Quand une urine est rendue alcaline artificiellement, elle dépose des carbonates et des phosphates terreux ; quand elle devient alcaline spontanément par suite de la décomposition de l'urée en carbonate d'ammoniaque, que ce phénomène se produise dans la vessie ou en dehors de ce réservoir, elle donne les mêmes dépôts et de plus des cristaux de phosphate ammoniaco-magnésien.

On appelle *jumenteuse* l'urine trouble des herbivores. Ici, l'alcalinité est due au carbonate et au phosphate de chaux qui troublent le liquide. C'est à tort que l'on appelle urines jumenteuses les urines acides et troubles de l'homme, car ce trouble est produit par des urates dans les urines acides, et surtout par des phosphates dans les urines très-alcalines.

Puisque l'urine normale est acide, elle ne contient pas d'ammoniaque libre. Il n'en est plus de même de l'urine pathologique qui devient alcaline par la

décomposition de l'urée en carbonate d'ammoniaque sur un point quelconque des voies urinaires.
Si quelques observateurs ont pu retirer de l'ammoniaque de l'urine normale en la faisant bouillir avec
de la chaux ou de la magnésie, dans des conditions
où l'urée ne se décompose pas, il ne faut pas oublier
que tous les jours nous absorbons des sels ammoniacaux avec nos aliments, que ces sels ne sont pas
détruits dans l'organisme et qu'ils en sont éli-
minés avec l'urine à l'état de sulfate, de chlorhydrate, etc., sans modifier en rien la réaction de ce
liquide. Il n'y a donc rien d'étonnant à ce que l'on
puisse à un moment donné mettre en évidence la
présence de ces sels dans l'urine en dégageant leur
ammoniaque.

245. Recherche des causes de l'alcalinité.
— Pour savoir si l'urine doit son alcalinité au carbonate d'ammoniaque, chauffez-en quelques grammes dans un tube de verre, sur la lampe à alcool, et
plongez dans l'espace vide du tube une bande de
papier de tournesol rougi et humide. Dès que la
température s'élèvera, l'ammoniaque se volatilisera,
bleuira le papier de tournesol, et deviendra sensible
par son odeur. En approchant de l'orifice du tube
une baguette de verre plongée dans l'acide chlorhydrique, vous observerez un nuage blanc, dû à la formation du chlorhydrate d'ammoniaque. Ces urines
ammoniacales déposent des cristaux de phosphate

ammoniaco-magnésien , elles sont souvent puru-
lentes.

L'alcalinité est-elle due à un carbonate ou à un
phosphate alcalin, il ne se produit aucun dégagement
d'ammoniaque. L'expérience n'est valable qu'avec
de l'urine tout récemment émise.

Pour savoir si les bicarbonates alcalins sont la
cause de l'alcalinité, réduisez l'urine au bain-marie
au quart de son volume, il ne se dégagera pas d'ammoniaque pendant cette opération ; cela fait, filtrez,
pour séparer les phosphates qui se sont déposés pendant l'évaporation , ajoutez à ce liquide quelques
gouttes d'un acide minéral, d'acide chlorhydrique
par exemple; il se produira un dégagement de bulles
gazeuses d'acide carbonique. Pour plus ample démonstration , laissez tomber ce gaz dans l'eau de
chaux, il la troublera en donnant lieu à un précipité de carbonate de chaux. Si la quantité de carbonate alcalin était abondante dans le liquide, elle
donnerait lieu non-seulement à un dépôt de phosphates, mais encore à un précipité de carbonates calcaire et magnésien, aussi ce dépôt ferait effervescence
au contact des acides.

Quand on n'obtient pas d'acide carbonique, c'est
qu'un sel minéral alcalin a été administré, le plus
souvent c'est du phosphate de soude. La chaleur
trouble ces urines, mais le dépôt se redissout facilement à froid, d'ailleurs il ne fait pas effervescence

au contact des acides, pas plus que le liquide au sein duquel il s'est déposé.

246. Urine neutre. — L'urine est rarement neutre, c'est-à-dire sans action sur les papiers réactifs ; tantôt il s'est déjà formé du carbonate d'ammoniaque qui a saturé l'acide libre, tantôt elle est mélangée à un liquide alcalin (sang, albumine), tantôt enfin elle provient d'un individu soumis au régime exclusivement végétal. La neutralité d'une urine n'a pas une grande valeur diagnostique par elle-même, il faut en rechercher la cause. L'urine chargée d'acide carbonique peut donner au tournesol une faible teinte vineuse ; si une légère élévation de température chasse le gaz, le liquide devient neutre.

247. Gaz de l'urine. — Les gaz de l'urine sont ceux du sang ; ils augmentent dans l'urine des individus soumis à la marche ; l'acide carbonique est le gaz prédominant, puis vient l'azote ; l'urine ne renferme jamais qu'une très-petite quantité d'oxygène. (Morin, *Journal de pharmacie et de chimie*, 1864, t. LXV, p. 396).

CHAPITRE XII

248. Les matières qui colorent l'urine ont été l'objet de nombreuses études, qui n'ont que très-imparfaitement éclairé leur histoire. La matière colorante jaune de l'urine normale nous semble surtout mal connue. La matière bleue que l'on trouve accidentellement toute formée dans l'urine a été l'objet d'études plus approfondies : nous nous en occuperons plus particulièrement.

249. UROCHROME. — Sous le nom d'urochrome, Thudichum décrit une matière colorante amorphe qui se dissout dans l'eau et la colore en jaune. C'est la matière colorante de l'urine normale. L'alcool la dissout difficilement ; elle est plus soluble dans l'éther, les acides minéraux et les alcalis. La solution aqueuse prend à la longue une teinte rouge plus foncée, surtout en présence des acides et à l'aide d'une douce chaleur ; l'azotate d'argent la précipite et le précipité est soluble dans l'acide azotique. Le sous-acétate de plomb et l'acétate de mercure la précipitent. Si l'on chauffe sa solution aqueuse avec de l'azotate de bioxyde de mercure, elle donne un précipité blanc qui se colore bientôt en couleur de chair, tandis que le liquide surnageant prend une couleur rosée.

A l'air, l'urochrome s'oxyde, devient plus rouge et ressemble alors complétement à la matière colorante rouge qui se dépose avec les urates et l'acide urique, soit spontanément, soit sous l'influence des acides. La matière colorante s'altère rapidement dans l'urine. Si l'on fait bouillir pendant un temp suffisant, soit la matière colorante jaune, soit la matière colorante rouge dans un acide étendu, puis qu'on étende la solution avec de l'eau, il se dépose des flocons de matière brune. Après avoir soumis ce dépôt brun à l'action dissolvante de l'alcool, il reste une matière soluble dans les alcalis caustiques, l'*uromélanine*, que l'acide acétique sépare de son dissolvant sous la forme pulvérulente.

250. *Préparation de l'urochrome*. — Versez dans l'urine de l'eau saturée de baryte en quantité suffisante pour a rendre alcaline ($\frac{1}{100}$), puis une solution saturée d'acétate de baryte. Filtrez après douze heures de repos, et versez dans la liqueur une solution d'acétate neutre de plomb et de l'ammoniaque. Recueillez le précipité sur un filtre, lavez-le, et triturez-le dans un mortier de porcelaine avec de l'acide sulfurique dilué, filtrez, saturez l'excès d'acide de la liqueur avec du carbonate de baryte, à froid, versez un peu d'eau de baryte pour rendre le liquide alcalin, faites enfin passer un courant d'acide carbonique pour enlever l'excès de baryte. Le liquide filtré encore une fois, versez une solution d'acétate de mercure, tant qu'elle produit un précipité, et lavez ce précipité à l'eau froide. Cette combinaison est jaune; si elle était brune ou grisâtre, il faudrait la décomposer par l'hydrogène sulfuré, et précipiter de nouveau la liqueur par l'acétate neutre de plomb. Quand la combinaison mercurielle de l'urochrome aura été obtenue avec sa couleur jaune, on en séparera le mercure par un courant d'hydrogène sulfuré. Il reste, dans la liqueur, de l'acide acétique et de l'acide chlorhydrique, on peut en précipiter la plus grande partie avec de l'oxyde d'argent récemment précipité. En filtrant la liqueur, on a une solution qui contient de l'urochrome et de l'acétate d'argent, on enlève ce métal par un courant d'hydrogène sulfuré, et le liquide évaporé à une douce chaleur dépose l'urochrome.

251. UROÉRYTHRINE. — L'acide urique, les urates, l'urate de soude principalement, se déposent dans l'urine en entraînant une matière colorante d'un rouge vif, ou rosée, qui se fonce davantage au contact de l'air et des oxydants. Elle semble le résultat de l'oxydation de la matière colorante jaune. En traitant ce dépôt rosé par l'alcool bouillant, on enlève la plus grande partie de la matière colorée ; le sous-acétate de plomb précipite cette solution alcoolique en rouge. Le précipité sec repris par une solution de carbonate de soude lui cède son élément organique coloré, l'acide acétique ne précipite pas cette matière colorée.

252. INDICANE (*uroxanthine*). — L'indicane paraît être un principe constant de l'urine de l'homme et des animaux, mais c'est surtout dans l'urine des personnes atteintes du choléra ou d'un carcinome du foie qu'elle existe en quantité notable. L'urine du chien, du cheval, de la vache, en contient aussi abondamment (Kletzinsky).

Préparation. — Prenez de l'urine récente, versez-y du sous-acétate de plomb tant qu'il se produira un précipité, filtrez, et rejetez ce premier précipité. Dans le liquide filtré, versez de l'ammoniaque, recueillez le précipité, divisez-le dans l'alcool et faites passer dans la bouillie claire un courant d'hydrogène sulfuré. Quand tout le plomb sera transformé en sulfure, filtrez la liqueur alcoolique, lavez le précipité noir avec un peu d'alcool, évaporez le liquide, d'abord à une douce chaleur au bain-marie, puis dans le vide en présence de l'acide sulfurique. Le résidu est un sirop qui contient l'indicane et du sucre. Pour séparer ces deux corps, dissolvez ce résidu dans l'eau, agitez-le dans un flacon avec de l'oxyde de cuivre récemment précipité, filtrez, et faites passer dans la liqueur un courant d'hydrogène sulfuré.

253. *Caractères chimiques.* — La liqueur ainsi obtenue est précipitée par l'éther, et la solution éthérée donne par évaporation de l'indicane sous la forme d'un sirop brun clair, d'une saveur désagréable, soluble en toutes proportions dans l'eau, l'alcool, l'éther.

C'est l'indicane qui produit l'indigo bleu qui colore certaines urines :

$$C^{52}H^{33}AzO^{36} + 20 = C^{16}H^5AzO^2 + 3\ C^{12}H^{10}O^{12}$$

Indicane.   Indigotine.   Indirubine.
(Schunck.)

Cette transformation s'effectue sous l'influence des acides minéraux (chlorhydrique, sulfurique); il se forme en temps : 1° une substance rouge à laquelle on a donné même le nom d'*indigo rouge* et d'*urrhodine* (Heller); 2° un sucre non susceptible d'éprouver la fermentation alcoolique (*indiglucine*), et qui réduit facilement la liqueur de Fehling.

La putréfaction spontanée de l'urine produit le même dédoublement de l'indicane que les acides minéraux, et en présence d'un agent réducteur comme le sucre qui accompagne cette réaction, il se fait de l'indigo blanc. Celui-ci, venant à avoir l'accès de l'air, produit à la surface de l'urine des irisations violacées ou rouge d'un vif éclat.

254. Si une urine, mise en ébullition avec $\frac{1}{10}$ de son volume d'acide chlorhydrique donne de l'indigo bleu, on est en droit de dire qu'elle renferme de l'indicane. Il est préférable d'extraire ce produit, et pour cela de précipiter, comme nous l'avons dit, l'urine fraîche par du sous-acétate de plomb, de filtrer, et de verser dans le liquide de l'ammoniaque pure. Le précipité produit par l'ammoniaque contient l'indicane. S'il y en a beaucoup, le simple lavage du filtre avec de l'acide chlorhydrique froid et étendu, donne de l'indigo et du chlorure de plomb : l'indigo passe en grande partie à travers le filtre, on le recueille sur un tampon d'asbeste placé au fond d'un enton-

noir, puis on le lave pour le dépouiller du chlorure de plomb qui le souille. S'il y a très-peu d'indigo, il forme à la surface du liquide filtré une pellicule bleue qui est complète au bout d'un ou deux jours de repos.

Le liquide brun qui a laissé déposer l'indigo, soumis à l'ébullition, donne une poudre d'un brun foncé qui ressemble à celle que l'on obtient en faisant bouillir la matière extractive de l'urine avec des acides; mise dans une lessive de soude caustique, cette matière brune se divise en deux parties : l'une brune soluble dans la lessive, l'autre insoluble. Cette dernière se dédouble dans l'alcool bouillant en donnant deux corps, dont l'un a les propriétés de l'indigo bleu, l'autre, celles de l'indigo rouge (Schunck).

255. L'urine d'un polyurique ne contenait ni sucre, ni acide urique, ni urates, et néanmoins elle réduisait facilement la liqueur de Fehling. Il fut impossible d'en extraire de l'indicane et de l'indigo ; à leur place, j'obtins une matière qui céda à l'éther un produit rouge très-réducteur quoique non sucré, et une autre substance réductive qui noircit par la concentration. Le malade prenait 10 grammes d'extrait de valériane chaque jour, nul doute que le produit réducteur obtenu au lieu d'indicane ne provînt de cet extrait.

256. Voici un autre procédé d'extraction de l'indicane : précipitez l'urine par du sous-acétate de plomb, filtrez, faites passer dans le liquide un courant d'hydrogène sulfuré pour enlever l'excès de plomb, et évaporez-le au tiers de son volume après avoir séparé le sulfure de plomb. Versez dans le liquide concentré deux à trois fois son volume d'acide chlorhydrique fumant, puis abandonnez le mélange au repos pendant plusieurs jours. Peu à peu, il se produit à la surface du liquide une mince couche cuivrée et le liquide se trouble, filtrez et lavez le précipité bleu-noir d'abord à l'eau, puis desséchez-le ; traitez-le par l'éther

qui dissout une matière résinoïde rouge (indigo rouge, urrhodine). La partie insoluble dans l'éther sera dissoute dans l'alcool bouillant qui se colorera en bleu. Au bout d'un temps assez long, il se déposera des petits grains cristallins, qui ont la même composition centésimale que l'indigotine (Kletzinsky).

257. L'acide chlorhydrique chauffé avec une liqueur albumineuse, principalement avec les liquides de l'ascite provoquée par une maladie du foie (le carcinome surtout), les kystes de l'ovaire, certaines urines albumineuses ou chargées de mucus, peut donner une coloration bleue ou violette. Mais ce n'est pas là de l'indigo ; l'examen chimique, l'analyse spectrale auront bientôt démontré qu'il ne s'agit là que de la matière bleue, bleue violacée, qui résulte de la réaction de l'acide chlorhydrique sur les matières albuminoïdes.

Pour cette cause, il vaut donc mieux extraire l'indicane que d'avoir uniquement recours à l'action de l'acide chlorhydrique sur l'urine bouillante pour manifester sa présence par la production d'une certaine quantité d'indigo.

258. INDIGO BLEU (*uroglaucine*) $C^{16}H^5AzO^2$. — L'indigo bleu que l'on trouve tout formé dans certaines urines jouit des mêmes propriétés chimiques et physiques que l'indigo dont se servent les teinturiers. Il provient de la décomposition de l'indicane, soit naturellement par la putréfaction, soit artificiellement par l'action de l'acide chlorhydrique sur l'urine concentrée.

L'urine n'est pas le seul liquide qui en renferme : la sueur en contient quelquefois assez abondamment, surtout celle du scrotum. J'ai eu l'occasion d'en constater la présence dans un liquide qui avait servi à enlever une matière bleue sécrétée dans l'aine avec la sueur. Il faut se souvenir que beaucoup d'étoffes teintes avec de l'indigo, peuvent se déteindre sur la peau en sueur, et faire croire à la transsudation de l'indigo.

L'indigo se montre tantôt à la surface de l'urine sous la forme d'irisations rouges et bleues, tantôt sous la forme d'une poudre bleue qui se dépose au fond du vase. Au microscope, on peut l'observer cristallisé en beaux cristaux d'un bleu pur.

259. Recueilli par décantation et lavage au fond d'un verre conique, ou sur un filtre de papier, on peut constater que ce produit bleu ne se dissout pas dans l'eau.

L'indigo se dissout dans l'alcool concentré et bouillant, il le colore en bleu, bien que ce dissolvant ne retienne qu'une très-faible quantité de matière en dissolution. Abandonnée à l'air, cette dissolution se décolore peu à peu, et quand la moitié environ du liquide s'est évaporée, le liquide est devenu incolore, des cristaux très-fins d'indigotine se sont déposés au fond du vase, on peut les examiner au microscope.

L'indigo chauffé brusquement sur une lame de platine ou de verre donne des vapeurs rouges violacées et un petit sublimé d'indigotine. Cette opération exige quelque attention, elle demande un poids de matière bleue déjà appréciable.

Les acides très-étendus ne dissolvent pas l'indigo. L'acide sulfurique très-concentré le dissout aisément ; il se forme deux combinaisons d'indigo et d'acide sulfurique :

$C^{16}H^5AzO^2$, $(SO^3)^2$, acide sulfoindigotique ;

$C^{16}H^5AzO^2$, SO^3, acide sulfophénicique ou sulfopurpurique, qui donnent une solution d'un beau bleu avec laquelle on peut teindre la laine. La solution sulfurique concentrée d'indigo laisse déposer l'acide sulfophénicique quand on l'étend d'eau, tandis que l'acide sulfoindigotique reste en dissolution.

Quand on a obtenu une dissolution sulfurique d'indigo bleu, on peut la transformer en indigo blanc en la mettant au contact de divers agents avides d'oxygène qui exercent une action réductrice sur l'indigo bleu (protosulfate de fer et chaux, sucre de glycose et potasse caustique, protoxyde d'étain et soude caustique, etc.). L'indigo bleu n'est que le produit de l'oxydation de l'indigo incolore : il ne préexiste pas dans les plantes (indigo, pastel, etc.) d'où on l'extrait :

$$C^{16}H^6AzO^2 + O = C^{16}H^5AzO^2 + HO$$

Indigo blanc.   Indigo bleu.

La solution sulfurique d'indigo est facile à décolorer par des agents oxydants (chlore, acide azotique...). Quelques gouttes d'acide azotique la font passer du bleu foncé au jaune, tirant plus ou moins sur le rouge et le brun. Il est bon de se rappeler cette réaction : si l'on faisait réagir de l'acide azotique sur de l'indicane, on produirait d'abord de l'indigo bleu, mais la réaction serait difficile à régulariser, car le moindre excès d'acide, surtout à chaud, ferait passer l'indigo bleu à l'état d'isatine. L'acide azotique réagit aussi sur le chlorure de sodium et dégage des produits chlorés qui détruisent rapidement la coloration bleue.

La solution sulfurique d'indigo exerce sur le spectre une action toute particulière, qui consiste en une absorption des raies de Frauenhofer situées entre C et D.

250 *bis*. **Indigo rouge** (*Urrhodine*). — L'indigo rouge est incristallisable, insoluble dans l'eau, soluble dans l'alcool et dans l'éther qu'il colore en rouge. En masses, il paraît noir ; sous une très-mince épaisseur sa couleur rouge foncée se distingue mieux. On est parvenu à l'obtenir en cristaux mal définis en laissant évaporer lentement sa solution alcoolique (Heller). Nous avons vu que ce corps se produit en petite quantité avec l'indigo bleu quand l'indicane se décompose.

260. **Matière colorante de la rhubarbe.** — L'urine des individus qui prennent de la rhubarbe est jaune comme l'urine chargée de bilirubine, mais elle ne donne pas la réaction Gmelin par l'acide azotique nitreux. Si l'on ajoute à une pareille urine de la potasse ou de la soude caustique, elle rougit, et si la proportion de matière colorante est un peu importante, le liquide filtré est d'un rouge vif qui lui donne l'apparence d'une urine très-sanguinolente. D'autre

part, le sédiment de ces urines contient de l'oxalate de chaux en petits octaèdres microscopiques d'une perfection remarquable ; vus suivant la direction de leur grand axe, ils se montrent sous la forme de petits carrés, et les arêtes de l'octaèdre s'entre-croisent comme les bords d'une enveloppe de lettre vue par derrière.

261. Cas particuliers. Urines hémaphéiques. — Dans certaines affections hépatiques, assez mal déterminées jusqu'à ce jour, on observe dans l'urine des dépôts d'un rouge vif, et plus rarement une coloration rouge-rubis ou acajou foncé, sans que ce dépôt ou l'urine elle-même donne lieu au contact de l'acide azotique nitreux à la série des transformations colorées du § 168. Ces urines se colorent ordinairement en bleu ou en rouge violacé, quand on les étend de trois fois environ leur volume d'acide chlorhydrique. L'acide sulfurique leur donne à peu près la même teinte. L'acide azotique les rougit fortement, en leur communiquant une teinte hyacinthe très-vive. On leur a donné le nom d'*urines hémaphéiques*, comme si elles devaient leur coloration à la matière colorante du sang que F. Simon a décrite sous le nom d'*hémaphéine*.

J'ai eu l'occasion d'examiner une urine de cette espèce, à la fois alcaline, albumineuse, et colorée en rouge foncé teinté de jaune, qui me fit croire au premier abord à une urine ictérique très-chargée de bilirubine, et qui devait sa teinte rouge particulière à son alcalinité.

L'acide acétique produisait immédiatement dans cette urine, un précipité brun absolument exempt d'acide urique que j'ai recueilli sur un filtre. Ce précipité se dissolvait dans l'éther et le chloroforme, mais il fallait une grande proportion de ces liquides, pour n'en dissoudre qu'une faible quantité. Au contraire, l'alcool concentré dissolvait rapidement la matière colorante à une température de 50 à 60°. La solution alcoolique laissa, après son évaporation, une poudre d'un jaune-brun, soluble dans l'alcool et dans l'eau, et donnant à ce dernier liquide la coloration de l'urine rouge primitive.

Cette matière, parfaitement isolée, a beaucoup de ressemblance avec la bilirubine par ses caractères extérieurs,
mais, soluble comme la bilirubine dans les alcalis caustiques, ses dissolutions alcalines ne verdissent pas à l'air,
c'est-à-dire ne donnent pas de biliverdine. D'autres caractères la distinguent de la bilirubine : 1° ses dissolutions ne
cristallisent pas; 2° elle se dissout très-facilement dans
l'eau et dans l'alcool; 3° elle ne produit pas avec l'acide
azotique chargé de vapeurs nitreuses, la série de colorations du § 168 ; enfin, sa solution alcaline n'a pas un pouvoir colorant aussi considérable que celle de la bilirubine
et ne réduit pas la liqueur de Fehling.

L'urine d'où j'ai précipité la matière colorante précédente par l'acide acétique, contenait encore une grande
partie du principe colorant ; en la saturant avec du sulfate
de magnésie, j'ai déterminé à la fois la précipitation de
l'albumine et celle de la matière colorée restée en dissolution. Le précipité recueilli sur un filtre, puis desséché, a
cédé à l'alcool une nouvelle portion de matière colorée.

L'urine primitive, saturée par l'acide acétique, puis portée à l'ébullition, a donné un coagulum albumineux qui a
fixé une grande partie de la matière colorante. Le filtre
sur lequel j'ai recueilli ce dépôt, traité après dessiccation
par l'alcool fort, a cédé le principe coloré à ce liquide.

L'urine primitive prenait une coloration rouge très-
foncée, violacée, quand on l'étendait de trois à quatre fois
son volume d'acide chlorhydrique. Le principe coloré que
j'en ai isolé donnait cette réaction à un haut degré ; en
même temps que cette décoloration se produisait, il y avait
un dépôt d'une matière bleuâtre, violacée, qui, dans l'u-
rine brute, pouvait résulter de l'action que l'acide chlorhydrique exerce sur l'albumine (50), mais qui résultait
bien ici uniquement de la réaction de l'acide chlorhydrique sur la matière jaune-brun complétement libre d'albumine et d'acide urique. Cette matière n'a rien de commun avec l'indigo, car elle se dissout très-facilement dans
l'alcool qu'elle colore en brun jaunâtre très-foncé ; elle se

dissout aisément aussi dans l'eau rendue alcaline par quelques gouttes de soude caustique.

A mes yeux, cette matière colorante n'est autre que la matière colorante de l'urine normale, excrétée dans une proportion tout anormale. Cette matière est complexe ; en effet, en la traitant par l'éther anhydre, j'ai pu en séparer une matière rosée absolument semblable par ses propriétés et sa coloration à la matière colorante des dépôts si fréquents d'urates amorphes qu'on observe dans le rhumatisme aigu et dans quelques autres affections fébriles (251).

Cette matière provient probablement du foie, mais il n'est pas possible de dire, dans l'état actuel de la science, à quelle réaction, à quelle transformation elle est due.

La matière qui donne aux urines rouges les caractères précédents n'a rien de commun avec l'indigo ou l'indicane, elle est, autant que mes expériences me l'indiquent, la matière colorante qui, dans l'urine normale, se fixe sur l'acide urique et sur les urates quand l'urine se refroidit, ou accompagne l'acide urique déposé quand on additionne l'urine d'acide acétique ou d'un acide minéral.

Les matières colorées produites par la réaction des acides minéraux sur les acides biliaires (*Arch. für Anatomie und Physiol.* de Joh. Muller, 1856, p. 55) n'ont certainement rien de commun avec le produit que j'ai décrit précédemment, car ces matières sont bleuâtres, violacées, trop imparfaitement définies pour mériter un nom, et se rapprochent beaucoup plus des matières bleues et violacées qui résultent de l'action de l'acide sulfurique concentré sur le baume de Tolu et sur quelques autres matières, que des matières colorantes de l'urine physiologique avec lesquelles on a voulu les comparer.

CHAPITRE XIII

ACIDE URIQUE $C^{10}H^4Az^4O^6$.

262. L'acide urique constitue la masse entière de certains calculs vésicaux, le plus souvent il est un élément de ces calculs, où il existe soit libre, soit combiné aux bases. L'urine en renferme quelques décigrammes chaque jour. Le sang n'en contient que des traces. L'acide urique libre ou en combinaison avec la soude est l'élément principal des concrétions articulaires des goutteux. Il existe en assez grande quantité dans les excréments des serpents, des oiseaux et dans le guano.

L'acide urique pur est blanc, cristallin, soluble dans 14 à 15000 fois son poids d'eau à la température ordinaire, et dans 18 à 1900 parties d'eau bouillante. L'urine paraît en dissoudre davantage. L'éther, l'alcool, les carbures d'hydrogène ne le dissolvent pas. Il est insoluble dans l'acide chlorhydrique, tandis que l'acide sulfurique concentré le dissout très-aisément et se combine même avec lui; mais l'eau détruit cette combinaison et l'acide urique se dépose de nouveau. On a cherché à utiliser cette propriété de l'acide sulfurique à la purification de l'acide urique.

12*.

Les alcalis caustiques le dissolvent très-aisément.

L'acide urique pur est à peu près sans action sur le papier de tournesol (243).

Fondu avec de la potasse caustique, il donne du cyanure de potassium, de l'oxalate et du carbonate de potasse.

Il n'est pas volatil ; chauffé en vase clos, il brunit, noircit, laisse dégager de l'urée, de l'acide cyanhydrique, des produits ammoniacaux et pyrogénés mal définis, enfin il laisse dans l'appareil un résidu de charbon. Sur les parois de l'appareil, on trouve aussi des cristaux d'acide cyanurique.

Il est entièrement précipité de ces dissolutions salines par le sous-acétate de plomb.

263. L'acide urique dissous dans un alcali caustique agit comme réducteur sur la liqueur de Fehling et en précipite de l'oxyde cuivreux Cu^2O. La même solution alcaline réduit rapidement aussi l'azotate d'argent à l'état d'argent métallique (358).

264. URATES. — L'acide urique est un acide bibasique ; il donne deux séries de sels : les urates neutres et les urates acides. Ces derniers sont généralement moins solubles que les urates neutres. L'acide carbonique est assez énergique pour enlever aux urates alcalins neutres la moitié de leurs bases et faire déposer des urates acides. L'acide carbonique existe normalement dans l'urine, on peut donc lui attribuer en partie la formation des dépôts d'urates

acides, particulièrement de l'urate de soude que l'on rencontre si fréquemment. Mais l'acide carbonique est insuffisant pour déterminer le dépôt de l'acide urique libre et cristallisé qu'on observe si souvent après le refroidissement de l'urine.

265. Les urates acides sont à peu près sans action sur le papier de tournesol quand ils sont purs, mais dans l'urine ils rendent ce liquide généralement d'autant plus acide qu'ils existent en plus grande proportion. Les urates sont souvent mélangés dans les sédiments urinaires, dans les calculs de la vessie et des reins.

Quand les urates existent à l'état de sédiments dans l'urine, la simple élévation de température de ce liquide les redissout, et si l'on ajoute alors $\frac{1}{100}$ d'acide chlorhydrique, on détermine un dépôt d'acide urique cristallisé, ordinairement d'un rouge vif, plus ou moins adhérent aux parois du vase.

La plus grande solubilité de l'acide urique dans les eaux alcalines a fait employer les eaux de Vichy dans le traitement de la gravelle urique. La lithine, donnant un urate très-soluble, a été employée dans le même but.

Les urates ne sont pas colorés par eux-mêmes, mais, en se déposant, ils fixent à la façon des mordants employés dans la teinture les matières colorantes du milieu où ils se précipitent.

Voici le résumé de l'histoire des urates que l'on rencontre habituellement.

266. Urate acide de soude $C^{10}H^3Az^4NaO^6$. — Ce sel est soluble dans 1100 à 1200 parties d'eau froide, et dans 125 d'eau bouillante, aussi est-il facile de le redissoudre dans l'urine. Au microscope, l'urate acide de soude se montre sous la forme de masses étoilées, de boules dont la surface est hérissée de piquants (*fig.* 22). On trouve de l'urate de soude dans les *concrétions* que l'on rencontre chez les goutteux dans le voisinage des articulations. Suivant Bence Jones et R. Maly, leur composition pourrait être représentée par $C^{10}H^4Az^4O^6 + C^{10}H^3Az^4NaO^6$.

267. Urate acide de potasse $C^{10}H^3Az^4KO^6$. — Il se dissout dans 800 parties d'eau à la température ordinaire et dans 70 à 80 parties d'eau bouillante. Il accompagne presque toujours l'urate acide de soude.

268. Urate acide d'ammoniaque $C^{10}H^3Az^4$ AzH^4O^6. — On peut l'obtenir en faisant bouillir de l'acide urique dans l'ammoniaque. Le sel neutre n'existe pas. L'urate acide d'ammoniaque se dissout dans 1600 parties d'eau froide. Au microscope, ce sel apparaît sous la forme de boules ou de sphéroïdes hérissés d'épines ; c'est dans les sédiments d'urines ammoniacales qu'on le rencontre habituellement, mêlé aux phosphates de chaux, de magnésie et d'ammoniaque.

269. Toute dissolution d'acide urique ou d'urate

dans un alcali caustique, rendue limpide par le repos ou la filtration, donne un dépôt d'urate d'ammoniaque quand on l'étend avec une solution saturée de chlorhydrate d'ammoniaque. Cet urate d'ammoniaque ne se dissout pas dans l'ammoniaque en excès, et l'acide chlorhydrique dilué met en liberté son acide urique qui prend peu à peu la forme cristalline.

L'urate d'ammoniaque brûle complétement sur la lame de platine, il laisse d'abord un résidu de charbon qui finit par disparaître totalement.

270. Il donne de la murexide par l'acide azotique (275) et, si on le chauffe dans un petit tube de verre de quelques millimètres de diamètre avec quelques gouttes de lessive de soude caustique, il perd son ammoniaque. L'odeur de l'ammoniaque serait déjà une preuve de sa présence, mais elle est peu facile à percevoir quand il n'y a qu'une petite quantité de gaz dégagé. Il vaut mieux plonger dans le tube à essai un papier de tournesol rougi, enroulé, sans lui laisser toucher les parois du tube : ce papier bleuit immédiatement dans la vapeur ammoniacale. De plus, en approchant de l'orifice du tube une baguette plongée dans l'acide chlorhydrique, ou plus simplement encore le bouchon d'un flacon d'acide chlorhydrique, il se produit un nuage blanc de chlorhydrate d'ammoniaque, résultant de la combinaison de l'acide avec la base volatile.

271. Urate neutre de chaux $C^{10}H^2Az^4Ca^2O^6$ + 2 aq. — Cet urate forme des calculs et des sédiments urinaires peu colorés, presque blancs ; il est très-peu soluble à froid, et ne se dissout guère mieux à chaud. L'urate acide de chaux $C^{10}H^3Az^4$ CaO^6 + 2 aq. se dissout dans 276 parties d'eau bouillante et 603 parties d'eau froide, et pendant le refroidissement d'une solution saturée bouillante il se dépose en aiguilles groupées en mamelons. Ces sels ne font pas effervescence quand on les arrose avec de l'acide chlorhydrique. Chauffés au rouge, ils laissent un résidu de carbonate de chaux qui se dissout avec effervescence dans l'acide chlorhydrique pur dilué, et la solution (ClCa) présente tous les caractères d'un sel soluble de chaux ; c'est ainsi qu'additionnée de chlorhydrate d'ammoniaque en suffisante quantité, elle n'est pas précipitée par l'ammoniaque ; elle est précipitée par l'oxalate d'ammoniaque à l'état d'oxalate de chaux insoluble dans l'ammoniaque et dans l'acide acétique, et soluble au contraire dans les acides minéraux. Cette solution de chlorure de calcium donne par évaporation à siccité un résidu déliquescent, dont la solution additionnée de carbonate de soude dépose du carbonate de chaux parfaitement blanc.

272. L'urate de magnésie donne par la calcination un résidu de charbon et de carbonate de magnésie. Il entre dans la composition de quelques calculs.

273. L'urate de lithine $C^{10}H^3Az^4LiO^6$ est le plus soluble des urates, bien qu'il soit un urate acide. Il se dissout dans 39 parties d'eau bouillante, dans 116 parties d'eau à 39°, et dans 367 parties d'eau à 20°. Cette considération a fait employer la lithine dans le traitement des graviers d'acide urique.

274. *Examen microscopique.* — Au microscope, les cristaux d'acide urique sont très-souvent colorés, tantôt jaunes, tantôt orangés, ou plus ou moins rouges ; ils sont d'autant plus volumineux et plus parfaits dans leurs formes qu'ils se sont produits plus lentement. Ici, ce sont de longues pointes aiguës (*fig.* 13), groupées en faisceaux ou en éventails, ou

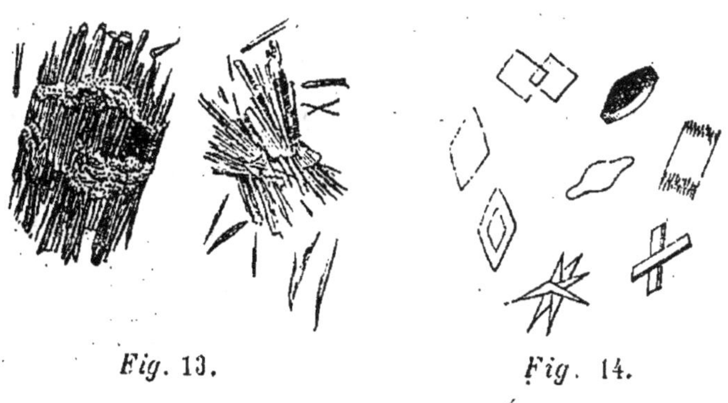

Fig. 13.   Fig. 14.

bien des prismes à quatre faces (*fig.* 14), terminés par des surfaces presque verticales. Là, l'acide urique se montre sous la forme de plaques à six côtés, résultant d'un prisme quadrangulaire dont les angles droits sont remplacés par des faces ; les angles sont souvent arrondis. Dans quelques cas, on dirait des fuseaux formés de deux parties reliées par un petit cylindre.

Quand on décompose la solution alcaline de ces cristaux par un acide, par l'acide acétique depréférence, pour examiner l'acide urique au microscope, il est avantageux d'attendre pendant plusieurs heures pour que les cristaux prennent une forme bien nette, et dans ce but il faut protéger le liquide contre les inconvénients d'une évaporation rapide. Souvent même il faut attendre plus d'un jour pour n'avoir qu'un résultat fort imparfait, tandis que l'essai chimique (275), beaucoup plus probant, n'exige que quelques minutes.

275. Essai de l'acide urique. — Murexide. — L'acide urique soumis à l'action de l'acide azotique dilué, à la température du bain-marie d'eau bouillante, se dissout d'abord avec une effervescence assez vive, se transforme principalement en alloxantine, et, si l'on poursuit la réaction de l'acide, l'acide urique se change surtout en alloxane. L'ammoniaque et les alcalis fixes en solution étendue donnent au résidu déjà rouge de magnifiques colorations pourpres rouges et violettes. Cette production de vives couleurs sert à caractériser l'acide urique.

Opération. — Prenez une capsule de porcelaine, placez-y, par exemple, 5 centigrammes (ou même quelques milligrammes) de la substance *broyée* suspecte de contenir de l'acide urique, ajoutez cinq à dix gouttes d'acide azotique ordinaire, puis quelques gouttes d'eau, chauffez doucement ce mélange sur la lampe à alcool en étalant le liquide sur les parois de la capsule. Une effervescence assez vive, due à un dégagement abondant de vapeurs acides, est le premier effet de la réaction ; celle-ci terminée, évaporez le résidu avec précaution, sans cesser d'étaler le liquide; en se desséchant, ce résidu doit devenir jaune clair, puis graduellement il prend une couleur rouge assez vive qui devient plus intense à mesure que l'on élève la température pour dégager les dernières traces d'acide. Cette coloration rouge est la preuve certaine de la présence de l'acide urique.

Pour plus de certitude, laissez glisser sur les parois de la capsule encore chaude une gouttelette d'ammoniaque, ou bien exposez ce résidu rouge au-dessus d'un flacon à large ouverture rempli d'ammoniaque, vous développerez une magnifique coloration *rouge* violacée.

276. Si vous remplacez l'ammoniaque par une solution de potasse ou de soude caustique, vous aurez une coloration *bleu*-pourpre.

Dans la liqueur rouge obtenue par l'addition de l'ammoniaque, l'addition d'une solution de bichlorure de mercure donne un précipité *rosé* couleur fleur de pêcher, et l'azotate d'argent un précipité *violacé*. Mais il faut chasser l'excès d'ammoniaque par une douce chaleur avant de verser les solutions d'argent et de mercure. Les précipités produits par les sels d'argent et de mercure se conservent bien dans l'air sec.

277. Le produit rouge-pourpre résultant de la réaction de l'acide azotique sur l'acide urique et de l'addition de l'ammoniaque a reçu le nom de murexide (1) et de purpurate d'ammoniaque. Il peut être obtenu à l'état de pureté et cristallisé en prismes à quatre pans, avec l'aspect brillant des élytres de la cantharide, de la cétoine dorée, quand on fait dissoudre dans l'eau bouillante une partie d'alloxane et 2,7 parties d'alloxantine; la liqueur refroidie à 70°, additionnée de carbonate d'ammoniaque en quantité juste suffisante, dépose la murexide pendant le refroidissement.

278. Cette réaction, éminemment caractéristique pour l'acide urique, est facile à produire; elle n'est empêchée ni par les carbonates, ni par les oxalates, ni par les phosphates, aussi permet-elle de retrouver des traces d'acide urique au milieu d'un calcul presque exclusivement minéral. *La réaction de l'acide azotique sur l'acide urique se fait bien au bain-marie d'eau bouillante;* un expérimentateur peu exercé pourra donc se servir exclusivement de cette source de chaleur, il n'aura pas à craindre de brûler le mélange, mais l'opération est beaucoup plus vite terminée sur la lampe à alcool.

Si la matière où l'on recherche l'acide urique est

(1) *Murex*, petit coquillage d'où l'on extrayait la pourpre de Tyr.

riche en produits organiques, elle exige beaucoup plus d'acide azotique : on reconnaît que l'acide a été employé en quantité insuffisante quand le résidu brunit, noircit au fur et à mesure qu'il approche davantage de son entière dessiccation. L'addition de quelques gouttes d'acide azotique étendu de son volume d'eau pour continuer la réaction pare facilement à cet inconvénient. Il est avantageux de se servir d'une capsule de porcelaine très-grande relativement à la petite masse de matière sur laquelle on opère, afin de mieux étaler le mélange pendant la réaction.

279. La cholestérine, soumise à l'action successive de l'acide azotique et de l'ammoniaque, donne une coloration rouge, mais l'addition consécutive de la soude ou de la potasse caustique au résidu ne donne pas la coloration violette comme avec la murexide (177).

La caféine, traitée aussi par l'acide azotique, donne un produit jaune pour résidu. Ce corps résiste assez bien à une température élevée sans rougir, puis il devient brun. Mis au contact de l'ammoniaque, ce résidu devient rougé violacé et pourrait être confondu avec la murexide ; on l'en distinguera aisément par une goutte de potasse caustique qui ne donne pas la coloration bleue violacée.

280. Extraction de l'acide urique de l'urine, son dosage. — Pour extraire l'acide urique de l'urine humaine et en doser la quantité, filtrez l'urine pour recueillir la petite quantité de mucus et de débris d'épithélium qu'elle renferme normalement. Si l'urine n'est pas franchement acide, additionnez-la d'une à quelques gouttes d'acide acétique avant de la filtrer.

Cela fait, prenez 200 à 400 grammes de cette urine limpide, versez-y 1/50 de son poids d'acide chlorhydrique pur fumant, et laissez pendant 24 heures au moins dans un endroit frais le verre où vous aurez opéré ce mélange.

Pendant ce temps, l'acide urique se dépose, cristallisé, ordinairement coloré en rouge. Tout le dépôt effectué, décantez la plus grande partie du liquide, mais il est encore plus prudent, pour un opérateur peu exercé, de verser peu à peu ce liquide sur un petit filtre, puis d'y faire tomber le précipité avec les dernières portions de liquide soit à l'aide d'une baguette de verre ou d'une plume ébarbée, soit avec une baguette de verre garnie d'un manchon de caoutchouc. Quand tout le liquide sera écoulé, lavez le vase où le précipité s'est déposé avec dix grammes d'eau distillée et versez ce liquide avec les dernières portions de cristaux d'acide urique sur le filtre. Deux nouveaux lavages du vase et du précipité avec dix grammes d'eau chacun suffiront, surtout si vous avez grand soin de laisser écouler totalement la portion précédente de liquide. Les dernières eaux sont à peine précipitables par l'azotate d'argent. Tout le liquide passé, desséchez le filtre à 100°, prenez son poids, déduisez-en le poids du filtre vide, la différence exprimera le poids de l'acide urique. Par le calcul, il sera facile d'avoir le poids de l'acide urique d'un kilogramme ou d'un litre.

L'acide urique précipité dans ces conditions est grenu, facile à détacher du filtre, ce qui permet de peser le précipité séparé du filtre, sans avoir aucun compte préalable à tenir du poids de ce dernier.

L'acide urique obtenu n'est pas rigoureusement pur, il entraîne une certaine quantité de matière colorante qui compense en partie la perte due à la faible solubilité de l'acide urique dans l'urine acide. On corrige le défaut du procédé, relativement à la solubilité de l'acide urique, en ajoutant $0^{gr}, 0045$ par chaque 100 cent. cub. d'urine et d'eau de lavage (Zabelin).

281. Quand l'urine est très-pauvre en acide urique, comme cela arrive chez les polyuriques, concentrez-la au cinquième de son volume, même au-delà, filtrez après acidulation légère, ajoutez l'acide chlorhydrique, et laissez déposer l'acide urique.

282. Ce procédé ne semble tout d'abord applicable qu'à l'urine exempte de sédiment. Il n'en est point ainsi, car il est facile de tourner la difficulté dans la plupart des cas en élevant la température du liquide, tout le dépôt se redissout ; il est nécessaire de chauffer la masse entière. Pendant que le liquide est

encore très-chaud, filtrez-le, prenez-en 200 à 400 grammes, ajoutez-y 2 p. 100 d'acide chlorhydrique pur et laissez déposer l'acide urique.

Si quelques circonstances rendaient impossible cette redissólution, dosez l'acide urique du liquide, puis séparément l'acide urique du sédiment. Pour ce dernier, procédez comme il est dit (§ 284).

283. Dosage de l'acide urique dans une urine albumineuse. — L'addition d'une forte proportion d'un acide minéral à une urine aurait pour inconvénient d'entraîner avec l'acide urique de l'albumine qui viendrait ajouter son poids à celui de l'acide urique. Dans ce cas, il faut remplacer l'acide chlorhydrique par un volume égal d'acide acétique très-concentré (cristallisable), ou par de l'acide phosphorique très-concentré. Cette méthode est même applicable à tous les cas.

284. Extraction de l'acide urique des calculs, des excréments de serpents, d'oiseaux, des sédiments urinaires. — Réduisez ces substances en poudre, et dissolvez-les à chaud dans une solution de soude ou de potasse caustique pas trop concentrée, au vingtième par exemple. Maintenez le liquide bouillant tant qu'il dégage des vapeurs ammoniacales qui bleuissent le papier de tournesol légèrement rougi. L'alcali dissout l'acide urique, les matières grasses et extractives, différents sels; filtrez la liqueur dans un tissu de toile pour séparer les matières indissoutes. Faites passer dans le liquide un courant d'acide carbonique, pour saturer l'alcali libre, et le faire passer à l'état de carbonate de potasse; ce sel alcalin garde en dissolution les matières résineuses et extractives, tandis qu'au fur et à mesure de la saturation, il se dépose un sel grenu (urate acide de potasse ou de soude) presque insoluble. Recueillez ces cristaux d'urate acide sur un filtre de papier et mieux encore sur une toile à tissu serré, pressez-les pour exprimer l'eau mère qui les baigne. Lavez-les avec un peu d'eau froide et exprimez de nouveau. Pour en obtenir de l'acide urique pur, dissolvez à chaud ces cristaux grenus dans une solution de potasse caustique au trentième, filtrez à travers un tissu de toile, ajoutez de l'acide chlorhydrique pur et dilué en léger excès : l'acide urique se déposera et prendra peu à peu un aspect cristallin; au bout de 24 heures, recueillez-le sur un filtre et lavez-le à l'eau froide. Il faut souvent recommencer deux ou trois fois la cristallisation pour avoir de l'acide urique tout à fait pur.

Quand la matière brute dont on veut extraire l'acide urique est très-chargée de substances organiques étrangères (excréments de pigeons...), remplacez dans un premier traitement l'acide carbonique par l'acide chlorhydrique. Vous aurez de l'acide urique très-impur que vous laverez et redissoudrez dans une solution alcaline et précipiterez par l'acide carbonique à l'état d'urate acide, en vous conformant aux données de l'alinéa précédent.

On peut précipiter l'acide urique de sa solution alcaline en versant une solution de chlorhydrate d'ammoniaque. Il se dépose à l'état d'urate acide d'ammoniaque, en même temps qu'il se forme du chlorure de potassium ou de sodium. Ce procédé est avantageux quand on opère sur de petites masses.

285. Extraction de l'acide urique des organes, du sang, des sécrétions. — Si la matière est solide, divisez-la mécaniquement en particules très-fines, traitez-la ensuite par l'eau bouillante à plusieurs reprises, réunissez les liqueurs pour les évaporer à siccité. Lavez le résidu avec de l'alcool pour enlever les corps gras, puis reprenez-le par l'eau bouillante, filtrez et ajoutez au liquide ainsi préparé 2 p. 100 d'acide acétique cristallisable.

Les liquides albumineux, les caillots de sang seront épuisés par l'eau bouillante, le liquide évaporé à siccité, le résidu repris par l'eau bouillante à plusieurs reprises, enfin ce dernier liquide sera additionné de 2 p. 100 d'acide acétique concentré. L'examen microscopique (274), la production de la murexide par l'acide azotique et l'ammoniaque (275) décèlent la nature du précipité.

286. Extraction de l'acide urique d'une très-petite quantité de liquide. — Si vous n'avez à votre disposition qu'une très-petite quantité de liquide, 5 à 6 grammes d'urine ou de sérum par exemple, versez-la dans un grand verre de montre, ajoutez-y de l'acide acétique concentré (1 goutte par gramme au moins), plongez dans le mélange un *fil de lin* de deux ou trois centimètres de longueur, et abandonnez le tout pendant 24 heures dans un endroit frais. Les cristaux d'acide urique se déposent lentement sur le fil de lin, avec des formes assez nettes pour en rendre l'examen microscopique très-convaincant. (Garrod.)

287. Quantité d'acide urique rendue chaque jour. — Elle est aussi variable dans l'état de santé que dans l'état de maladie. Longtemps on a dit que l'acide urique était à peu près 1/30 du poids de l'urée rendue dans le même temps. Ranke a trouvé 1/80 à 1/50.

Il faut toujours rapporter la quantité d'acide urique non-seulement au volume d'un litre, mais surtout à la quantité d'urine rendue chaque jour.

Le rôle exact de l'acide urique dans l'économie est encore ignoré ; bien que des agents oxydants transforment partiellement l'acide urique en urée, c'est une simple vue de l'esprit de dire que l'acide urique est un degré moins parfait de la combustion des matières azotées. Quand l'urée augmente dans l'urine en même temps que l'acide urique, ce n'est probablement pas aux dépens de ce dernier, mais aux dépens de l'économie tout entière par l'intermédiaire du sang. L'état de santé le plus parfait, la respiration la plus aisée, n'empêchent pas que l'urine contienne de l'acide urique libre ou combiné dans une proportion notable. L'acide urique est un élément normal de l'urine, il ne disparaît que dans des cas pathologiques (polyurie) ; le plus souvent, d'ailleurs, il ne fait que diminuer de quantité.

CHAPITRE XIV

288. Acide hippurique $C^{18}H^9AzO^6 = C^{18}H^8AzO^5,HO$. — L'urine de l'homme contient rarement une quantité notable d'acide hippurique, tandis que l'on en retire de l'urine des herbivores jusqu'à 1 p. 100 et même davantage. L'urine de l'homme renferme 3 à 4 décigrammes au plus d'acide hippurique par 24 heures, tandis que la quantité d'acide urique s'élève au double. Quelques aliments d'origine végétale, les prunes par exemple, augmentent considérablement la quantité d'acide hippurique rendue en 24 heures, au point de l'élever à 2 grammes. Les baies d'airelle, les ronces des marais, qui contiennent de l'acide quinique, l'essence d'amandes amères, les acides benzoïque, cinnamique, quinique, produisent le même effet que les prunes. Sous l'influence du régime lacté, M. Bouchardat a vu la proportion d'acide hippurique s'élever à $2^{gr},23$ par kilogramme d'urine.

L'acide hippurique cesse de se montrer dans l'urine des chevaux soumis à l'abstinence, l'acide urique apparaît à sa place (Leconte).

289. L'acide hippurique est inodore, incolore; il possède une très-légère saveur amère. Il se dissout dans 600 parties d'eau froide, et dans une bien moindre quantité d'eau bouillante ou d'alcool. L'éther ne le dissout presque pas. Ses solutions rougissent le papier de tournesol. Il se dissout dans le phosphate de soude comme l'acide urique.

Chauffé dans un petit tube de verre, il fond en un liquide limpide, oléagineux, qui se prend en une masse cristalline blanche quand on laisse refroidir. Si l'on élève la température à 240°, son point d'ébullition, il donne un sublimé formé en grande partie d'acide benzoïque, quelques produits pyrogénés oléagineux de couleur rouge qui possèdent l'odeur du mélilot officinal ou de la fève Tonka, (benzonitrile), et il reste dans l'appareil distillatoire un résidu de charbon.

Si la température est brusquement voisine du rouge, il se produit beaucoup d'acide cyanhydrique, et une bien moindre quantité d'acide benzoïque.

– Ce sublimé d'acide benzoïque et l'odeur agréable de fève Tonka qui se dégage pendant la sublimation caractérisent l'acide hippurique. Sa faible solubilité dans l'éther le distingue nettement de l'acide benzoïque, qui est très-soluble dans ce dissolvant.

Des réactions nombreuses peuvent encore être mises à profit pour caractériser cet acide.

Quand on chauffe l'acide hippurique avec un acide minéral (acides chlorhydrique, sulfurique, azotique...), il s'assimile les éléments de l'eau et se dédouble en acide benzoïque et en glycocolle ou sucre de gélatine :

$$C^{18}H^9AzO^6 + 2HO = C^{14}H^6O^4 + C^4H^5AzO^4$$

<table>
<tr><td>Acide
hippurique.</td><td>Acide
benzoïque.</td><td>Glycocolle.</td></tr>
</table>

On se sert ordinairement d'acide chlorhydrique concentré pour opérer cette réaction ; quand l'ébullition a duré une demi-heure, on laisse refroidir, il se dépose de l'acide benzoïque cristallisé.

Ce dédoublement est provoqué par l'ébullition avec la soude ou la potasse caustique (Dessaignes), par la putréfaction des matières azotées. C'est en laissant putréfier l'urine de vache que l'on prépare dans le commerce de grandes quantités d'acide benzoïque.

Si l'on dissout l'acide hippurique dans l'acide azotique et que l'on fasse passer un courant de bioxyde d'azote dans la liqueur, il se dégage de l'azote, et il se produit de l'acide benzoglycollique :

$$C^{18}H^{9}AzO^{6} + AzO^{3} = C^{18}H^{8}O^{8} + Az + HO$$

Acide   Acide
hippurique.   benzoglycollique.

L'acide benzoglycollique donne des vapeurs d'acide benzoïque quand on le chauffe. Il se décompose sous l'influence des acides en acides benzoïque et glycollique ($C^{4}H^{4}O^{6}$) :

$$C^{18}H^{8}O^{8} + 2HO = C^{14}H^{6}O^{4} + C^{4}H^{4}O^{6}$$

Acide   Acide   Acide
benzoglycollique. benzoïque. glycollique.

Si l'on chauffe une petite quantité d'acide hippurique dans une capsule de porcelaine avec quelques gouttes d'acide azotique très-concentré et que l'on dessèche le résidu, celui-ci, chauffé dans un tube de verre, dégage une forte odeur d'essence de cannelle ou de nitrobenzine (essence de myrbane). Les acides benzoïque et cinnamique donnent dans les mêmes circonstances des produits très-peu différents par leur odeur de ceux de l'acide hippurique.

290. *Extraction.* — L'acide hippurique se retire de l'urine de cheval ou de vache; il faut une urine toute récente à cause de la facile transformation de l'acide hippurique en acide benzoïque.

Urine humaine. — Prenez 1 kilogramme d'urine environ, versez-y de l'eau de baryte tant qu'il se produit un précipité; enlevez l'excès de baryte par quelques gouttes d'acide sulfurique dilué, en prenant garde d'en verser un excès. Filtrez, neutralisez exactement le liquide avec quelques gouttes d'acide chlorhydrique, évaporez au bain-marie, mettez le résidu dans 150 à 200 centimètres cubes d'alcool absolu dans un flacon bien fermé. Les succinates, le chlorure de sodium se précipiteront, et les hippurates resteront dissous dans l'alcool. Agitez le mélange à plusieurs reprises, laissez-le déposer, enfin, décantez le liquide. Évaporez l'alcool au bain-marie, mettez le résidu sirupeux dans un flacon, ajoutez-y de l'acide chlorhydrique pour le rendre acide, puis 100 à 150 centimètres cubes d'éther contenant un peu d'alcool, agitez le tout pour dissoudre l'acide hippurique. La solution éthérée laisse pour résidu de l'acide hippurique impur quand on la distille. Pour le purifier, on le dissout dans l'eau bouillante additionnée d'une quantité suffisante de chaux éteinte qui le fait passer à l'état d'hippurate, on ajoute un peu de noir animal pour enlever les matières colorantes et on filtre

Fig. 15.

bouillant. L'acide chlorhydrique ajouté à la liqueur encore chaude s'empare de la chaux et laisse déposer des aiguilles d'acide hippurique pur (*fig.* 15). (Meissner). L'acide hippurique est très-peu soluble dans l'éther pur, aussi emploie-t-on une grande quantité de ce liquide encore alcoolique relativement au poids de la matière dissoute.

291. *Urine de vache.* — L'urine de vache étant ordinairement la plus riche en acide hippurique, on en extrait cet acide, en la faisant bouillir pendant un quart d'heure avec un lait de chaux, on filtre, on évapore au bain-marie au 1/10 du volume primitif, puis on ajoute de l'acide chlorhydrique au résidu de manière à le rendre fortement acide. L'acide hippurique, qui est encore moins soluble dans l'eau acidulée par l'acide chlorhydrique que dans l'eau, se

dépose. On exprime les cristaux dans un linge, puis on les redissout dans 10 fois leur poids d'eau bouillante avec de la chaux, de manière à les ramener à l'état d'hippurate de chaux, on ajoute un peu de noir animal, on filtre bouillant, et, quand la liqueur est concentrée, on décompose l'hippurate par l'acide chlorhydrique pur : l'acide hippurique se dépose.

292. M. Robert Wreden a donné une méthode de dosage de l'acide hippurique fondée sur l'insolubilité dans l'eau et la solubilité dans l'alcool du précipité qu'on obtient en versant un hippurate alcalin dans une solution de perchlorure de fer. (*Journ. de pharm. et de chimie*, t. XXXVI, p. 456, 1859.)

293. **Acides divers.** — M. Staedeler a signalé dans l'urine de l'homme, de la vache et du cheval, l'acide *phénique* comme un produit normal. Il a isolé aussi trois autres acides : l'acide *taurylique*, l'acide *damalurique* et l'acide *damolique* ; ces acides ont été plus particulièrement constatés dans l'urine de vache, on n'en a trouvé que de très-faibles quantités, on ne sait rien de leur importance physiologique, aussi n'en poursuivrons-nous pas l'étude.

294. On a signalé la présence de l'acide *lactique* (129) dans l'urine, non pas dans l'état de santé, mais dans quelques maladies où la digestion et la respiration sont fortement troublées. La présence de l'acide urique et de l'oxalate de chaux en notable proportion dans l'urine est presque toujours accompagnée d'acide lactique (Lehmann).

L'acide *acétique*, l'acide *butyrique* se trouvent aussi dans l'urine de quelques diabétiques, même avant toute fermentation, et dans quelques cas où la digestion est profondément troublée.

L'acide *sulfhydrique* s'est montré dans quelques urines ; sa présence y est manifestée par son odeur, et par son action sur les sels de plomb qu'il noircit et transforme en sulfure.

CHAPITRE XV

URÉE C²H⁴Az²O².

295. Propriétés chimiques. — L'urée est un produit azoté que l'on rencontre dans divers liquides de l'économie, mais nulle part en aussi grande proportion que dans l'urine des carnivores. On a signalé sa présence dans le sang, l'humeur vitrée de l'œil, la liqueur amniotique, la sueur, le lait, la lymphe, le chyle.

Elle cristallise en longues aiguilles incolores, soyeuses, d'une saveur fraîche assez semblable à celle de l'azotate de potasse (salpêtre). Ses cristaux appartiennent au système du prisme droit à base carrée, ce sont des prismes à 4 pans terminés à leurs extrémités par une ou deux facettes obliques. Elle se dissout dans son poids d'eau froide, dans son poids d'alcool bouillant et dans cinq fois son poids d'alcool froid. L'éther ne la dissout pas sensiblement.

Chauffée sur une lame de platine, elle fond, dégage de l'ammoniaque et finit par disparaître sans laisser de résidu si la température est assez élevée. Mais si l'on opère en vase clos, en ménageant la température, on obtient entre autres produits de l'acide cyanurique, de l'amméline, du bicyanate d'ammoniaque.

Quoique sans action sur le tournesol, l'urée se combine avec la plupart des acides et se comporte vis-à-vis d'eux comme l'ammoniaque ; en effet, comme les combinaisons correspondantes de l'ammoniaque, les sels d'urée sont anhydres quand leur acide est un hydracide, et ils possèdent au moins un équivalent d'eau quand leur acide est un oxacide. On n'a pas réussi à la combiner avec les acides urique, lactique, hippurique.

296. L'urée se combine avec certaines bases ; elle forme avec l'oxyde de mercure des combinaisons d'un haut intérêt pour son dosage (306).

Elle se combine avec différents sels métalliques, et en particulier avec l'azotate de bioxyde de mercure (306). Elle s'unit également au bichlorure de mercure, au chlorure de sodium, au chlorure de calcium, à l'azotate de chaux, etc. Mise au contact de certains sels hydratés, du sulfate de soude par exemple, elle les liquéfie, sans doute par affinité pour leur eau de cristallisation.

297. — L'urée peut se combiner avec les éléments de l'eau et passer à l'état de carbonate d'ammoniaque :

$$C^2H^4Az^2O^2 + 4HO = 2(AzH^3,HO,CO^2).$$

Abandonnée à elle-même, une solution aqueuse d'urée se transforme peu à peu en carbonate d'ammoniaque. Cette transformation, très-lente quand il s'agit d'une solution d'urée pure, devient d'autant plus rapide que la température s'élève davantage. Elle est surtout favorisée par la présence des matières azotées en décomposition, jouant le rôle de ferments, aussi l'urée se décompose-t-elle avec une extrême facilité dans l'urine placée dans un milieu chaud, et lui communiquant cette odeur ammoniacale fétide bien connue de tous.

Les corps facilement putréfiables ne sont pas les seuls qui déterminent cette assimilation de l'eau, et cette transformation de l'urée en sel ammoniacal. Chauffée avec les acides minéraux puissants comme l'acide sulfurique, ou avec les alcalis concentrés (potasse caustique, soude, chaux sodée), l'urée donne encore de l'acide carbonique et de l'ammoniaque. Si l'on a fait usage d'un acide, il s'empare de l'ammoniaque, tandis que le gaz acide carbonique se dégage. Si, au contraire, on a eu recours à un alcali minéral, c'est l'acide carbonique qui reste en combinaison avec le réactif, et l'ammoniaque qui se volatilise.

L'urée en solution aqueuse chauffée dans un tube de verre fermé aux deux bouts à une température élevée se transforme également (vers 140°) en carbonate d'ammoniaque.

De ces faits, il résulte que l'urée se comporte comme une amide, c'est-à-dire comme un sel ammoniacal auquel il manque 2 éq. d'eau, on peut la regarder comme de la carbamide (amide du carbonate d'ammoniaque) et remarquer que sa formule est exactement celle du cyanate d'ammoniaque :

$$C^2H^4Az^2O^2 = AzH^3,HO,C^2AzO.$$

298. — Une solution d'urée est décomposée par un courant de chlore, surtout à chaud, en eau, acide carbonique et azote. On peut remplacer le chlore par une solution d'hypochlorite de soude. En absorbant l'acide carbonique par de la potasse caustique, on peut conclure la quantité d'urée en mesurant l'azote :

$$C^2H^4Az^2O^2 + 2HO + 6Cl = 2CO^2 + Az^2 + 6HCl.$$
$$C^2H^4Az^2O^2 + 6(NaO,ClO) = 6NaCl + 2CO^2 + 4HO + Az^2.$$

L'acide hypoazotique, ou une solution d'azotite de protoxyde de mercure dans l'acide azotique décompose l'urée en eau, acide carbonique, azote et ammoniaque :

$$C^2H^4Az^2O^2 + AzO^3 + AzO^5,HO = C^2O^4 + 2Az + AzH^4O,AzO^5 + HO.$$

299. SELS D'URÉE. — Le **chlorhydrate d'urée**, $C^2H^4Az^2O^2,HCl$, est très-soluble dans l'eau et sans aucun intérêt physiologique ou pathologique.

L'azotate d'urée est le plus important des sels d'urée. Il cristallise nettement (*fig.* 16), il est peu soluble dans l'eau froide et encore moins soluble dans l'eau alcoolisée ou acidulée par l'acide azotique. Il se dissout bien dans l'eau bouillante.

A une solution aqueuse d'urée, bien refroidie, contenant au moins 10 pour 100 d'urée, si l'on ajoute goutte à goutte de l'acide azotique froid et exempt

Fig. 16.

de produits nitreux, il se dépose presque immédiatement un précipité cristallin, blanc, qui augmente avec le temps, c'est l'azotate d'urée $C^2H^4Az^2O^2,AzO^5,HO$.

En remplaçant l'acide azotique pur de cette réaction par de l'acide oxalique, on obtiendrait l'**oxalate d'urée** $2\,C^2H^4Az^2O^2, 2(C^2O^3,HO)$. Cette combinaison est encore moins soluble dans l'eau que l'azotate d'urée. L'alcool à 0,83 de densité n'en dissout que 1/60 de son poids.

L'azotate d'urée bien desséché contient pour 100 parties :

Urée..........................	48,80	
Acide azotique (AzO^5)..................	43,89	100,00
Eau...........................	7,31	

De l'urine de chien (densité 1,038) additionnée

d'acide azotique a donné une grande quantité d'azotate d'urée en beaux cristaux, et en quelques jours, sans avoir subi d'évaporation. Cette formation facile d'azotate d'urée est rare chez l'homme.

300. Production artificielle de l'urée. — L'urée pouvant être considérée comme du cyanate d'ammoniaque, on produit ce corps artificiellement dans les laboratoires de chimie en mélangeant deux solutions concentrées, l'une de cyanate de potasse, l'autre de sulfate d'ammoniaque. Il se précipite du sulfate de potasse ; on évapore le mélange de ces sels à siccité, puis on traite le résidu par l'alcool bouillant qui laisse indissous le sulfate de potasse, dissout le cyanate d'ammoniaque ou urée artificielle et la dépose pendant le refroidissement.

L'urée est d'ailleurs le produit d'un grand nombre de réactions chimiques, les unes se passant au sein de l'organisme, les autres dans de pures expériences de chimie. L'acide urique, la créatine, l'allantoïne, soumis à l'action de certains agents physiques ou chimiques donnent de l'urée. Nous reviendrons sur ce sujet. Mais nous devons dire dès maintenant que l'on n'a jamais fait d'acide urique ni de créatine avec l'urée ; celle-ci étant un produit du dédoublement de ces corps constitue une molécule beaucoup plus simple qu'eux.

301. Extraction de l'urée de l'urine. — Pour

retirer l'urée de l'urine, le seul cas intéressant à examiner ici avec détail, ajoutez à ce liquide la moitié de son volume d'eau de baryte, filtrez pour séparer un précipité abondant de phosphates alcalino-terreux et de sulfate de baryte. Évaporez le liquide à siccité au bain-marie, épuisez le résidu par l'alcool concentré, filtrez la solution alcoolique et évaporez-la à siccité. Reprenez le résidu par l'alcool absolu, et laissez évaporer lentement la dissolution ; si elle renfermait de l'urée, celle-ci cristallisera. Vous aurez ainsi de l'urée légèrement colorée, que vous purifierez en la faisant de nouveau cristalliser après l'avoir fait bouillir dans l'eau ou dans l'alcool avec du noir animal purifié ou du charbon de sang (35).

L'emploi de l'alcool a pour but d'éliminer les sels minéraux, les urates, l'acide urique, l'acide hippurique que l'urine contient en abondance. La plupart du temps, lors même que l'évaporation d'une urine a lieu au bain-marie exclusivement, le résidu de son évaporation est alcalin et fait effervescence avec l'acide acétique. C'est que l'urée s'est en partie transformée en carbonate d'ammoniaque surtout dans les derniers moments de la concentration ; un papier de tournesol rougi, suspendu au-dessus de la capsule de porcelaine dans laquelle se fait l'évaporation, bleuit très-rapidement. Afin de rendre la perte d'urée aussi faible que possible, on doit opérer à une température aussi basse que possible. Un appareil à faire le vide serait éminemment avantageux, mais il ne serait applicable qu'à de faibles quantités.

Cette décomposition facile de l'urée en carbonate d'ammoniaque rend inexacte l'application de cette méthode d'extraction au dosage de l'urée. Il en est de même toutes les fois qu'il faut évaporer l'urine avant d'opérer le dosage de l'urée.

302. *Autre procédé.* — Le résidu de l'évaporation de l'urine est repris par l'alcool froid pour éliminer la plus grande partie des sels, puis cet extrait alcoolique est ramené par l'évaporation en consistance sirupeuse, enfin additionné d'acide azotique froid et pur ; il se dépose des cristaux d'azotate d'urée (299) extrêmement peu solubles dans un excès d'acide azotique. Ces cristaux, recueillis, desséchés sur une brique poreuse, donnent de l'urée quand on les fait bouillir soit avec du bicarbonate de potasse, soit avec du carbonate de baryte ou de plomb récemment précipité ; en évaporant le mélange de ces sels à siccité et reprenant le résidu par l'alcool, on dissout l'urée et on laisse les azotates indissous. Mais l'azotate d'urée n'est pas absolument insoluble, et divers sels normalement contenus dans l'urine exercent sur lui une action dissolvante notable, le chlorure de sodium surtout, que l'alcool n'a pas complétement éliminé de l'extrait. Au contact des chlorures, l'acide azotique donne de l'eau régale qui détruit une partie de l'urée, aussi faut-il de toute nécessité opérer sur l'extrait d'urine repris par l'alcool et de nouveau concentré.

L'azotate d'urée est toujours impur à une première cristallisation, il est trop soluble pour subir des lavages sans perte, aussi ce procédé ne convient qu'à l'extraction de l'urée et non pas à son dosage.

Si l'urine dont on veut obtenir l'urée est albumineuse, il faut l'acidifier par quelques gouttes d'acide acétique, la faire bouillir, puis la filtrer pour séparer l'albumine, enfin opérer sur le liquide filtré comme il a été dit précédemment.

303. Recherche d'une très-petite quantité d'urée. — Évaporez l'urine au bain-marie, et même à froid en présence de l'acide sulfurique concentré (*fig.* 2), reprenez le résidu par de l'alcool très-concentré, et divisez-le dans l'alcool ; renouvelez ce liquide tant qu'il dissout quelque chose, c'est-à-dire tant que l'évaporation de quelques gouttes donne un résidu faisant tache sur une lame de verre. Toute l'urée est dissoute : évaporez le liquide à basse température, reprenez le résidu par quelques gouttes d'eau distillée, versez ce liquide dans un petit tube de verre que vous plongerez dans un milieu refroidi par de la glace, ajoutez à la liqueur quelques gouttes d'acide azotique parfaitement pur, ou une solution saturée d'acide oxalique dans l'alcool : il se fera bientôt un dépôt cristallin d'azotate ou d'oxalate d'urée.

304. S'agit-il d'examiner la cristallisation au microscope, favorisez le dépôt d'azotate d'urée par l'artifice suivant. Prenez un brin de fil, plongez une

de ses extrémités dans les quelques gouttes du liquide où vous recherchez l'urée, et recouvrez ces gouttes et cette partie du fil avec une plaque de verre pour prévenir l'évaporation du liquide. Cela fait, versez une goutte d'acide azotique pur sur l'autre extrémité du fil : peu à peu les deux liquides se mélangeront et la cristallisation de l'azotate d'urée se produira sur la plaque de verre de chaque côté du fil avec une remarquable régularité. Au microscope, vous verrez des prismes dont l'angle aigu est de 82° ; leur angle obtus venant à s'émousser et à être remplacé par une face, des prismes hexagonaux apparaîtront, sous la forme de tables à six côtés (*fig.*16); cette dernière forme est la plus fréquente quand l'évaporation est un peu rapide. Enfin, vous pourrez observer des cristaux hémitropes, assez semblables à ceux du gypse, résultants de la combinaison de deux cristaux formés simultanément avec un angle de rotation de 180° (*fig.* 16).

305. Dosage de l'urée. — On voit par ce qui précède que ni l'extraction directe de l'urée par l'alcool seul, ni sa précipitation par l'acide azotique, ne peuvent servir à son dosage exact, puisque la quantité d'urée obtenue dépend beaucoup de l'habileté de l'opérateur et qu'un grand nombre de causes indépendantes de sa volonté vicient les résultats.

De tous les procédés donnés pour doser l'urée contenue dans l'urine, voici les deux qui nous ont paru les plus exacts, mais leurs complications sont assez nombreuses pour en rendre l'application usuelle plus rare que ne l'exigent les besoins de la science. Un procédé *facile et exact* est encore à découvrir.

306. Dosage de l'urée par le procédé Liebig. *Notions préliminaires.* — L'urée forme avec l'oxyde de mercure trois combinaisons :

$$C^2H^4Az^2O^2, \quad 2HgO$$
$$— \quad 3HgO$$
$$— \quad 4HgO$$

Elle forme également trois combinaisons avec l'azotate de mercure :

$$C^2H^4AzO^2, HO, \quad 2HgO, \quad AzO^5$$
$$— \quad 3HgO, \quad —$$
$$— \quad 4HgO, \quad —$$

307. Si l'on verse une solution étendue d'azotate de bioxyde de mercure aussi neutre que possible dans une solution étendue d'urée, et que l'on neutralise le mélange au fur et à mesure que l'on verse la liqueur mercurique, on obtient un précipité blanc d'azotate d'urée et de mercure qui contient 4 équiv. d'oxyde mercurique pour 1 équiv. d'urée ; c'est sur l'insolubilité de cette combinaison que M. Liebig a fondé le procédé de dosage que nous allons développer. Tant que l'urée n'est pas complétement précipitée, le carbonate neutre de soude donne dans la

liqueur un précipité blanc, mais, au moment où il n'existe plus d'urée libre, une goutte de la solution mercurielle ajoutée en plus donne au mélange la faculté de précipiter en jaune par l'addition du carbonate de soude. Quand cet effet se produit, on est certain qu'il n'y a plus d'urée à précipiter, et l'on peut déduire du volume de la solution mercurique employé la quantité d'urée précipitée, si l'on a eu le soin préalable de titrer cette liqueur mercurique avec une solution d'urée d'un titre déterminé. L'analyse du précipité a fait connaître que, pour précipiter 1 partie d'urée, il fallait 7,7 parties d'oxyde de mercure, ce qui correspond à 1 équiv. d'urée pour 4 équiv. d'oxyde de mercure.

308. Solutions titrées pour le dosage de l'urée par le procédé Liebig. — Trois solutions sont nécessaires : la solution normale d'urée sert uniquement au titrage de la solution mercurielle. La solution de baryte a pour objet de précipiter les phosphates et les sulfates en dissolution dans l'urine. Enfin la solution mercurielle sert au dosage de l'urée dans l'urine. Voici la manière de les préparer.

a. Solution normale d'urée. — Dissolvez 2 grammes d'urée pure bien desséchée à 100° dans de l'eau distillée, et portez le volume à 200 cent. cub. Cette liqueur contiendra 20 milligrammes d'urée par chaque 10 cent. cub.

b. Solution mercurielle. — Cette solution doit contenir assez d'oxyde mercurique en dissolution dans l'acide azotique pour qu'un volume de 20 cent. cub. précipite 10 cent. cub. de la solution normale d'urée, c'est-à-dire pour que chaque centimètre cube de la solution mercurielle précipite 10 milligr. d'urée en solution dans 1/2 cent. cub. De plus, il faut que la solution mercurielle soit un peu plus riche que ne le demande la théorie, pour que le carbonate de soude produise la coloration jaune qui indique la fin de la réaction. Aussi, d'après Liebig, 720 milligrammes d'oxyde mercurique devraient se trouver théoriquement dans 10 cent. cub. de la solution mercurique, et l'expérience a conduit à en mettre 772 milligrammes pour rendre nettement appréciable la coloration jaune par le carbonate de soude, ce qui correspond à 714,8 milligrammes de mercure métallique.

Pour préparer la solution mercurielle, on peut se servir de mercure métallique ou d'oxyde de mercure.

Préparation avec le mercure métallique. — Dissolvez dans un matras de verre ou dans un verre à précipité 71^{gr},48 de mercure *pur* dans de l'acide azotique *pur*. Laissez réagir spontanément d'abord, puis chauffez doucement au bain-marie tant qu'il se dégage des vapeurs nitreuses. Afin d'être bien certain qu'il ne reste plus d'azotate mercureux à convertir en azotate mercurique, ajoutez de l'acide azotique pur tant qu'une nouvelle addition donnera un dégagement de vapeurs rutilantes. Quand cet effet ne se produira plus, évaporez la solution en consistance presque sirupeuse, pour volatiliser la plus grande partie de l'acide libre. Étendez alors la liqueur avec de l'eau distillée et portez-la au volume d'un litre ou à peu près. Si l'addition de l'eau séparait un sel jaune (azotate bibasique de mercure), laissez-le déposer au fond du vase, décantez la liqueur limpide après un repos suffisant, enfin redissolvez ce dépôt à l'aide de quelques gouttes d'acide azotique, et réunissez les liqueurs. Ce mélange ne devra pas être troublé par le chlorure de sodium, preuve qu'il ne renferme plus de sel mercureux.

Préparation avec l'oxyde de mercure. — Si vous avez à votre disposition de l'oxyde de mercure pur, exempt de produits chlorés, obtenu avec de l'azotate plusieurs fois cristallisé, dissolvez-en 77^{gr},2 après dessiccation à 100°, dans une capsule de porcelaine ou dans un verre à précipité, au moyen de l'acide azotique pur ; concentrez la solution comme il a été dit précédemment, et portez son volume à 1 litre.

c. Solution de baryte. — Mélangez deux volumes de solution de baryte caustique saturée à froid, avec un volume de solution d'azotate de baryte aussi saturée à froid.

309. Titrage de la solution mercurique. — Laissez tomber dans un verre à précipité 10 cent. cub. de la solution normale d'urée, puis, au moyen d'une

14.

burette graduée (*fig*. 17), laissez arriver goutte à
goutte la solution mercurielle préparée par l'une ou
par l'autre des deux méthodes précédentes, jusqu'à
ce qu'une goutte du mélange portée sur un verre de
montre et neutralisée par le carbonate de soude

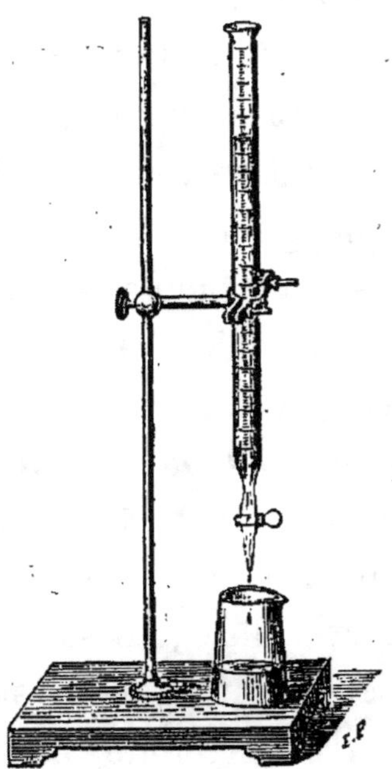

Fig. 17.

donne la coloration jaune. S'il n'a fallu que 18,5
cent. c. de solution mercurielle au lieu de 20 cent. c.,
il faudra ajouter 15 cent. c. à 185 cent. c. pour
compléter 200 cent. c. et avoir de cette façon une
liqueur qui précipite exactement l'urée contenue
dans 10 cent. c., c'est-à-dire 20 milligrammes d'urée.
Si la liqueur était trop étendue, il faudrait la concentrer par une douce chaleur.

310. Dosage de l'urée dans l'urine. — Jusqu'ici nous n'avons considéré qu'une solution simple d'urée dans l'eau distillée, mais dans la pratique on se trouve en présence de difficultés nombreuses qu'il faut éliminer une à une. Il faut débarrasser l'urine des acides phosphorique et sulfurique qu'elle contient à l'état de sels et qui troubleraient les résultats. En second lieu, il faut tenir compte de la quantité de sel marin qui se trouve dans l'urine, de la richesse de l'urine en urée, de la présence du carbonate d'ammoniaque, de la créatinine et de l'allantoïne, et en toutes circonstances n'opérer que sur une urine libre d'albumine (315, 318.)

Pour se débarrasser des phosphates et des sulfates, prenez, par exemple, 40 ou 50 cent. c. d'urine, ajoutez-y la moitié de ces volumes de la solution de baryte *c* (308) et filtrez : 15 cent. c. de ce nouveau liquide contiennent 10 cent. c. d'urine.

Si cette quantité de solution barytique ne suffisait pas, prenez 3 volumes de solution de baryte pour 4 volumes d'urine : 17,5 cent. c. du liquide filtré correspondront alors à 10 cent. c. d'urine. Rarement il sera besoin d'employer des volumes égaux de solution de baryte et d'urine.

Pour doser l'urée dans ce mélange, faites-y tomber à l'aide de la burette (*fig.* 17) la solution mercurielle, d'abord par centimètre cube, puis par goutte, en agitant continuellement le mélange. Quand vous verrez que le mélange ne s'épaissit plus, prenez-en une goutte, ajoutez-la à une solution de carbonate de soude contenue dans un verre de montre placé sur une surface noire pour rendre la coloration plus facile à saisir, et si ce mélange bien neutralisé reste blanc, continuez à verser de la solution mercurielle. Dès qu'une goutte donnera la réaction jaune (d'oxyde ou sel basique), cessez cet écoulement et tenez compte du volume de la solution mercurielle employé pour arriver à ce point. Si vous avez quelques raisons de croire le but dépassé, autrement dit, si vous avez versé trop de solution mercurique, recommencez l'essai en versant moins de liqueur mercurielle que la première fois, de manière à saisir exactement le moment précis où une goutte de la solution mercurielle commence à donner la réaction jaune.

Chaque dixième de centimètre cube de solution mercurielle correspond à 1 milligramme d'urée; il est donc facile de faire le compte.

311. Corrections relatives à la richesse de l'urine en urée. — La solution mercurielle donne des résultats exacts quand le liquide contient $2\,^0/_0$ d'urée, mais il n'en est plus de même quand la richesse en urée est plus grande ou moindre que $2\,^0/_0$. Dès que l'urée dépasse $2\,^0/_0$, il faut un peu moins de solution mercurielle que la proportion ne l'indique; il faut au contraire un peu plus de solution mercurielle quand la proportion de l'urée reste au-dessous de $2\,^0/_0$.

Premier cas. — Toutes les fois que l'on n'obtient la réaction finale jaune par le carbonate neutre de soude qu'en versant un volume de solution mercurielle qui dépasse le double du volume de liquide (urine + solution barytique) sur lequel on opère, il faut recommencer l'essai en ajoutant à ce mélange (urine + solution barytique) un nombre de cent. c. d'eau égal à la moitié du nombre de cent. c. de solution mercurielle versés en plus que ce double. Ainsi, pour les 15 cent. c. du mélange (représentant 10 cent. c. d'urine), si l'on a employé 46 cent. c. de solution mercurielle (au lieu de 30), il faudra recommencer l'essai en ajoutant à ces 15 cent. c. de mélange la moitié de la différence entre 30 et 46, c'est-à-dire 8 cent. c. d'eau. Comme il a été dit précédemment, chaque dixième de cent. c. de la solution mercurielle employée dans ce nouveau dosage correspond à 1 milligr., et ce nombre de dixièmes de cent. c. exprime en milligr. le poids de l'urée que contenaient les 10 cent. c. d'urine.

Second cas. — L'expérience a permis de constater qu'alors que l'urine contient moins de 1 p. 100 d'urée, il faut retrancher un dixième de cent. c. par chaque 5 cent. c. de solution mercurielle versés en moins que le double du nombre de centimètres cubes du mélange d'urine et de solution barytique. Si donc les 15 cent. c. de ce mélange (représentant 10 cent. c. d'urine) n'ont exigé que 22 cent. c. de solution mercurielle au lieu de 30, c'est-à-dire

8 cent. c. de moins que le chiffre pour lequel la solution est exacte, il faudra retrancher de ces 22 cent. c.
1/10 cent. c. $\times \frac{8}{5} = 0, 16$ cent. c., et ne compter pour titre exact que 21, 84 cent. c.

312. *Corrections relatives à la présence du chlorure de sodium.* — En décrivant la méthode de dosage du chlorure de sodium par le procédé Liebig (392), nous avons indiqué pourquoi l'addition de l'azotate de mercure à une liqueur chargée à la fois d'urée et de chlorure de sodium ne donnait pas de précipité. Le bichlorure qui se forme dans cette circonstance ne précipite pas l'urée, et c'est au moment où tout le chlore des chlorures alcalins de l'urine est transformé en bichlorure de mercure qu'une goutte d'azotate détermine un précipité avec l'urée.

La solution mercurielle b versée dans l'urine chargée de chlorure de sodium indique donc un titre plus élevé en urée que le titre réel, puisqu'une partie de cette solution a été employée à faire du bichlorure de mercure. Dans une pareille liqueur, il se trouve alors de l'acide azotique libre, et l'oxyde de mercure en excès qui était destiné à assurer la réaction jaune au contact du carbonate de soude n'existe plus dans la liqueur à l'état d'azotate, mais bien de sublimé. Or, l'addition à ce mélange d'une solution de carbonate de soude donne du bicarbonate qui ne précipite pas le sublimé; aussi, pour produire la réaction finale jaune, il faut employer un excès de la solution d'azotate de mercure.

Dans la pratique, pour une urine qui contient 1 à 1 1/2 p. 100 de chlorure de sodium, on retranche 2 cent. c. de solution mercurielle, et on calcule le poids de l'urée sur le reste.

Pour éliminer complétement cette cause d'erreur, il faut débarrasser l'urine de ses chlorures au moyen d'une solution d'azotate d'argent dont 1 cent. c. correspond à 10 milligrammes de chlorure de sodium.

Prenez donc 10 cent. c. d'urine, dosez le chlore au moyen de la solution d'azotate d'argent et en vous conformant aux prescriptions des §§ 390 et 391. La richesse en chlore déterminée, prenez 15 cent. c. du mélange filtré formé d'urine (10 cent. c.) et de solution de baryte (5 cent. c.), ajoutez à ce mélange un volume de la solution d'argent égal à celui qu'a exigé la précipitation du chlore des 10 cent. c. d'urine, puis, sans séparer le chlorure d'argent, dosez l'urée avec la solution d'azotate de mercure. La solution sur laquelle il a fallu opérer dans ce cas comprend 15 cent. c. du mélange d'urine et de solution de baryte, et de plus le volume de la solution d'azotate d'argent. Si ce dernier volume est de 12 cent. c. (ou 12 grammes de sel par litre) par exemple, le volume du liquide sur lequel le dosage d'urée a eu lieu est égal à 27 cent. c., ce qui demande 54 cent. c. de solution mercurielle, si la proportion d'urée est de 2 p. 100. Mais on n'a employé que 24 cent. c. de solution mercurielle, c'est-à-dire 30 cent. c. de moins, il faut donc retrancher autant de fois un dixième de cent. c. que 5 est contenu dans 30, c'est-à-dire retrancher 0, 6 cent. c. Le titre exact est donc 24 — 0,6 = 23, 4 cent. c.

313. Cas d'une urine sucrée. — La présence de la glycose ne gêne pas la précipitation de l'urée par la liqueur mercurielle, on n'a donc pas à s'en préoccuper.

314. Cas d'une urine contenant du carbonate d'ammoniaque. — Par suite de la décomposition de l'urée, l'urine est fréquemment ammoniacale; si cette transformation n'est pas poussée trop loin, autrement dit si l'urée seule et non les autres éléments azotés s'est changée en carbonate d'ammoniaque, il faut employer un volume de solution mercurielle sensiblement égal à celui qu'aurait exigé l'urine fraîche.

Pour être plus exact, on peut d'ailleurs précipiter 10 cent. c. d'urine ammoniacale par 5 cent. c. de la solution de baryte, filtrer, chauffer le liquide filtré au bain-marie pour en chasser l'ammoniaque et doser l'urée dans le résidu.

Dans un égal volume d'urine non additionnée de solution de baryte, on dose l'ammoniaque au moyen d'une liqueur titrée d'acide sulfurique, préparée de telle façon que chaque centimètre cube corresponde

à 11,32 milligrammes d'ammoniaque ou 20 milligrammes d'urée. Chaque litre de cet acide doit contenir 32^{gr}, 66 d'acide sulfurique monohydraté.

315. Cas d'une urine albumineuse. — La
solution mercurielle précipite l'albumine, il faut donc
dépouiller l'urine de l'albumine qu'elle pourrait renfermer. Pour cela, on la chauffe, après acidulation
légère par l'acide acétique, au bain-marie d'eau
bouillante, en vase clos, soit dans un matras, soit
dans un verre à précipité couvert. Au bout d'un
quart d'heure environ, quand le précipité albumineux est bien rassemblé en flocons, on laisse refroidir, puis on filtre et on dose l'urée comme à l'ordinaire.

Après avoir réalisé toutes ces corrections, il n'en
reste pas moins l'influence légère à la vérité de la
créatine et de l'allantoïne qui sont toutes deux précipitées par la solution mercurielle et s'ajoutent à la
richesse de l'urine en urée. Le dosage séparé de la
créatine peut réparer cette petite cause d'erreur.

316. L'urine contient encore quelques matières
mal étudiées, elles existent en proportions très-va-
riables, et ne sont pas sans influence sur le résultat
puisqu'elles sont en partie précipitées comme la
créatine et l'allantoïne par la liqueur mercurielle.
On peut les éliminer par l'acétate neutre de plomb ;
mais une pareille exactitude n'est pas nécessaire
dans la pratique ordinaire. D'après Kletzinsky, l'erreur due à ces substances pourrait atteindre 2 p. 100.

317. Procédé de M. Leconte. — Ce procédé de dosage de l'urée est fondé sur la décomposition de l'urée par le chlore et par les hypochlorites en azote et en acide carbonique (298).

L'appareil dans lequel s'effectue la réaction est un matras de la capacité de 150 cent. c. muni d'un tube de dégagement dont l'extrémité externe s'engage dans une éprouvette graduée remplie d'eau.

Au lieu d'une solution de chlore, on a recours à une solution d'hypochlorite de soude ; pour la préparer, on épuise méthodiquement 100 grammes de chlorure de chaux avec de l'eau, par trituration dans un mortier de verre ou de porcelaine, on jette le liquide sur une toile serrée, on épuise le résidu par des lavages répétés, et, dans la liqueur limpide, on jette 200 grammes de carbonate de soude cristallisé finement pulvérisé. Quand la dissolution est effectuée, on filtre pour séparer le carbonate de chaux insoluble, on le lave sur le filtre, et on porte le volume de la solution à 2 litres.

Le ballon est à très-peu près rempli avec la solution d'urée et d'hypochlorite de soude ; le tube de dégagement plonge de quelques millimètres à peine dans le liquide. On chauffe, il se dégage de l'azote seulement, parce que la liqueur fortement alcaline retient l'acide carbonique. On ne recueille pas les premières portions de gaz ; du tube abducteur, la petite colonne de liquide qui monte dans ce tube chasse devant elle l'air qu'il contenait, et ce n'est qu'au moment où cette colonne va s'échapper par l'orifice externe du tube que l'on reçoit le gaz sous la cloche graduée. Il faut chauffer doucement d'abord, puis sur la fin élever la température jusqu'à l'ébullition ; on sait que tout le gaz est chassé quand il y a production d'un bruit sec analogue à celui du marteau d'eau. En enfonçant de nouveau l'extrémité interne du tube abducteur dans le liquide, une nouvelle colonne liquide s'engage qui chasse devant elle les dernières portions de gaz.

Le gaz recueilli ne doit pas diminuer de volume quand on l'agite avec une solution de potasse caustique, preuve qu'il ne contient pas d'acide carbonique.

Un décigramme d'urée devrait donner 37 cent. c. d'azote, on n'en obtient jamais que 34. Les matières albuminoïdes (Calvert), la créatine, et diverses matières azotées de l'urine donnent aussi de l'azote quand on les soumet à cette réaction. M. Leconte dit que, dans l'urine brute, les matières azotées autres que l'urée augmentent la quantité d'azote de $1/20$ ($54 \frac{00}{00}$). — Pour s'en débarrasser en grande partie, M. Leconte fait précipiter l'urine (20 cent. c.) par le sous-acétate de plomb liquide (3 cent. c.), chauffe à l'ébullition, filtre et lave le précipité. A la liqueur, il ajoute du carbonate de soude cristallisé (3 gr.) pour précipiter le plomb en excès à l'état de carbonate, filtre, lave et porte le volume à 50 cent. c.

On prend habituellement une quantité d'urine correspondante à 1 décigramme d'urée environ. Il faut faire au volume de gaz trouvé toutes les corrections de pression et de température nécessaires, et compter 34 cent. c. d'azote sous pression 76 centimètres et température 0° pour 1 décigramme d'urée.

Le volume d'azote observé, variable avec la pression et la température, doit être corrigé au moyen de la formule :

$$V' = V \frac{1}{1 + 0,003665 \times t} \times \frac{H - f}{760} \, ,$$

dans laquelle V' = le volume cherché ;
V = le volume trouvé ;
t = la température ;
H = la pression supportée par le gaz ;
f = la tension de vapeur ;
$0,003665$ = le coefficient de dilatation des gaz ;
$0,760$ = la pression normale.

318. Dosage de l'urée dans les liqueurs séreuses (sang, kyste, sérosité péritonéale, etc.). — Coagulez l'albumine en ajoutant à la liqueur séreuse 3 à 4 fois son volume d'alcool, filtrez, évaporez au bain-marie, reprenez le résidu par l'alcool très-concentré, évaporez de nouveau, reprenez enfin par l'eau et dosez par le procédé Liebig. (Voyez Picard, *Thèses de Strasbourg*, 1856.)

Les parties charnues, les tumeurs solides, seront épuisées par l'alcool après avoir été convenablement divisées. On cherchera l'urée dans l'extrait alcoolique comme pour les liquides séreux.

319. Richesse de l'urine en urée. — L'urine humaine contient 15 à 20 grammes d'urée par litre, rarement plus de 30 grammes. Dans les hôpitaux, les malades donnent des chiffres plus faibles, et les femmes rejettent encore moins d'urée que les hommes. L'urine la plus riche en urée se rencontre chez les hommes robustes, jouissant d'un bon appétit, et d'une riche alimentation azotée.

D'après Uhle, un enfant de trois à six ans rend 1 gramme d'urée en vingt-quatre heures pour chaque kilogramme de son corps.

De huit à onze ans, $0^{gr},8$.

De treize à seize ans, $0^{gr},4$ à $0^{gr},6$.

Les expériences de Lehmann ont surtout mis en relief l'influence de l'alimentation sur la contenance de l'urine en urée. Les résultats suivants, dus à O. Franque, en sont la confirmation :

	Urée par 24 heures.
L'urine d'un homme en bonne santé, soumis à une alimentation exclusivement animale, donnait...	51 à 92 gr.
— alimentation animale et végétale...............	36 à 38
— alimentation végétale..........................	24 à 28
— alimentation non azotée........................	16

CHAPITRE XVI

320. L'urine offre quelquefois l'aspect blanchâtre du lait, elle peut même en avoir l'odeur assez prononcée. Cette opacité est due à la présence de nombreux globules de matière grasse tenus en suspension au sein du liquide. Ces globules sont quelquefois extrêmement fins, et si l'urine est albumineuse, ce qui arrive ordinairement, l'émulsion est remarquablement stable.

Quand on agite ces urines avec de l'éther pur, et qu'on laisse ensuite le mélange reposer pendant un temps suffisant, il se forme deux couches : l'une éthérée, chargée de matière grasse, l'autre d'urine transparente ou presque transparente, dépouillée de la plus grande partie de ses globules gras.

321. *Dosage.* — En évaporant l'éther, on n'a donc pas toujours le poids exact de la matière grasse. Pour arriver à un résultat plus parfait, il est préférable d'évaporer 100 grammes d'urine grasse à siccité, d'agiter le résidu bien sec avec de l'éther pur, dans un flacon à l'émeri, de décanter cet éther après un contact suffisamment prolongé, de le remplacer une ou deux fois par de l'éther neuf tant que ce liquide

dissout de la matière grasse. Cela fait, tout l'éther décanté est évaporé au bain-marie dans une capsule mince de porcelaine ou de platine, le résidu refroidi est lavé à l'eau, puis desséché dans une étuve chauffée vers 100°, enfin la capsule est pesée. On déduit du poids trouvé le poids de la capsule vide et sèche, et l'on a le poids net de la matière grasse pour 100 grammes.

Si l'urine était alcaline, ou si l'on pouvait soupçonner que la matière grasse fût en partie saponifiée, il faudrait avant le traitement par l'éther ajouter quelques gouttes d'acide acétique, qui isoleraient les acides gras de leurs combinaisons.

Au microscope, on reconnaît aisément les globules de matières grasses à leur forme arrondie quand ils sont isolés ; ces globules réfractent fortement la lumière, ce qui rend leurs bords obscurs et les distingue des corpuscules arrondis qui les avoisinent.

Le résidu de l'évaporation des urines laiteuses graisse le papier : ce caractère est facile à constater.

L'huile avec laquelle on lubrifie les sondes se retrouve à la surface de l'urine ; il faut songer à cette circonstance qui pourrait faire croire à un état pathologique.

322. *Observation.* — J'ai examiné à plusieurs reprises, il y a quelques années, une urine albumineuse et laiteuse, qui possédait une odeur de lait tellement prononcée, que je soupçonnai tout d'abord une supercherie. Mais cette urine n'avait pas été additionnée de lait, *car elle ne conte-*

nait pas la moindre trace de sucre. Sa densité variait de 1,016 à 1,022. Par simple agitation avec de l'éther, j'en ai extrait d'un litre 4^{gr},25 d'une matière grasse, incolore, de consistance assez ferme et aisément saponifiable.

Cette urine, agitée avec de l'éther, cédait à ce liquide sa matière grasse, et reprenait sa limpidité. Agitée avec du chloroforme, il se faisait deux couches d'une séparation très-lente; en jetant le tout sur un filtre, il restait sur le filtre une sorte de crème blanche, mélange de matière grasse et de substance albumineuse. En agitant cette crème dans un flacon avec du chloroforme, la matière grasse se dissolvait complétement.

Cette urine n'était précipitable à froid ni par l'acide acétique ni par le sulfate de magnésie, elle était coagulable par l'acide azotique et par une température voisine de 90°; elle était donc albumineuse. Elle contenait une notable quantité d'acide urique. — Au microscope, on distinguait des globules gras, des globules de mucus, de nombreux fragments de cellules épithéliales.

Ce liquide provenait d'une dame anglaise qui se portait à merveille, bien que depuis plusieurs années son urine présentât une aussi singulière composition. — Les urines grasses ou chyleuses sont d'ailleurs fort rares en France et assez communes dans les pays chauds.

CHAPITRE XVII

323. L'urine d'un homme en bonne santé ne renferme pas d'albumine. Il existe un grand nombre de maladies (maladie de Bright, empoisonnement par le plomb et par les cantharides, fièvres éruptives, diabète, etc.), où l'albumine apparaît dans les urines, tantôt momentanément, tantôt pour toute la durée de la maladie. L'urine est encore albumineuse quand le sang ou le pus vient se mélanger avec elle.

L'albumine de l'urine peut provenir du sang extravasé sur un point de l'appareil urinaire, mais dans ce cas elle est accompagnée par la matière colorante rouge du sang et souvent par des globules rouges intacts. Si le rein est le siége d'une lésion qui fasse apparaître l'albumine dans l'urine, par l'examen microscopique des sédiments on constatera un épithélium particulier, et des cylindres rénaux.

Quand on introduit une grande quantité d'eau dans le sang, l'urine devient albúmineuse et même sanguinolente (Magendie).

324. **Caractères des urines albumineuses. — Recherche de l'albumine.** — Nous suppose-

rons bien connu tout ce qui, dans l'histoire de l'albumine, se rattache à ses caractères, à sa recherche et à son dosage (61, 66, 72).

Ce qui va suivre n'est qu'une sorte de complément destiné à prévenir des erreurs que la composition complexe de l'urine rend trop fréquentes.

Caractères généraux. — L'urine albumineuse est ordinairement pâle, quand elle provient d'un rein atteint par la maladie de Bright, mais souvent aussi elle a l'aspect de l'urine normale, et n'est pas moins riche en couleur et en matières solides que celle-ci.

L'urine albumineuse mousse par l'agitation beaucoup plus qu'une urine non albumineuse, les bulles sont plus fines et surtout plus persistantes. Ce caractère a peu de valeur; la densité très-variable du liquide, une quantité un peu considérable de mucus, peuvent donner à l'urine la faculté de mousser aisément en l'absence de toute trace d'albumine.

Les urines non albumineuses, mais fortement alcalines, offrent à un haut degré ce caractère d'urine mousseuse par l'agitation.

325. L'alcool précipite l'albumine de ses solutions; mais, dans l'urine, l'alcool précipite des sels et du mucus qu'il est aisé de confondre avec de l'albumine au premier coup d'œil : ce moyen ne saurait donc être employé avec efficacité pour distinguer une urine albumineuse. L'addition d'une petite quantité d'acide acétique préviendrait en grande

partie la précipitation des sels et surtout celle des phosphates par l'alcool.

326. Cas particulier. — *Urine alcaline.* — L'urine albumineuse, par suite de la décomposition de l'urée en carbonate d'ammoniaque, est devenue alcaline, soit dans la vessie, soit hors de ce réservoir. En la chauffant dans un tube de verre, vous n'obtiendrez pas de coagulum. Si vous poussez l'action de la chaleur jusqu'à l'ébullition, le carbonate d'ammoniaque se volatilisera et peu à peu le trouble apparaîtra. Un papier de tournesol rougi bleuira dès qu'il sera plongé dans l'espace vide du tube, d'ailleurs l'odeur de l'ammoniaque est très-sensible. Mais le trouble que vous avez obtenu avec un tel liquide ne peut être considéré comme de l'albumine qu'autant qu'il ne disparaît pas par l'addition de l'acide acétique ou de l'acide azotique versé en quantité suffisante pour rendre la liqueur fortement acide. D'ailleurs, il peut se trouver un peu de mucine, aussi faut-il, comme cela a été recommandé pour tous les cas, aciduler préalablement le liquide, et le filtrer avant de l'essayer par la chaleur.

Une urine filtrée peut être tellement ammoniacale que l'addition de l'acide acétique y produise une effervescence assez vive pour entraîner hors du tube la plus grande partie du liquide. Dans ce cas, opérez-en la saturation dans un verre à expérience, versez l'acide acétique affaibli goutte à goutte, en agitant sans cesse avec une baguette de verre, et cessez toute addition d'acide dès qu'une goutte du mélange jetée sur un papier de tournesol lui communiquera la couleur pelure d'oignon. Saturez la liqueur de sulfate de soude cristallisé, filtrez-la, et chauffez-la dans un tube à essai jusqu'à l'ébullition. S'il se produit un trouble ou un coagulum (la liqueur étant acide), concluez que l'urine est réellement albumineuse.

Quand la putréfaction a détruit l'albumine ou en a profondément altéré les qualités, l'emploi des moyens précédents peut laisser quelques doutes. La solution d'acide phénique (72, 75) peut éclairer quelques cas douteux. C'est plus prudent de recommencer l'expérience sur de l'urine fraîchement émise. (Voir : *Urine albumineuse avec pus*, § 331.)

327. Recherche de l'albumine dans l'urine au moyen de l'acide azotique. — En traçant l'histoire de l'albumine, nous avons longuement décrit l'action de l'acide azotique sur les solutions albumineuses (41, 53 et suiv.). Ne considérons plus maintenant que l'action de cet acide sur l'urine albumineuse et les causes d'erreur auxquelles ce procédé de recherche peut donner lieu.

Toute urine albumineuse, acide et bien limpide, dans laquelle on verse 1/10 de son volume environ d'acide azotique ordinaire se trouble, ou donne un coagulum plus ou moins épais suivant la quantité d'albumine qui y est dissoute.

Si vous employez de l'acide azotique très-affaibli, au 1/10 par exemple, il faudra 5,10 gouttes et même plus par 30 grammes d'urine avant de faire apparaître le moindre louche, parce que l'agitation du liquide fait disparaître les premiers troubles, jusqu'à ce qu'une assez forte dose d'acide produise un trouble permanent (53 et suiv.).

La quantité d'acide azotique nécessaire pour produire le maximum d'effet dans une urine ne saurait être exactement déterminée à l'avance. Il est prudent de verser l'acide peu à peu, en s'arrêtant de temps en temps pour laisser la réaction continuer. En général, il suffit d'employer un volume d'acide azotique ordinaire égal au dixième du volume de l'urine. Une trop grande quantité d'acide azotique transformerait rapidement l'albumine en acide xanthoprotéique, surtout à chaud, et pourrait faire méconnaître la présence de l'albumine.

328. Causes d'erreur. — 1° Une urine filtrée, limpide, naturellement acide, peut donner un précipité blanc quand on l'additionne de 1/10 environ de son volume d'acide azotique froid, sans que cette urine contienne de l'albumine. Ce précipité paraît d'abord amorphe; abandonné à lui-même, il prend du jour au lendemain un aspect cristallin. On pourrait confondre ce précipité avec de l'albumine si l'on ne s'assurait pas, ce que l'on doit toujours faire, qu'il est soluble dès qu'on chauffe le liquide. Il est formé d'*acide urique*, provenant de la décomposition des urates dans une urine très-chargée de ces sels. En élevant la température, on augmente la solubilité de l'acide urique devenu libre, et si l'on abandonne la liqueur limpide dans un lieu froid, elle dépose bientôt des cristaux d'acide urique.

Il est à noter que cette même urine chargée d'urates sera précipitée par l'acide acétique fort, comme par l'acide azotique, et puisque l'acide acétique ne coagule pas l'albumine, tandis qu'il décompose les urates, il sera aisé de lever tous les doutes.

De ce qui précède, il résulte qu'*il ne suffit pas d'obtenir par l'acide azotique froid un précipité blanc dans une urine déjà acide pour conclure que cette urine est albumineuse, il faut encore que ce précipité ne soit pas soluble à chaud.*

Ces mêmes urines très-chargées d'urates sont souvent prises pour des urines sucrées. Nous reviendrons sur leur étude (358).

2° Il est infiniment plus rare de rencontrer une urine si chargée d'*urée* que l'addition de l'acide azotique froid y détermine immédiatement un dépôt cristallin d'azotate d'urée. Ce précipité est grenu, son aspect seul éveille l'attention ; d'autre part, il se redissout par l'addition d'une petite quantité d'eau chaude, ou par la simple élévation de température du liquide. Dans ce cas, l'urine ne serait pas précipitable par l'acide acétique. L'urine de chien est si riche en urée qu'elle donne directement des cristaux volumineux d'azotate d'urée en quelques jours sans qu'il soit nécessaire de l'évaporer.

329. Des malades qui absorbent des quantités considérables de copahu ou de térébenthine, rendent des urines qui se troublent quand on les additionne d'acide chlorhydrique ou d'acide azotique. Ce précipité résineux disparaît dans l'alcool : on ne saurait donc le confondre avec de l'albumine. Dans l'ostéomalacie, il passe quelquefois dans l'urine une matière coagulable par la chaleur, mais soluble dès qu'on ajoute quelques gouttes d'acide chlorhydrique.

330. *Cas particulier.* **Urine albumineuse, chargée de matière colorante de la bile et d'urates.** — Le cas suivant mérite quelque attention. Une urine complétement trouble, moussant par l'agitation, tenait en suspension un sédiment d'une couleur rouge tomate des mieux accusées. Sa densité était égale à 1,038. Elle fut filtrée, mais le liquide passa presque aussi troublé, ne laissant sur le filtre qu'un peu de mucine et des débris cellulaires. Tout le liquide trouble, quoique filtré, fut chauffé à 50° dans un matras de verre plongé dans un bain-marie, dont la température était indiquée par un thermomètre, et au bout de quelques instants la liqueur était devenue transparente. Une partie de ce liquide fut chauffée vers 70°-80°, et donna un coagulum d'albumine, qui fut recueilli sur un filtre et parfaitement caractérisé.

Le liquide filtré à 80° contenait de la bilirubine que l'acide azotique nitreux mit en évidence (168). Enfin, une autre partie du liquide chauffé seulement à 50° fut additionnée d'acide acétique, puis abandonnée dans un lieu froid ; le lendemain, elle avait déposé une quantité considérable d'acide urique cristallisé, provenant de la décomposition de l'urate de soude.

Ainsi, cette urine était albumineuse, elle devait sa coloration à un mélange d'urate de soude coloré en rose (251) et de bilirubine. L'urine brute abandonna un sédiment où le microscope permit de distinguer des cristaux nombreux d'urate de soude. Elle ne contenait pas de sucre.

331. Urine albumineuse avec pus. — Toute urine qui contient du pus contient en même temps de l'albumine. Le liquide abandonné au repos dépose des globules de pus (197 et suiv.) faciles à reconnaître au microscope si la putréfaction ne s'est pas déjà emparée du liquide. Ces globules sont déformés, gonflés, leurs noyaux ont disparu quand l'urine est devenue fortement ammoniacale. L'urine simplement neutralisée par l'acide acétique peut devenir limpide par la filtration ; l'addition d'une nouvelle dose d'acide acétique rend le liquide fortement acide, et en sépare une matière que l'on peut prendre pour de la mucine, mais qui est propre au pus (200). Cette matière séparée par le filtre, en saturant le liquide de sulfate de soude pur et élévant sa température, on coagule l'albumine. (Voir *Pus*.)

En ajoutant à l'urine purulente du sulfate de soude pur, on rend plus facile et plus rapide la précipitation des leucocytes ; il est alors plus aisé d'en faire l'examen microscopique. Le liquide décanté, acidifié par l'acide acétique, peut servir à la recherche de l'albumine par la chaleur.

332. Dosage de l'albumine dans l'urine. — Les prescriptions des §§ 66, 72 sont applicables à l'urine albumineuse comme aux liqueurs séreuses. Pour le dosage de l'albumine dans une urine sucrée voyez les § 73 et 373.

333. La quantité d'albumine que l'urine peut contenir dépasse rarement 4 ou 5 grammes par litre. Elle s'élève quelquefois à 10, 12 grammes et plus. Il faut cliniquement tenir compte de la quantité d'albumine rendue chaque jour, parce que la quantité d'urine rendue est assez variable et que sa richesse en albumine par litre ne saurait donner une idée suffisamment exacte de la perte subie par le malade.

CHAPITRE XVIII

334. Deux sucres se rencontrent dans l'organisme : l'un, la glycose ou sucre de diabète, est identique au sucre produit par l'acide sulfurique étendu d'eau ou par la diastase sur l'amidon : c'est ce même sucre qui constitue la plus grande partie du miel et recouvre les figues et les pruneaux d'une couche blanchâtre. L'autre sucre est l'inosite ; ce sucre est beaucoup moins important que le précédent.

335. *Glycose ou sucre de diabète* $C^{12}H^{12}O^{12} + 2HO$.

— L'urine normale ne contient que des traces de glycose, environ 1 décigramme par litre. L'urine contient au contraire jusqu'à 120 grammes de ce sucre par litre dans la maladie à laquelle on a donné le nom de glycosurie, diabète sucré, *diabetes mellitus*, précisément parce qu'elle a pour caractère principal la présence de ce sucre dans l'urine. La glycose n'est point un élément absolument étranger à l'organisme ; elle existe normalement dans les produits de la digestion des matières amylacées, dans l'intestin grêle, et, si elle passe dans l'urine, c'est qu'elle n'a pas été détruite dans l'acte de la nutrition, et qu'elle s'est accumulée dans le sang avant de passer dans l'urine.

Le sang peut contenir une petite quantité de sucre de glycose dans l'état de santé, c'est dans les veines sus-hépatiques qu'il s'en trouve le plus, tandis que le sang de la veine porte n'en contient pas ou n'en contient que des traces. Le foie peut donc être regardé comme l'organe générateur principal du sucre. Les vaisseaux chylifères en amènent aussi une certaine quantité dans la veine sous-clavière.

Dans le diabète sucré, on trouve du sucre dans presque toutes les sécrétions (salive, sueur). Le sucre n'apparaît dans l'urine qu'alors que sa proportion dans le sang atteint 1 à 2 grammes par kilogramme.

336. Le sucre de diabète cristallise confusément, en prenant un aspect granuleux que l'on a comparé à celui du chou-fleur ; en répétant les cristallisations dans l'alcool bouillant, sur des masses un peu considérables, on finit par l'obtenir en cristaux rhombiques assez nettement formés.

Pur, ce sucre est blanc, d'une saveur agréable, moins sucrée que celle du sucre de canne ; il n'exerce aucune action sur le papier de tournesol. Il se dissout moins bien dans l'eau et dans l'alcool que le sucre de canne ; comme ce dernier, il est insoluble dans l'éther.

La glycose fond vers 100° et perd à cette température son eau de cristallisation ; le sucre de canne fond à 160°, et le sucre de lait vers 120° : ces trois points de fusion permettraient à eux seuls de distinguer ces sucres. Ces trois sucres, glycose, sucre de canne, sucre de lait dévient à droite le plan du rayon polarisé circulairement, mais avec des pouvoirs différents.

337. La glycose fermente immédiatement et facilement quand on la met au contact de la levûre de bière, cette réaction permet de la distinguer du sucre de canne et du sucre de lait. D'autre part, l'aspect de la glycose isolée, sa combinaison avec le chlorure de sodium, empêchent encore qu'on la confonde avec le sucre de lait. Une légère acidification de la liqueur favorise la fermentation :

$$\underbrace{C^{12}H^{12}O^{12}}_{\text{Glycose.}} = 4 (CO^2) + 2 \underbrace{(C^4H^6O^2)}_{\text{Alcool.}}$$

Mais la réaction n'est pas aussi simple que la théorie semble l'indiquer ; il se fait toujours un peu de glycérine et d'acide succinique.

338. Au contact de certaines matières azotées en putréfaction (membranes animales, vieux fromage), la glycose donne de l'acide lactique, et si la réaction se prolonge, il se produit de l'acide butyrique mélangé à de l'acide acétique. Une matière alcaline, de la craie par exemple, qui sature l'acide formé au fur et à mesure de sa production, favorise beaucoup la réaction. Une odeur désagréable accompagne cette fermentation qui exige une température de 30° à 40°. L'urine diabétique chargée de sucre peut subir directement cette transformation.

339. La glycose se combine avec les bases, comme le sucre de canne, mais ses combinaisons sont moins stables.

Si l'on mélange une solution de glycose dans l'alcool concentré avec une solution alcoolique de potasse caustique, il se dépose des flocons blancs $2KO + C^{12}H^{12}O^{12}$. Cette combinaison est très-avide d'acide carbonique, on ne peut la chauffer sans la brunir fortement.

Les alcalis caustiques, potasse, soude, chaux, mis en ébullition avec une liqueur qui contient de la glycose, colorent peu à peu le liquide d'abord en jaune foncé, puis en rougeâtre, enfin, si la quantité de sucre est abondante, le mélange prend une coloration brunâtre.

La glycose dissout bien la chaux, et si la solution calcaire est additionnée d'alcool, elle donne un précipité blanc : c'est une combinaison de la glycose avec la chaux.

A la température de l'ébullition, un lait de chaux ajouté à une solution de glycose la brunit comme la potasse et la soude caustiques.

340. L'acide sulfurique faible est sans action sur la glycose. Très-concentré, l'acide sulfurique se combine à froid avec la glycose fondue. Les acides minéraux, à la température de l'ébullition, altèrent rapidement la glycose, la liqueur passe au jaune, au brun, il se fait, suivant les proportions des mélanges et la durée de la réaction, des produits bruns, noirs,

auxquels on a donné les noms d'ulmine, d'acide ulmique, etc.

341. Une des combinaisons les plus intéressantes de la glycose est celle qu'elle forme avec le chlorure de sodium $2 (C^{12}H^{12}O^{12})$, $NaCl + 2HO$. Deux solutions concentrées de sucre de diabète et de sel marin, mélangées et abandonnées à l'air libre, donnent des gros cristaux prismatiques droits à base rhomboïdale, qui contiennent 13, 3 pour 100 de chlorure de sodium, et se dissolvent bien dans l'eau. Leur saveur sucrée est faible, et la saveur propre au chlorure de sodium a totalement disparu.

342. *Préparation.* — On a souvent besoin de glycose pure ; le moyen le plus simple pour s'en procurer consiste à prendre du beau miel grenu du Gatinais ou de Narbonne, à le laisser pendant quelques jours sur des plaques de plâtre ou sur des linges pliés, tant que la partie liquide n'est pas absorbée. Cela fait, on dissout la glycose dans 6 fois son poids d'alcool à 90° bouillant, on ajoute un peu de noir animal purifié si le liquide est coloré, on filtre bouillant, et après le refroidissement il se dépose lentement de la glycose pure, cristalline, que l'on fait sécher. Au besoin, on la fait cristalliser encore une fois.

343. Urine diabétique. — Une urine peut être sucrée sans être plus dense qu'une urine exempte de toute trace de glycose. Mais une urine dont la densité dépasse 1,025, et à plus forte raison 1,030, doit,

plus que toute autre, être suspecte de contenir du sucre. Voir sur ce sujet ce qui a été dit au § 239.

L'aspect d'une urine sucrée ne diffère ordinairement pas de celui d'une urine non sucrée. Si l'urine des diabétiques est généralement pâle, c'est le plus souvent parce que les malades sont polyuriques. L'urine chargée de sucre laisse sur les vêtements des taches qui, d'abord gommeuses, épaisses, prennent quelquefois un aspect farineux.

344. *Extraction.* — Pour extraire le sucre de l'urine d'un diabétique, évaporez ce liquide au bain-marie, sous une faible épaisseur, dans un vase offrant une grande surface, de manière à ne pas tenir longtemps la même masse liquide à une température élevée. Dans le même but, remplacez le liquide au fur et à mesure qu'il est transformé en un sirop clair. Réunissez ces divers sirops dans un vase à large surface, laissez-les concentrer dans un endroit chaud ; peu à peu vous verrez ce sirop cristalliser, et au bout de quelques jours il sera pris en une masse grenue que vous exprimerez fortement dans une toile. Lavez ces cristaux à l'alcool froid très-concentré, pour enlever l'urée et les matières extractives, faites-les redissoudre ensuite dans l'alcool bouillant en présence du noir animal, filtrez bouillant : pendant le refroidissement il se déposera des grains cristallins de glycose, que vous pourrez obtenir tout à fait purs en les faisant encore une fois cristalliser dans l'alcool bouillant.

Si vous opérez sur une grande quantité de liquide, commencez l'évaporation à feu nu, dans un vase de cuivre toujours plein, sans faire bouillir, mais gardez-vous bien d'employer ce mode de concentration au delà de la réduction du liquide à la moitié de son volume, parce qu'il se colorerait, mousserait, et donnerait très-difficilement de la glycose cristallisée.

345. Afin d'obtenir du premier coup du sucre peu coloré, versez dans l'urine sucrée du sous-acétate de plomb (1/10 de son volume environ) pour précipiter les matières colorantes, l'acide urique, les chlorures et les phosphates. Filtrez, lavez le précipité, faites passer un courant d'hydrogène sulfuré dans la liqueur, filtrez de nouveau pour séparer le sulfure de plomb, et évaporez la liqueur incolore ou presque incolore exclusivement au bain-marie. Le sirop, abandonné dans un milieu frais pendant quelques jours, donne des cristaux de glycose beaucoup plus faciles à purifier que ceux que l'on obtient avec de l'urine brute.

346. S'il fait très-froid, l'urine diabétique peut être très-avantageusement concentrée en l'exposant à la gelée. La glace est de l'eau presque pure, tandis que le liquide qui la baigne est chargé de sucre, de matières extractives et salines. Ce procédé de concentration n'est malheureusement praticable que pendant quelques jours chaque année.

347. S'il s'agit d'extraire le sucre en nature de

l'urine normale, ou de l'urine de diabétique *extrêmement pauvre en sucre* (1 à 3 grammes par litre),
le procédé d'extraction précédent devient inapplica-
ble. Dans ces cas, voici ce qu'il convient de faire :
versez dans l'urine une solution d'acétate neutre de
plomb tant qu'il se forme un précipité, filtrez et rejetez ce premier précipité ; dans la liqueur, versez
de l'acétate basique de plomb tant qu'il se forme un
précipité, filtrez encore. Dans la nouvelle liqueur
ajoutez de l'ammoniaque : il se produit un troisième
précipité qui contient la presque totalité du sucre,
tandis que le premier (acétate neutre) n'en contenait
aucune trace, et que le second (acétate basique) n'en
renfermait que des traces. Recueillez sur un filtre
le précipité produit par l'ammoniaque, lavez-le, et
laissez-le sécher en grande partie entre deux cahiers
de papier à filtre. Cela fait, pour en extraire le sucre,
divisez ce précipité dans l'alcool, faites passer à travers
la liqueur un courant d'hydrogène sulfuré, chauffez
légèrement pour dégager l'excès d'hydrogène sulfuré,
filtrez pour séparer le sulfure de plomb : dans le liquide concentré vous pourrez constater la réduction
des oxydes de cuivre et de bismuth, la déviation au
saccharimètre, et la faculté de fermenter.

RECHERCHE DE LA GLYCOSE DANS L'URINE.

348. 1° **Par les alcalis caustiques.** — Les solutions de
glycose jaunissent, puis passent graduellement au brun
foncé, quand on les chauffe avec les alcalis caustiques. Pour

rechercher ce sucre dans l'urine, on ajoute à ce liquide
1/10 de son volume d'une solution concentrée de soude ou
de potasse caustique, on chauffe le mélange graduellement
jusqu'à l'ébullition : le liquide se colore peu à peu, et si la
proportion de sucre est élevée, la coloration est d'un brun
foncé. Si l'on opère avec un tube un peu long, que l'on ne
chauffe qu'à la partie supérieure (*fig.* 5), on rend très-
saillante la différence de coloration des deux couches. La
soude et la potasse caustiques peuvent être remplacées par
un lait de chaux.

349. 2° **Par la solution de carmin d'indigo.** — Si
l'on chauffe une urine sucrée, où toute autre dissolution de
glycose, avec une solution de carmin d'indigo rendue alcaline au moyen du *carbonate de soude*, peu à peu le liquide bleu passe au vert, au rouge, au jaune, puis, si l'on
cesse de chauffer, il redevient bleu quand on le laisse refroidir au contact de l'air. Cet effet de décoloration est dû
à l'oxydation de la glycose aux dépens de l'oxygène de
l'indigo bleu qui passe à l'état d'indigo blanc (259). Il ne
faut pas faire usage d'alcali caustique, parce que la soude
caustique suffit à elle seule à décolorer l'indigo bleu.

350. 3° **Par le réactif Trommer.** — Une solution de
glycose additionnée de potasse ou de soude caustique, puis
goutte à goutte d'une solution très-faible de sulfate de
cuivre, donne lieu, si l'on élève sa température à l'ébullition, à une réduction de l'oxyde de cuivre (CuO) à l'état
d'oxydule ou oxyde cuivreux (Cu^2O) qui est rouge (Trommer).

Cet effet est produit par l'oxydation de la glycose aux
dépens de l'oxygène de l'oxyde métallique. Ce sucre est
très-avide d'oxygène, il réduit dans les mêmes conditions
le sous-azotate de bismuth à l'état de bismuth métallique
noir et pulvérulent. Il ramène aussi à l'état métallique les
sels d'argent, d'or, de platine, surtout s'ils sont en combinaison avec des acides organiques. Il réduit le sublimé
corrosif ($HgCl$) à l'état de calomel (Hg^2Cl).

La réduction de l'oxyde de cuivre en oxyde cuivreux se

fait à froid, mais elle exige 12 heures environ, suivant la température extérieure. Elle est également produite dans les conditions qui viennent d'être énoncées par l'acide urique.

351. Si vous voulez appliquer les données précédentes à la recherche du sucre dans une urine, versez successivement dans un tube de verre 1 gramme d'urine filtrée, parfaitement limpide, 5 grammes d'eau, 10 gouttes d'une solution de lessive des savonniers (soude caustique à 36° Baumé), enfin goutte à goutte de la solution de sulfate de cuivre au vingtième, tant que l'oxyde de cuivre hydraté se redissout par l'agitation. La redissolution de l'oxyde de cuivre dépend de la quantité de sucre : ayez donc soin de ne pas verser un excès de solution de cuivre, parce que pendant l'ébullition, en présence de l'alcali caustique, il se déposerait de l'oxyde noir de cuivre (CuO) qui masquerait la coloration rouge de l'oxyde réduit. Il ne faut pas non plus chauffer le mélange d'urine et d'alcali caustique avant d'avoir versé le sel de cuivre, parce qu'en subissant une température élevée en présence de l'alcali caustique, le sucre serait détruit et ne pourrait plus exercer son action réductrice sur l'oxyde cuivrique.

Au contraire, s'il y a un grand excès de sucre et d'alcali caustique, tout l'oxyde de cuivre est réduit d'abord à l'état d'hydrate d'oxyde cuivreux qui est jaune, puis d'oxyde cuivreux anhydre qui est rouge quand l'ébullition a duré un temps suffisant. Quand tout l'oxyde de cuivre est réduit, l'alcali caustique, continuant à réagir sur le sucre encore libre, en colore successivement la solution bouillante en jaune, en rouge-brun, même en brunâtre ; et si on laisse reposer le liquide, peu à peu un dépôt d'oxydule anhydre, d'un rouge foncé, vient occuper le fond du tube, et au-dessus de lui se trouve un liquide dont la couleur varie du jaune au brun.

352. 4° Par la liqueur de Fehling. — Si l'on chauffe avec une solution de glycose une solution de tartrate de cuivre dans un alcali caustique, on obtient rapidement la réduction de l'oxyde de cuivre (CuO) et sa transformation en oxyde rouge ou oxydule (Cu^2O). Ce réactif bien préparé est d'un usage beaucoup plus commode et au moins aussi sûr que le réactif Trommer. On a beaucoup varié les proportions du sel de cuivre et celles de l'alcali ; peu à peu on a renoncé à la potasse caustique à cause de la trop facile réductibilité des solutions cuivriques préparées avec cet alcali. La liqueur de Fehling, dont voici la formule, donne d'excellents résultats tant pour la recherche que pour le dosage de la glycose. Elle suffit à elle seule à toutes les recherches, à la condition de prendre quelques précautions faciles à réaliser.

353. *Liqueur de Fehling.* — Dissolvez 34^{gr}, 64 de sulfate de cuivre cristallisé dans six fois le même poids d'eau ; d'autre part, dissolvez 173 grammes de tartrate de potasse et de soude cristallisé dans 500 à 600 grammes d'une lessive de soude caustique d'une densité égale 1,12 (1) ; versez cette solution dans celle de sulfate de cuivre, agitez pour que la dissolution s'opère, puis versez assez d'eau distillée pour

(1) 240 grammes de lessive des savonniers à 36° Baumé, soit 1,334 au densimètre, et 360 grammes d'eau distillée donnent 600 grammes de lessive à 1,12, contenant à très-peu près 80 grammes de soude fondue.

compléter le volume exact d'un litre. Vous obtiendrez une belle liqueur bleue qui se conservera pendant longtemps sans donner un dépôt rouge d'oxyde cuivreux réduit, pourvu que vous la conserviez dans un endroit frais et obscur. N'employez à cette préparation que des sels purs pour éviter des réactions qui modifieraient tôt ou tard le titre de la liqueur.

Le titrage de la liqueur de Fehling est fondé sur ce fait qu'un équivalent de glycose décolore ou réduit 10 équivalents de sulfate de cuivre cristallisé. Chaque centimètre cube de la liqueur bleue de Fehling est totalement réduit par cinq milligrammes de glycose, par conséquent un litre de cette liqueur est complétement décoloré par 5 grammes de glycose.

354. Recherche du sucre dans une urine au moyen de la liqueur de Fehling. Mode opératoire. — N'opérez jamais que sur une urine *parfaitement limpide*, rendue telle par le repos et la décantation ou par la filtration. Versez dans un tube de verre 5 grammes environ de la liqueur bleue de Fehling, chauffez ce tube sur la lampe à alcool et maintenez-y le liquide en ébullition pendant une minute : ce liquide devra rester transparent et ne donner aucun précipité si la liqueur est bonne. Cela bien constaté, faites tomber le long des parois du tube incliné une ou deux gouttes du liquide sucré, vous verrez bientôt à la surface du liquide bleu presque

-bouillant un anneau vert qui passe rapidement au
-jaune, puis au rouge, et qui contraste vigoureuse-
ment par sa couleur orangée et son opacité avec la
couleur bleue et la transparence du liquide sous-
jacent. Si le liquide est très-peu sucré, ajoutez-en
quelques gouttes de plus, puis chauffez pendant quelques secondes la partie supérieure du liquide sur la
lampe à alcool ; il ne sera d'ailleurs jamais nécessaire d'en verser un volume égal à celui de la liqueur bleue.

355. Ce mode opératoire est bien préférable à celui qui consiste à chauffer un mélange à partie égale
d'urine et de liquide bleu; en laissant, comme il a été
dit précédemment, le liquide sucré glisser goutte à
goutte jusqu'à la surface du liquide bleu, le mélange
des deux liqueurs ne s'opère que sur une mince couche, à cause de la grande densité du liquide bleu,
c'est donc seulement à la surface de contact des
deux liquides que la réduction se produit d'abord.
Le premier effet de cette réaction est une coloration
verte, due au mélange de la liqueur bleue avec le
précipité jaune orangé d'oxyde cuivreux hydraté : ce
n'est qu'au bout de quelques secondes que la couleur
rouge orangée, s'étendant davantage par suite d'une
réaction plus complète, contraste davantage par la
vigueur de sa teinte avec la couleur bleue transparente du liquide sous-jacent. Au-dessus d'elle est la
couche presque incolore de l'urine non modifiée.

Il est bien rare qu'en opérant de cette façon, on

commette une erreur ; il n'y a, en effet, que la glycose qui réduise assez facilement la liqueur de Fehling pour que deux ou trois gouttes de liquide sucré (même faiblement, 2 à 3 grammes par litre) suffisent à effectuer la réduction nette dans l'espace de quelques secondes.

356. La réduction de la liqueur bleue se produit aussi bien à froid qu'à la température de l'ébullition ; la réaction est beaucoup plus lente, elle exige plusieurs heures, souvent même un jour entier, suivant la température.

357. *Quand une urine non albumineuse est sans action sur la liqueur de Fehling, on est en droit de conclure que cette urine ne contient pas de glycose.*

358. **Causes d'erreur**. — Ce réactif, si sensible pour déceler et pour doser la glycose, n'est pourtant pas sans inconvénients. En effet, diverses substances partagent avec le sucre de diabète, le sucre de lait et quelques autres sucres la faculté de réduire plus ou moins aisément la liqueur de Fehling, ou l'oxyde de cuivre de la réaction Trommer (350). Une solution aqueuse d'acide urique ou d'urate jouit de ce pouvoir à un haut degré, même à froid, aussi diminue-t-on déjà considérablement les chances de réduction par cet élément en opérant sur de l'urine refroidie et filtrée. On élimine complétement l'acide urique et ses sels en se servant d'urine décolorée par 1/10 de son

volume d'acétate de plomb basique, conformément à ce qui est dit (360) pour dépouiller l'urine sucrée des matières albuminoïdes qui gênent la recherche du sucre.

L'allantoïne réduit aussi la liqueur de Fehling bouillante, mais à froid l'effet est à peu près nul au bout de 24 heures.

L'indicane réduit aussi la liqueur de Fehling.

L'urine d'un polyurique qui prenait une dose élevée d'extrait de valériane réduisait très-nettement, elle ne déviait pas la lumière polarisée, ne contenait pas d'indicane, mais une matière très-altérable, assez mal déterminée, qui réduit facilement la liqueur bleue, et semble provenir de l'extrait de valériane.

L'urée est sans action sur la liqueur bleue bouillante ou froide.

359. La réduction de l'oxyde de cuivre dans la liqueur de Fehling ou par le réactif de Trommer peut être gênée :

1° *Par les sels ammoniacaux.* — Si l'on verse une solution de chlorhydrate d'ammoniaque dans un sel alcalin à grand excès d'alcali, de potasse caustique par exemple, il se fait du chlorure de potassium avec la potasse en excès, et une quantité équivalente d'ammoniaque libre se dégage. Or, dans la liqueur de Fehling, la réduction de l'oxyde cuivrique dissous en oxyde cuivreux rouge n'a lieu qu'à la faveur de l'*alcali fixe libre;* si donc on verse un liquide ammoniacal, une urine, par exemple, dans la liqueur de Fehling, c'est comme si l'on neutralisait la soude caustique libre qu'elle contient avec l'acide du sel ammoniacal.

L'urine contenait-elle du carbonate d'ammoniaque, du chlorhydrate d'ammoniaque, il se dépose du carbonate de soude, du chlorure de sodium, qui troublent la liqueur à moins qu'on ne l'étende d'eau.

Il est aisé de parer à cet inconvénient : toutes les fois que vous verserez un liquide ammoniacal supposé sucré dans la liqueur de Fehling, vous ajouterez à celle-ci un plus grand excès de soude caustique et vous ferez bouillir le liquide pendant un temps assez long pour dégager toute l'ammoniaque. Si la liqueur bleue reste transparente après cette addition d'alcali et l'ébullition, c'est qu'elle ne contient pas de sucre : une trace de glycose aurait réduit l'oxyde cuivrique en oxyde rouge.

Les matières qui dégagent facilement de l'ammoniaque au contact des alcalis bouillants se comportent comme les sels ammoniacaux, il faut prendre les mêmes précautions pour éviter toute erreur.

360. 2° *Par les matières albuminoïdes.* — Si l'on verse dans la liqueur de Fehling bouillante un liquide à la fois sucré et albumineux, surtout si la proportion de sucre est très-faible, le liquide bleu devient violacé absolument comme s'il s'agissait d'une liqueur simplement albumineuse, sans qu'il se précipite d'oxyde rouge. Il faut donc éliminer la matière albuminoïde.

S'agit-il d'albumine, on fait bouillir l'urine après addition de quelques gouttelettes d'acide acétique faible pour la rendre acide, et au besoin on y ajoute du sulfate de soude ; l'albumine coagulée est reçue sur un filtre et on recherche la glycose dans le liquide après l'avoir neutralisé par la potasse.

Si la matière albuminoïde n'est pas coagulable, on ajoute à l'urine 1/10 de son volume de sous-acétate de plomb, il se fait un précipité abondant que l'on jette sur un filtre. Le liquide filtré retient un excès de plomb, on l'enlève par un courant d'hydrogène sulfuré qui précipite le plomb à l'état de sulfure ; on filtre encore la liqueur, on la concentre pour chasser l'excès d'hydrogène sulfuré et on l'essaye comme à l'ordinaire. — La précipitation par le sous-acétate de plomb prive en même temps le liquide de l'acide urique, des phosphates, des chlorures et des matières colorantes qu'il renferme. — On peut se dispenser d'enlever le plomb par l'hydrogène sulfuré, en employant du sulfate de soude ou du carbonate de potasse en quantité suffisante pour précipiter ce métal à l'état de sulfate ou de carbonate insoluble.

La précipitation par l'acétate basique de plomb est applicable au cas d'une liqueur contenant de l'albumine coagulable. Mais si le liquide contenait de l'ammoniaque, le précipité plombique entraînerait une notable quantité de sucre.

Aussi vaudrait-il mieux recourir à la coagulation

par la chaleur après sursaturation et addition de sulfate de soude.

Quand l'albumine est en petite quantité par rapport au sucre, la réduction de l'oxyde de cuivre s'effectue comme à l'ordinaire.

361. 5° Par la réduction de l'oxyde de bismuth à l'état métallique. — L'action réductrice de la glycose se manifeste aussi à un haut degré vis-à-vis de l'oxyde de bismuth en présence d'un alcali. Voici comment il faut se servir de cette propriété pour reconnaître la glycose :

A 5 grammes d'urine sucrée ou supposée telle, ajoutez à peu près 5 centigrammes de sous-azotate de bismuth, puis 5 à 10 gouttes d'une solution concentrée de soude ou de potasse caustique; faites bouillir ce mélange dans un tube de verre pendant plusieurs minutes. S'il y a du sucre, l'oxyde de bismuth précipité par l'alcali se réduira peu à peu à l'état de *bismuth métallique, noir, pulvérulent* (Böttger). Cette réduction n'aura pas lieu si le sucre fait défaut.

Si la liqueur est très-sucrée, l'alcali en excès fera passer le sucre non détruit au jaune, au brun, et quand la liqueur sera refroidie et reposée, un liquide jaunâtre surnagera le dépôt de bismuth d'un noir absolu, quelquefois miroitant sur les parois du tube.

Employez d'autant moins de sel de bismuth dans cette recherche qu'il y a moins de sucre. Constatez une fois pour toutes que l'alcali dont vous faites usage ne contient pas de sulfures qui produiraient immédiatement à froid une coloration brune ou noire (sulfure de bismuth), suivant la quantité. Enfin, n'opérez jamais qu'avec une urine dépouillée d'albumine (360), parce que les matières albuminoïdes, cédant leur soufre à l'alcali caustique, produiraient bientôt la coloration noire, même en l'absence du sucre (39).

La réaction se produit également, mais beaucoup plus lentement, quand on remplace l'alcali caustique par une solution de carbonate de soude cristallisé saturée à froid.

362. Du chloroforme dans l'urine. — On prétend avoir constaté la présence du sucre dans l'urine des individus soumis aux inhalations chloroformiques, ce qui ne m'est jamais arrivé. Si des traces de chloroforme passaient dans l'urine, elles produiraient la réduction du sel de cuivre. Il faudrait que la réaction fût faite à froid. Mais comme l'acide urique, ses sels et diverses autres matières produisent la réduction de la liqueur de Fehling dans les mêmes conditions, cette expérience ne serait pas décisive. Si l'on avait fait bouillir l'urine avant de la mettre au contact de la liqueur, comme on aurait volatilisé le chloroforme, il est bien évident que l'essai fait avec la liqueur bleue sur l'urine bouillie et complétement refroidie devrait donner un résultat négatif. La distillation de l'urine chargée de chloroforme donne un produit qui réduit facilement à froid la liqueur bleue. L'extraction directe du sucre (344, 347), et l'essai au polarimètre lèveront d'ailleurs tous les doutes.

363. DOSAGE DE LA GLYCOSE DANS L'URINE. — On apprécie la richesse en sucre de l'urine par divers procédés ; les plus usités sont :

1° La fermentation (364) ; 2° la liqueur de Fehling (366) ; 3° le polarimètre ou saccharimètre (375).

La fermentation du sucre ne donne que des résultats imparfaits généralement, tandis que le titrage à l'aide de la liqueur de Fehling et du saccharimètre permettent une très-grande précision.

364. *Dosage par la fermentation.* — La glycose fermente au contact de la levûre de bière, et donne de l'acide carbonique et de l'alcool (337).

Si vous remplissez de mercure une éprouvette de verre, et que vous y fassiez passer successivement une liqueur sucrée, puis de la levûre de bière pressée et lavée, vous verrez bientôt un gaz occuper la partie supérieure, et si vous avez eu le soin d'opérer à une température de 30° environ, au bout de deux jours la décomposition du sucre sera complète, il ne se dégagera plus de gaz. Vous pourrez alors mesurer son volume, en tenant compte du gaz dissous dans le liquide.

Ce mode de dosage est difficile à pratiquer, il exige une cuve à mercure, des corrections nombreuses de température et de pression ; rarement d'ailleurs la fermentation est absolument complète, et, malgré tous les soins possibles, les résultats ne sont pas exacts.

Au lieu de doser l'acide carbonique en volume, on peut le recueillir dans l'eau de baryte, ou dans un mélange convenablement préparé de chlorure de baryum et d'ammoniaque, et apprécier son poids par le poids du carbonate de baryte.

Chaque équivalent de glycose donne 2 équiv. d'alcool et 4 équiv. d'acide carbonique, d'où 100 parties en poids d'acide carbonique correspondent à 204,54 parties de glycose.

Quand la fermentation est terminée, le liquide s'éclaircit, et si vous le soumettez à la distillation, vous retirerez un liquide alcoolique, inflammable s'il est assez concentré, moins dense que l'eau, et verdissant un mélange d'acide sulfurique et de bichromate de potasse.

La levûre de bière, même bien lavée, et en l'absence d'une solution sucrée, peut donner un dégagement d'acide carbonique. Pour en tenir compte, on met dans un appareil semblable à celui dont on s'est servi précédemment le même poids de levûre de bière, et un volume d'eau égal à celui du volume de liqueur sucrée mise en fermentation ; s'il se dégage de l'acide carbonique, on le dose, et on déduit son poids du poids de l'acide carbonique obtenu avec la liqueur sucrée.

Cette méthode de dosage est fort inférieure aux deux suivantes, aussi ne sera-t-elle pas l'objet de plus longs développements. Les deux méthodes qui suivent ont sur elle l'avantage immense de n'exiger que quelques minutes, elles donnent des résultats d'une grande exactitude, aussi sont-elles exclusivement mises en pratique.

365. Dosage du sucre par la liqueur de Fehling. — Ce procédé est facile à pratiquer, il n'exige aucun appareil dispendieux, il est exact, c'est donc exclusivement à lui qu'il faudra recourir en l'absence d'un saccharimètre.

20 cent. c. de la liqueur de Fehling titrée comme il est dit au § 353, sont complétement décolorés à la température de l'ébullition par 1 décigramme de glycose. Pour connaître la richesse en sucre d'une liqueur, de l'urine diabétique, par exemple, il faut déterminer quel est le volume de cette urine qui décolore 20 cent. c. de liqueur de Fehling, ou ce qui revient au même quel est le volume d'urine qui contient 1 décigramme de glycose.

Avant de procéder à ce dosage, il faut vous assurer que la liqueur de Fehling (353) est exactement titrée. Pour cela, maintenez de la glycose pure à une température de 100°, pesez-en 1 gramme que vous dissoudrez dans 200 cent. c. d'eau distillée; 20 grammes de cette liqueur contiennent 1 décigramme de glycose, et doivent par conséquent décolorer exactement 20 cent. c. de liqueur bleue. Cela fait, remplissez jusqu'au zéro une burette graduée en dixièmes de centimètres cubes avec cette solution sucrée. D'autre part, versez au moyen d'une pipette 20 cent. c. de liqueur de Fehling dans un matras de verre (*fig.* 8) pouvant contenir 150 grammes au moins, étendez cette liqueur avec de l'eau distillée au volume de 100 cent. c. environ. Chauffez le matras à l'aide d'une lampe à alcool, jusqu'à ce que le liquide entre en ébullition, puis versez *goutte à goutte* la liqueur sucrée de la burette (*fig.* 7) dans le liquide bleu; il se fait un trouble, l'oxyde réduit rend la liqueur violacée, tandis qu'à mesure que le liquide sucré arrive dans la liqueur bleue, celle-ci se décolore de plus en plus. Pour faciliter la précipitation de l'oxyde de cuivre, et rendre sa déshydratation plus rapide, ajoutez à la liqueur bleue quelques grammes d'une sosolution concentrée de soude caustique, qui augmente la densité de la liqueur. Sur la fin de l'opération, ne versez plus que par goutte, en laissant reposer la liqueur pendant quelques secondes après chaque addition pour voir si la décoloration est complète. La liqueur a-t-elle conservé une teinte bleue, chauffez-la de nouveau, et recommencez à verser de la liqueur sucrée. Pour mieux saisir l'instant précis de la décoloration, placez au-dessus du matras une feuille de papier blanc qui rendra les dernières traces de liqueur bleue plus sensibles à l'œil, ou bien examinez la lumière directe d'une fenêtre transmise à travers la masse liquide. Avec un peu d'habitude, vous décolorerez exactement la liqueur ; mais si vous avez dépassé la quantité de solution sucrée nécessaire à la décoloration exacte, la liqueur qui surnage l'oxyde réduit a pris une teine jaune due à l'action de l'alcali sur le sucre en excès. Dans ce cas, il faudra recommencer l'essai.

Si l'essai est exact, autrement dit, si vous avez versé dans la liqueur bleue le volume de solution sucrée rigoureusement nécessaire à la précipitation de tout l'oxyde de cuivre, la liqueur décolorée, *filtrée bouillante*, satisfera aux conditions suivantes : 1° elle ne donnera pas de précipité rouge d'oxyde cuivreux, si on la chauffe avec quelques gouttes de liqueur sucrée ; 2° elle ne donnera pas de précipité rouge d'oxyde cuivreux, si on la chauffe avec quelques gouttes de liqueur de Fehling. Dans le premier cas, vous aurez la preuve qu'il ne reste pas d'oxyde de cuivre réductible en solution, et, dans le second, vous prouverez qu'il n'a pas été versé un excès de la solution sucrée.

Si la liqueur de Fehling et la liqueur sucrée ont été bien préparées, 20 cent. c. de liqueur sucrée ou 200 divisions de la burette auront décoloré les 20 cent. c. de liqueur bleue. Mais s'il a fallu 224 divisions de la burette de liqueur sucrée pour décolorer ces 20 cent. c. de liqueur bleue, c'est que cette quantité de liqueur bleue correspond à $0^{gr},112$. Vous chercherez donc, dans vos expériences futures sur l'urine, quel est le volume d'urine sucrée capable de décolorer ces 20 cent. c. de liqueur de Fehling, sachant que ce volume correspond à $0^{gr},112$ de glycose. Vous pourriez aussi ramener la liqueur de Fehling à son titre normal en l'étendant d'eau distillée de manière à en amener 100 volumes à 112 volumes. —Si la liqueur était un peu trop faible, il serait facile de la concentrer suffisamment par l'évaporation, mais c'est une opération inutile, puisqu'il suffit d'en déterminer le titre.

366. Le titre de la liqueur de Fehling étant exactement connu, il s'agit maintenant de doser le sucre contenu dans un volume d'urine déterminé. L'urine rendue limpide par la filtration, mesurez-en 10 cent. cubes dans une éprouvette graduée, et portez son volume à 100 ou à 200 cent. c. avec de l'eau distillée, suivant la quantité de sucre qu'elle contient. Autant que vous pourrez, opérez sur une longue colonne de liquide, afin d'arriver à un titrage plus parfait ; dans ce but, faites que la liqueur ne contienne pas plus de de 1 pour 100 de sucre. Si une urine contenait 105 grammes de sucre par litre, soit $10^{gr},5$ pour 100, en ajoutant à ce liquide 19 fois son volume d'eau, vous auriez un liquide à 1/20 qui contiendrait 1/2 p. 100 environ de glycose, ce qui rendrait l'appréciation très-exacte. — Si l'urine contient moins de 1 pour 100 de sucre, il est inutile de l'étendre d'eau.

L'urine convenablement étendue d'eau, remplissez-en la burette divisée en dixièmes de centimètre cube. D'autre part, faites tomber dans le matras de verre 20 cent. c. de liqueur de Fehling, ajoutez-y quelques centimètres cubes de solution concentrée de soude caustique, puis 80 à 100 grammes d'eau distillée, chauffez le matras sur la lampe à alcool jusqu'à l'ébullition, et versez, par centimètre cube d'abord, puis goutte à goutte, le contenu de la burette d'urine. Opérez en un mot comme il a été dit pour le titrage de la liqueur de Fehling avec une solution sucrée d'un titre bien déterminé. Redoublez d'attention sur la fin de l'opération, et maintenez toujours l'ébullition pendant quelques secondes avant d'ajouter de nouvelles gouttes d'urine, pour ne pas verser un excès de liquide sucré. N'interrompez jamais cette opération au delà des quelques secondes nécessaires à la précipitation de l'oxyde cuivreux, sans quoi, le liquide absorbant rapidement l'oxygène de l'air, l'oxyde cuivreux (Cu^2O) repasse à l'état d'oxyde cuivrique (CuO) qui se redissout et colore la liqueur en bleu.

367. *Exemple.* — Supposons que le volume d'urine diluée nécessaire à la décoloration de 20 centim. cub. de liqueur bleue soit de 94 divisions de la burette, soit $9^{cc},4$, c'est qu'il y a dans ces 94 divisions un décigramme de sucre, par conséquent, il y aura dans un litre

$$\frac{0^{gr},1 \times 1000}{9,4} = 10^{gr},638.$$

Mais, si le liquide sur lequel on a opéré a été étendu d'eau de manière à ne contenir que 1/10 de son volume d'urine, c'est dix fois cette quantité, c'est-à-dire $106^{gr},38$ de sucre par litre.

368. *Autre exemple.*— Les 20 cent. c. de liqueur de Fehling correspondent à 0^{gr},092 de glycose, et il a fallu 72 divisions de la burette pour décolorer ces 20 cent. c. de liqueur bleue ; la liqueur essayée contient donc

$$\frac{0^{gr}.092 \times 1\,000}{7,2} = 12^{gr},77,$$

et si la liqueur de la burette a été étendue d'eau de manière que son volume ait été porté de 1 à 5, il faudra multiplier 12^{gr},77 par 5 pour avoir le titre réel de l'urine, soit 63^{gr},85 par litre.

369. Quelle que soit la quantité de sucre à laquelle correspondent les 20 cent. c. de liqueur bleue, il faut donc multiplier ce chiffre par le rapport de 1000 (nombre de centimètres cubes d'un litre) au nombre de centimètres cubes de liqueur de la burette, puis multiplier le produit par le chiffre qui exprime le rapport du volume du liquide essayé à son volume primitif.

370. Dans la plupart des cas, on fait l'essai sur 10 cent. c. de liqueur de Fehling, c'est-à-dire sur un volume de liqueur bleue correspondant à 5 centigrammes de glycose. Les résultats sont les mêmes, et l'opération plus rapide puisqu'on chauffe un moindre volume de liquide.

371. **Causes d'erreur.** — S'il fallait appliquer la liqueur de Fehling au dosage des traces de sucre de l'urine normale ou de l'urine de diabétique, il faudrait prendre le précipité (347) produit par le sous-acétate de plomb et l'ammoniaque, le décomposer par l'hydrogène sulfuré après l'avoir délayé dans l'alcool, et chasser l'hydrogène sulfuré par la chaleur. Ce précipité plombique contient en même temps l'indicane, s'il s'en trouvait dans l'urine, et il ne faut pas oublier que l'indicane réduit la liqueur bleue comme l'acide urique et la glycose. Si la liqueur provenant de la décomposition du précipité plombique, essayée au saccharimètre, ne donnait lieu à aucune déviation, c'est qu'en effet ses propriétés réductrices vis-à-vis de l'oxyde de cuivre seraient effectivement dues à de l'indicane. On aurait donc à s'assurer de la présence de cet élément d'après les données du § 252.

Il faut débarrasser l'urine des matières qui agiraient comme du sucre (acide urique) (358), ou qui empêcheraient la réduction (359, 360), comme l'albumine, les sels ammoniacaux.

Si l'on a étendu l'urine de 1/10 de son volume de sous-acétate de plomb, il faudra ajouter au chiffre trouvé 1/10 en plus.

372. Recherche du sucre dans un liquide très-albumineux. — L'albumine gêne la recherche du sucre au moyen de la liqueur de Fehling et du saccharimètre, à plus forte raison quand le liquide est presque exclusivement chargé d'albumine, les procédés ordinaires ne sont plus applicables. Supposons qu'il s'agisse de rechercher du sucre dans le sang ; dans ce but, ajoutez à ce liquide quatre fois son volume d'alcool concentré et froid, exprimez la masse dans un linge, filtrez le liquide et évaporez-le en consistance demi-sirupeuse. Reprenez cet extrait par l'alcool, filtrez, concentrez de nouveau et recherchez le sucre dans ce dernier liquide. Ce mode de recherche s'applique aussi à l'inosite.

L'emploi du sous-azotate de bismuth (361) doit être proscrit dans la recherche du sucre dans les solutions albumineuses, parce qu'il se forme du sulfure de potassium avec le soufre de ces matières et conséquemment du sulfure de bismuth qui est noir et induirait en erreur.

373. Dosage de l'albumine et du sucre sur une même urine. — Une urine peut être à la fois albumineuse et sucrée. Dans ce cas, on dose l'albumine comme si l'urine n'était pas sucrée, en opérant sur 50 cent. c. ; on ajoute à ce volume d'urine 5 cent. c. de la solution phénique, puis 45 cent. c. d'une solution de sulfate de soude pur saturée à froid et l'on filtre. L'albumine recueillie sur le filtre est traitée comme à l'ordinaire (66). Quant au liquide filtré, on en prend 50 cent. c., que l'on porte au volume de 55 cent. c. par l'addition de 5 cent. c. de sous-acétate de plomb, on filtre et l'on essaie le liquide au saccharimètre. La richesse en sucre doit être multipliée par 2, 2, parce que le vclume primitif a été multiplié aussi par 2, 2 dans le cours de l'opération.

Il ne faut pas oublier que, dans une urine albumineuse et sucrée, l'albumine agit sur la lumière polarisée en sens contraire du sucre, aussi ce mode d'essai doit-il être exclusivement appliqué à un liquide sucré non albumineux. Pour rechercher le sucre dans une urine albumineuse au moyen de la liqueur de Fehling, consultez les §§ 360 et 372.

374. Du sucre de canne dans l'urine. — Si, dans le but de tromper le médecin qui l'observe, un malade se présentait comme diabétique, et eût additionné son urine d'une certaine quantité de miel ou de glycose, il n'y aurait aucun moyen de reconnaître la fraude. Mais il arrivera presque toujours que le malade ignorant aura sucré son urine avec du sucre de canne. Ce dernier sucre parfaitement pur est sans action sur la liqueur de Fehling, mais sa solution dans l'urine s'altère et finit par agir sensiblement comme agent réducteur. Ce caractère ne serait donc pas absolu. Il vaut mieux essayer l'urine au saccharimètre, constater la déviation à droite, puis, cela fait, ajouter à cette urine 1/10 de son volume d'acide chlorhydrique pur, chauffer graduellement le mélange à 68°, et l'essayer de nouveau dans un tube de verre de 22 centimètres de longueur. Si l'on a affaire à du sucre de canne, au lieu d'une déviation à droite, c'est une déviation à gauche que l'on observera, parce que le sucre de canne est seul *interverti* par les acides.

La fermentation par la levûre de bière est bien plus lente à produire avec le sucre de canne qu'avec la glycose.

Le prétendu malade mis en demeure d'uriner devant témoin émettra une urine non sucrée, c'est ce qu'il faut toujours faire en cas de suspicion de fraude.

375. Dosage de la glycose dans les urines diabétiques, au moyen du saccharimètre Soleil. — L'urine est rarement assez peu colorée pour qu'une simple filtration la rende apte à être examinée au saccharimètre (*fig.* 4). Le plus généralement, il faut la décolorer pour pratiquer cet essai ; voici comment : prenez un petit matras de verre qui porte sur son col deux traits gravés, l'un indiquant une capacité de 50 cent. c., l'autre celle de 55 cent. c., c'est-à-dire deux volumes dont l'un est plus grand que l'autre de 1/10. Versez de l'urine jusqu'au trait 50 cent. c. ; puis remplissez avec du sous-acétate de plomb jusqu'au trait 55 cent. c.; agitez bien et jetez le tout sur un filtre de papier. Si la liqueur ne passe pas parfaitement limpide, reversez sur le filtre les premières portions écoulées ; le liquide ainsi obtenu est ordinairement assez décoloré pour être essayé directement. Pour cela, remplissez un tube de 20 centimètres avec ce liquide, fermez-le avec la glace et l'écrou à vis, placez-le en D (*fig.* 4) entre les deux parties du saccharimètre, et observez le changement produit dans la coloration des deux moitiés du disque. S'il ne se produit aucun changement de coloration, c'est que le liquide essayé ne contient pas de sucre; s'il y a un changement de coloration, tournez le bouton F jusqu'au rétablissement de l'égalité de teintes. A l'aide du prisme producteur de teintes sensibles vous saisirez exactement le point où cette égalité de teintes est rigoureuse. Notez le nombre de degrés, et au moyen d'une loupe et d'un vernier les fractions de degrés, multipliez ce nombre par 2,256 pour avoir le poids du sucre, puisque chaque degré du saccharimètre correspond à $2^{gr},256$ de glycose séchée à 100°. Ajoutez au produit un dixième de sa valeur pour compenser la dilution de 1/10 qui résulte de l'addition du sous-acétate de plomb (13, 14).

Si vous disposez d'un tube de 22 centimètres de longueur, employez ce tube pour faire l'observation, il n'y aura aucune correction à faire au produit, à cause de la plus grande longueur du tube.

376. Dans quelques cas, l'addition de 1/10 de sous-acétate de plomb ne suffit pas pour produire une décoloration suffisante de l'urine. Complétez alors l'action du sel basique de plomb par celle du noir animal lavé. Le liquide filtré après addition d'acétate de plomb est mis à digérer à une douce chaleur dans un tube fermé avec du noir en grains (35) ; agitez le mélange de temps en temps; au bout de quelques heures la décoloration sera satisfaisante, le liquide

de nouveau filtré et sensiblement incolore pourra être soumis à l'observation saccharimétrique.

377. Le sous-acétate de plomb est d'un emploi nécessaire quand la liqueur est albumineuse, parce que l'albumine agit sur la lumière polarisée en sens contraire de la glycose. On pourrait, il est vrai, se débarrasser de l'albumine par la chaleur et l'acide acétique, et décolorer ensuite par le noir animal, mais ce mode de procéder est beaucoup plus long et moins efficace.

INOSITE $C^{12}H^{12}O^{12} + 4HO$.

378. On a trouvé ce sucre dans le suc des muscles, des reins, de la rate, du poumon, du foie, du cerveau, dans le contenu des poches d'échinocoques du foie, et surtout dans quelques urines de diabétiques et d'albuminuriques.

L'inosite a une saveur sucrée, elle cristallise confusément, mais, dissoute dans l'alcool étendu et bouillant, elle donne des cristaux bien définis par le refroidissement ; ces cristaux appartiennent au système du prisme oblique à base rhomboïdale. L'inosite se dissout bien dans l'eau, elle est insoluble dans l'alcool absolu et dans l'éther ; elle perd son eau de cristallisation à 100°, fond au-dessus de 210° et, si la fusion n'a pas été de longue durée, elle se solidifie en une masse aiguillée. Elle ne subit pas la fermentation alcoolique, mais bien la fermentation lactique et butyrique.

379. Caractères particuliers. — *a.* Si l'on chauffe sur une lamelle de platine une solution d'inosite avec quelques gouttes d'acide azotique jusqu'à siccité parfaite, puis que l'on humecte le résidu avec une solution de chlorure de calcium et un peu d'ammoniaque, en desséchant de nouveau, le résidu se colore en rose vif. Cette réaction est très-sensible si l'inosite est à peu près pure.

b. Toute solution concentrée d'inosite que l'on additionne d'une goutte d'azotate de bioxyde de mercure aussi neutre que possible donne un précipité jaune. Si le précipité jaune est étalé sur les parois de la capsule de porcelaine, et qu'on élève graduellement la température, il rougit peu à peu ; cette coloration rouge disparaît pendant le refroidissement pour reparaître dès que l'on recommence à chauffer. Il faut éviter un excès de réactif, et n'opérer jamais que sur un liquide débarrassé d'albumine pour ne pas compliquer la réaction par la couleur rouge que prend l'albumine dans ces circonstances.

c. L'inosite n'est pas précipitée de ses solutions par l'acétate neutre de plomb, tandis que le sous-acétate, à l'aide de la chaleur surtout, l'entraîne en combinaison sous la forme d'un empois épais.

d. L'inosite ne réduit pas la liqueur de Fehling.

380. *Extraction.* — Pour isoler l'inosite de ses dissolutions, versez dans la liqueur de l'acétate neutre

de plomb qui la débarrassera de l'albumine, des phosphates, etc., filtrez la liqueur, concentrez-la sous un petit volume et versez-y du sous-acétate de plomb tant qu'il se produira un précipité. Au bout de 12 heures, lavez ce précipité, délayez-le dans l'eau distillée, faites-le traverser par un courant d'hydrogène sulfuré, filtrez, concentrez la liqueur qui contient l'inosite en consistance sirupeuse et précipitez-la en l'additionnant de 3 à 4 fois son volume d'alcool concentré bouillant. Si le précipité produit par l'alcool est glutineux et adhère au vase, contentez-vous de décanter l'alcool, mais si ce précipité est simplement floconneux, filtrez-le bouillant dans un entonnoir chauffé, et laissez refroidir le liquide. Au bout d'un jour, il se déposera des cristaux d'inosite, que vous laverez à l'alcool froid. Pour les purifier, dissolvez ces cristaux dans 3 à 4 fois leur poids d'eau bouillante, filtrez, ajoutez de l'alcool concentré pour obtenir de l'inosite cristallisée pendant le refroidissement. Si la liqueur alcoolique ne déposait pas d'inosite cristallisée, additionnez-la d'éther jusqu'à ce qu'elle se trouble, et laissez le mélange cristalliser pendant un ou deux jours. Ce procédé est applicable à l'urine, aux sucs des muscles et des glandes où l'inosite a été reconnue (372).

CHAPITRE XIX

381. Il n'existe aucun solide, aucun liquide de notre organisme qui ne contienne une proportion plus ou moins considérable de sels minéraux. Les os renferment environ les 2/3 de leur poids de matières minérales, composées de phosphate de chaux mélangé à une bien moindre proportion de phosphate de magnésie, de carbonate de chaux et à des traces de fluor. Le chlorure de sodium prédomine dans presque tous les liquides naturels ou accidentels de l'organisme (sang, urine, kystes séreux).

La potasse, la soude, la chaux et la magnésie sont les principales bases : on trouve également une petite quantité d'oxyde de fer. Ces bases sont combinées aux acides minéraux phosphorique, sulfurique, chlorhydrique, aux acides organiques carbonique, oxalique, hippurique, urique, etc. On ne rencontre jamais que des traces d'acide silicique, dans les cheveux et l'urine, on en trouve davantage dans les excréments.

382. Ces diverses substances minérales proviennent de nos aliments, mais quelques-unes d'entre elles ont subi des transformations dues à la digestion : c'est ainsi que le soufre des matières albuminoïdes

est éliminé en grande partie à l'état de sulfates, que les divers acides organiques sont ramenés à l'état d'acide carbonique, d'acide oxalique, d'acide hippurique, etc...

Les sels du sang, de l'urine, des liquides séreux accidentels ou naturels ont entre eux la plus grande ressemblance ; ils ne diffèrent guère que par de faibles variations dans la proportion de leurs éléments.

383. Au nombre des éléments minéraux que l'on peut rencontrer dans nos tissus, il faut compter un certain nombre de médicaments que l'on recherche plus particulièrement dans l'urine (arsenic, antimoine, iodure de potassium...).

384. Marche à suivre pour arriver à la détermination des acides et des bases qui se présentent le plus souvent. — Que les bases ou les acides que l'on recherche soient libres ou combinés, la marche à suivre est la même. Si le mélange n'a pas été calciné, et qu'il noircisse quand on le chauffe au rouge, il contient des matières organiques. Tous les acides organiques, moins l'acide oxalique, produisent ce phénomène.

385. ACIDES MINÉRAUX. — *a*. Une prise d'essai est recouverte avec de l'eau distillée, puis additionnée d'acide chlorhydrique étendu, il y a effervescence :

1° Le gaz est inodore, il précipite l'eau de chaux employée en excès, ce gaz c'est l'*acide carbonique* ; on avait donc opéré sur un carbonate ;

2° Le gaz exhale l'odeur d'œufs pourris ; recueilli dans un tube contenant une solution d'acétate de plomb, il donne un précipité noir. Ce gaz est l'*acide sulfhydrique* ; on avait opéré sur un sulfure, provenant, le plus souvent, dans les analyses médicales, de la réduction des sulfates par le charbon des matières organiques à une haute température.

b. La solution chlorhydrique obtenue en *a* est additionnée de chlorure de baryum, puis d'ammoniaque pure.

Il se fait un précipité. Ce précipité se dissout en entier ou en partie dans l'acide acétique, et cette solution acétique, rendue limpide par filtration , additionnée d'une solution de sulfate de magnésie dans l'ammoniaque (401 *e*), donne un précipité cristallin de phosphate ammoniaco-magnésien qui décèle la présence de l'*acide phosphorique*.

La partie non soluble dans l'acide acétique peut contenir de l'*acide oxalique*, si le mélange sur lequel on opère n'a pas été chauffé au rouge, et dans ce cas l'acide chlorhydrique dissoudrait l'oxalate, que l'on pourrait précipiter de nouveau en saturant la liqueur chlorhydrique par de l'ammoniaque. Ce précipité donnerait un mélange d'acide carbonique et d'oxyde de carbone si on le chauffait avec de l'acide sulfurique concentré (418 et suiv.).

Si ce précipité non soluble dans l'acide acétique n'était pas totalement redissous par l'acide chlorhydrique, c'est qu'il contiendrait du sulfate de baryte qui indiquerait la présence de l'*acide sulfurique* dans le mélange primitif, soit libre, soit combiné.

c. La cendre brute traitée par l'eau donne une liqueur qui précipite en blanc par l'azotate d'argent, et le précipité ne se redissout pas dans l'acide azotique pur. Ce précipité indique la présence d'*un chlorure*, par conséquent celle du *chlore ou de l'acide chlorhydrique.* Mais un iodure ou un bromure donnerait aussi un précipité à peu près insoluble dans l'acide azotique étendu.

Si le précipité est blanc, brunit à la lumière, et se dissout rapidement dans l'ammoniaque, c'est qu'il est dû au *chlore* ou à l'*acide chlorhydrique.*

Le précipité de *bromure* d'argent est blanc, peu soluble dans l'ammoniaque, insoluble dans l'acide azotique à froid; le chlore en isole le brome, et si l'on agite la liqueur avec de l'éther, ce dissolvant enlève le brome mis en liberté et

vient former une couche safranée à la surface du liquide.
Il faut éviter un excès de chlore, et opérer sur un liquide
acide. On peut remplacer l'éther par du chloroforme ou
par du sulfure de carbone. Les solutions de brome dans ces
liquides sont décolorées par la potasse caustique qui fait
passer le brome à l'état de bromure et de bromate.

Le précipité d'*iodure* d'argent est jaune, et encore moins
soluble dans l'ammoniaque que le bromure. Si le précipité
est mis au contact de l'acide azotique nitreux, de l'iode est
mis en liberté. Il vaut mieux délayer le précipité dans de
l'eau contenant de l'empois d'amidon, et verser goutte à
goutte dans la liqueur de l'acide azotique nitreux, ou mieux
une dissolution d'acide hypoazotique dans l'acide sulfurique. On peut remplacer ces réactifs par de l'eau chlorée ou
par la liqueur de Labarraque (437), en ayant soin d'opérer
à froid sur un liquide acide, et de ne pas employer un excès
de réactif. L'iode mis en liberté donne de l'iodure d'amidon d'un beau bleu; une trace d'iode donne encore une
coloration rougeâtre. — L'iode mis en liberté par les agents
précédents peut être dissous par le chloroforme ou le sulfure de carbone; une simple agitation du liquide avec le
chloroforme colore celui-ci en violet.

Si l'on avait un *cyanure* dans le mélange, le précipité
produit par l'azotate d'argent serait à peine soluble dans
l'ammoniaque, et insoluble dans l'acide azotique étendu.
Le cyanure d'argent traité par le sulfhydrate d'ammoniaque en excès donne du sulfure d'argent, et une liqueur qui
contient du sulfocyanhydrate d'ammoniaque. En évaporant cette liqueur, de manière à chasser l'excès de sulfhydrate d'ammoniaque, on n'a plus que le sulfocyanhydrate d'ammoniaque; la solution de ce sel, acidulée par
l'acide chlorhydrique, donne dans une solution de perchlorure de fer une belle coloration rouge de sang (sulfo
cyanure de fer).

Acide *borique* (148).

Acide *silicique* (434, 467).

386. BASES. — Le mélange salin est dissous dans l'acide chlorhydrique étendu :

1° La liqueur donne un précipité noir ou brun quand on la fait traverser par un courant d'hydrogène sulfuré si elle contient un ou plusieurs des métaux suivants : *plomb, mercure, bismuth, étain, cuivre*. L'argent, s'il y en avait, a été précipité à l'état de chlorure, et est resté sur le filtre. La séparation de ces sulfures ne peut être examinée ici, puisque ces métaux sont étrangers à l'organisme. Les traités d'analyse chimique minérale et de toxicologie s'en occupent tout spécialement.

2° La solution chlorhydrique ne donne pas de précipité, mais si on la neutralise par l'ammoniaque, le sulfhydrate d'ammoniaque y produit un précipité noir s'il y a du *fer*, et rose s'il y a du *manganèse*. L'*aluminium*, le *zinc*, le *chrôme*, le *cobalt* et le *nickel* donnent également un précipité, blanc pour les deux premiers, vert pour le second, et noir pour les deux derniers.

La solution chlorhydrique, additionnée de chlorhydrate d'ammoniaque, saturée par l'ammoniaque, puis additionnée d'oxalate d'ammoniaque, donne un précipité d'oxalate de *chaux*, insoluble dans l'acide acétique (qui dissoudrait le phosphate de chaux), et soluble dans l'acide chlorhydrique et les autres acides minéraux.

La liqueur dont on a séparé la chaux par l'oxalate d'ammoniaque en présence d'une grande quantité de chlorhydrate d'ammoniaque, peut contenir de la *magnésie*. Pour s'en assurer, on verse dans cette liqueur filtrée du phosphate de soude ammoniacal qui donne un précipité cristallin de phosphate ammoniaco-magnésien, lequel augmente pendant un jour et plus.

La solution des cendres dans l'eau précipite en jaune par le bichlorure de platine et ne donne pas d'ammoniaque quand on la chauffe avec de la potasse caustique : elle contient de la *potasse* (433).

Cette même liqueur colore la flamme de l'alcool en jaune : elle contient de la *soude* (433).

Une solution saline donne de l'*ammoniaque* quand on la chauffe avec un alcali caustique fixe (chaux, baryte, potasse, soude), on conclut qu'elle contient un sel ammoniacal. L'ammoniaque se reconnaît à son odeur, elle bleuit le papier de tournesol, et si l'on approche une baguette trempée dans l'acide chlorhydrique à l'orifice du tube de dégagement, elle produit une fumée blanche due à la formation du chlorhydrate d'ammoniaque.

387. CHLORURE DE SODIUM. — Les cendres du sang, des kystes ovariques, de l'urine, des liquides de l'ascite, etc., dissoutes dans l'eau distillée, donnent une liqueur qui dépose peu à peu des cristaux cubiques de chlorure de sodium ; ceux-ci atteignent parfois deux millimètres de côté ; quelques-uns, formés à la surface du liquide, se groupent sous la forme de trémie ou d'escalier. Ces cristaux sont solubles dans 3 fois environ leur poids d'eau froide ; l'eau bouillante en dissout 40 pour 100 de son poids. Le chlorure de sodium, comme tous les chlorures, est précipité par l'azotate d'argent, et l'acide azotique *pur* ne redissout pas le précipité. L'ammoniaque dissout au contraire très-rapidement le chlorure d'argent.

Mis sur des charbons ardents, ou sur une plaque très-chaude, le chlorure de sodium décrépite violemment. Dans la flamme de la lampe à alcool il donne une coloration jaune qui étend considérablement la surface lumineuse : une trace d'un sel de soude produit toujours cet effet.

Chauffé dans une capsule de platine, il se volatilise facilement sur la flamme d'un bec de Bunsen ;

en approchant un verre refroidi, une simple baguette de verre, on condense les vapeurs de chlorure de sodium. Cette remarque a surtout pour but de montrer combien il est important de ne pas chauffer à une haute température les résidus salins si l'on veut éviter la perte de leurs éléments les plus volatils, du chlorure de sodium plus particulièrement.

388. La quantité de chlorure de sodium rendue chaque jour est excessivement variable, elle dépend dans l'état de santé de la nature et de la quantité des aliments. La bière, le vin, qui ne contiennent presque pas de chlorures; ne contribuent pas à la richesse de l'urine en chlorure de sodium autant que le bouillon, le pain, les viandes qui reçoivent dans leur préparation une addition assez considérable de sel.

Dans l'état de maladie, pendant la diète surtout, l'urine devient très-pauvre en chlorures, au point que dans la pneumonie l'élimination du chlorure de sodium est réduite à zéro ou à un chiffre extrêmement bas; dans ce cas, l'urine additionnée d'acide azotique pur (bien exempt de tout composé chloré) n'est pas ou n'est qu'à peine troublée par l'azotate d'argent.

Dans la fièvre intermittente les acides urique et phosphorique augmentent sensiblement dans l'urine, tandis que le chlore et l'urée diminuent. Le sulfate de quinine tend à rétablir l'équilibre (W. Hammond).

389. 1° Dosage du chlore par l'azotate d'argent. — Pesez 10 gr. d'urine, ajoutez 2 gr. d'azotate de potasse pur, bien exempt de chlorures, évaporez doucement dans une capsule de platine, au bain-marie, jusqu'à siccité parfaite. Chauffez graduellement le résidu sur la lampe à alcool, pour charbonner la masse et la faire déflagrer sans projection. Toute trace organique disparue, la masse forme un liquide incolore qui se solidifie et devient blanc par le refroidissement. Dissolvez ce résidu salin dans l'eau distillée, lavez bien la capsule, et dans le liquide additionné goutte à goutte d'acide azotique pur jusqu'à forte réaction acide, versez un excès d'une solution d'azotate d'argent bien limpide. Laissez rassembler le dépôt de chlorure d'argent, jetez le liquide qui le surnage sur un filtre de papier Berzélius lavé à l'acide azotique très-faible, puis le précipité, enfin lavez ce précipité avec de l'eau distillée qui aura servi à entraîner sur le filtre les dernières portions de chlorure d'argent adhérentes au vase dans lequel la précipitation s'est accomplie. Quand les eaux de lavage ne contiennent plus d'azotate d'argent appréciable par l'acide chlorhydrique, desséchez le précipité à 100° ; si vous avez noté le poids du filtre vide et sec, vous pourrez conclure le poids du chlorure d'argent. Sinon, détachez avec soin le chlorure d'argent sur une feuille de papier lisse, chauffez ce papier imprégné de chlorure d'argent à la température rouge dans un creuset de porcelaine ; pour dé-

truire le charbon et ramener l'argent réduit à l'état
d'azotate, versez quelques gouttes d'acide azotique
affaibli, chauffez de nouveau, et, toute trace de charbon disparue, ajoutez encore quelques gouttes d'eau
régale, pour ramener l'argent à l'état de chlorure.
Chauffez alors avec la lampe à alcool jusqu'à ce que
le chlorure d'argent commence à entrer en fusion.
Au résidu, joignez le chlorure d'argent mis à
part, chauffez jusqu'à ce que la masse subisse un
commencement de fusion, pesez après refroidissement. Le poids du creuset vide retranché du poids
du creuset chargé de chlorure vous donnera le poids
du chlorure d'argent. 100 parties de chlorure d'argent contiennent 24,72 de chlore et 75,28 d'argent
et correspondent à 40,74 de chlorure de sodium.

**390. 2° Dosage du chlore par une solution
titrée d'azotate d'argent.** — Dans un liquide
acidifié par l'acide azotique, l'addition d'une solution d'azotate d'argent précipite le chlore des chlorures à l'état de chlorure d'argent insoluble. Si ce
liquide a été préalablement additionné de chromate
de potasse, l'apparition d'un précipité rouge de
chromate d'argent n'aura lieu qu'au moment où
tout le chlore sera précipité. On voit donc qu'au
moyen d'une solution titrée d'azotate d'argent versée
dans un liquide additionné d'une goutte de chromate
neutre de potasse, on pourra déterminer assez exactement la richesse en chlore.

.391. *Solution d'azotate d'argent pour dosage du chlore.* — Dissolvez 29^{gr},075 d'azotate d'argent pur et fondu (dans une capsule de porcelaine ou de platine) dans de l'eau distillée, et portez le volume de la solution à 1 litre. Cette solution d'argent précipite exactement son volume d'une solution de chlorure de sodium pur, chauffé au rouge, exempt de chlorure de potassium, contenant 1 gramme de sel par 100 cent. c.

Mode opératoire. — Prenez 10 cent. c. d'urine, évaporez-les dans une capsule de platine avec 2 gram. d'azotate de potasse pur, d'abord au bain-marie ; puis, le mélange desséché, chauffez-le doucement jusqu'à fusion et disparition des dernières traces de charbon (389). Dissolvez le résidu dans de l'eau distillée, ajoutez une ou deux gouttes de solution saturée de chromate neutre de potasse, et, dans la liqueur rendue faiblement acide par quelques gouttes d'acide azotique pur affaibli, laissez couler goutte à goutte la solution d'azotate d'argent contenue dans une burette ou dans un tube gradué en dixièmes de cent. cub., agitez constamment le mélange jusqu'à ce qu'une goutte fasse apparaître une coloration rouge de chromate d'argent ; ce sel rouge indique que tout le chlore est précipité. Chaque cent. c. de la solution d'argent précipite 10 milligrammes de chlorure de sodium ou 6,065 milligrammes de chlore, par conséquent chaque dixième de cent. c. correspond à 1 milligramme de chlorure de sodium.

On peut opérer de la même manière avec de l'urine brute, *non albumineuse*, mais avec une moindre exactitude, parce que certaines matières organiques se déposent en absorbant une petite quantité d'azotate d'argent. A plus forte raison, quand l'urine est putréfiée, doit-on recourir à l'incinération préalable.

392. 3° Dosage du chlorure de sodium par la méthode de M. Liebig. *Principe.* — Si l'on verse une solution d'azotate de bioxyde de mercure (HgO, AzO^5) dans une solution de chlorure de sodium pur, il se fait un double échange, duquel il résulte du bichlorure de mercure et de l'azotate de soude. Le bichlorure de mercure se dépose cristallisé si les deux solutions sont concentrées :

$$HgO, AzO^5 + NaCl = NaO, AzO^5 + HgCl.$$

D'autre part, quand on verse une dissolution neutre ou très-peu acide d'azotate de mercure dans une dissolution d'urée, il se fait un précipité blanc, qui est une combinaison d'oxyde de mercure et d'urée (§ 306). Mais vient-on à mélanger une solution d'urée avec une solution de chlorure de sodium, puis à y verser de l'azotate de mercure, le précipité d'urée et d'oxyde de mercure ne se forme pas, ou se redissout quand on agite le mélange, tant que la solution d'azotate de mercure n'a pas été versée en quantité suffisante pour transformer tout le chlorure de sodium en bichlorure de mercure et azotate de soude. Cette limite atteinte, une seule goutte de la solution d'azotate de mercure produit alors un précipité avec l'urée, tandis que le bichlorure de mercure est impuissant à en déterminer la formation.

Il est aisé de conclure, de ce qui précède, qu'à l'aide d'une solution titrée d'azotate mercurique, on peut déterminer exactement la quantité de sel marin d'un liquide de l'organisme, de l'urine plus particulièrement. Les phosphates gênent la réaction ; on s'en débarrasse au moyen d'un mélange d'eau de baryte et d'azotate de baryte. (Liebig, *Ann. der Chemie und Pharm.*, t. LXXXV, p. 289.)

393. **Solutions.** *a. Liqueur titrée de chlorure de sodium.* — Dissolvez 20 grammes de chlorure de sodium pur et chauffé au rouge dans de l'eau distillée, et étendez la liqueur jusqu'à ce qu'elle mesure un litre : 10 cent. c. de cette liqueur contiennent $0^{gr},200$ (1).

b. Solution titrée d'urée. — Dissolvez 4 grammes d'urée pure et desséchée à 100° dans de l'eau distillée, et portez le volume de la solution à 100 cent. c. Chaque centimètre cube contient $0^{gr},040$ d'urée.

c. Solution de baryte. — Mélangez 2 volumes d'une solution de baryte caustique, saturée à froid, avec 1 volume d'une solution d'azotate de baryte, aussi saturée à froid.

d. Solution titrée d'azotate de mercure. — Dissolvez $17^{gr},06$ de mercure *pur* dans de l'acide azotique *pur*, dans un verre à précipité recouvert par un disque de verre bombé, à convexité tournée vers le liquide pour éviter les pertes dues aux projections. La dissolution parfaite, continuez à chauffer jusqu'à ce que le liquide soit amené en consistance sirupeuse. Cette liqueur doit être aussi peu acide que possible, ne donner aucun précipité quand on y verse une solution de chlorure de sodium, et, par conséquent, ne pas contenir d'azotate de protoxyde (Hg^2O,AzO^5). Afin d'obtenir ce dernier résultat, on ajoute quelques gouttes d'acide azotique, et l'on continue à chauffer au bain-marie d'eau bouillante ; il ne doit pas se dégager de vapeurs nitreuses. Si, en étendant la liqueur au volume d'un litre, il se déposait de l'azotate basique jaune, quelques gouttes d'acide azotique pur redissoudraient aisément le dépôt.

(1) Des expérimentateurs nombreux ont reconnu qu'une solution de sel marin pur, saturée à la température de 12° à 21°, après de fréquentes agitations en présence d'un excès de sel, contient $3^{gr},181$ de sel par 10 cent. c., d'où 20 cent. c. de cette solution portés au volume de $318^{cc},4$ donnent un liquide qui contient aussi $0^{gr},200$ de sel par 10 cent. c.

394. Pour procéder au *titrage de cette liqueur*, mesurez à l'aide d'une pipette 10 cent. c. de la solution de chlorure de sodium *a*, laissez-les tomber dans un vase à précipité, ajoutez-y 3 cent. c. de la solution d'urée *b*, puis 5 cent. c. d'une solution de sulfate de soude saturée à froid. Cela fait, remplissez une burette graduée en dixièmes de centimètre cube avec la solution de mercure *d*, jusqu'au zéro de l'échelle, faites couler goutte à goutte la solution mercurielle dans ce mélange, en imprimant au vase à précipité un mouvement continu de rotation. Arrêtez l'écoulement au moment où une goutte détermine un précipité persistant qui annonce le commencement de la précipitation de l'urée par la solution mercurielle.

L'addition d'une quantité aussi considérable d'urée et de sulfate de soude a un but. La combinaison de l'urée avec l'oxyde de mercure qui prend naissance au moment même où le chlorure de sodium est entièrement transformé en bichlorure est plus soluble dans une liqueur rendue acide par l'acide azotique que dans l'eau, et moins soluble dans une solution d'azotate d'urée que dans l'eau. L'urée que l'on a mise en excès sur celle qui est nécessaire pour indiquer la fin de la réaction a pour effet de former de l'azotate d'urée avec l'acide libre de la solution et de diminuer la solubilité de la combinaison d'oxyde de mercure et d'urée. Le sulfate de soude diminue aussi cette solubilité. On n'a pas à craindre la formation d'un précipité jaune de sous-sulfate de mercure, parce qu'il ne se forme pas de sulfate de mercure avant que le chlorure de sodium soit complétement transformé.

200 divisions de la burette mercurielle ou 20 cent. c. doivent produire après la dernière goutte un trouble persistant, ou transformer en bichlorure de mercure 10 cent. c. de liqueur titrée de chlorure de sodium. Si la liqueur mercurielle était trop concentrée et qu'il ne fallût que 186 divisions au lieu de 200, on l'étendrait d'eau distillée, de manière que 186 divisions occupassent 200 divisions, c'est-à-dire que l'on ajouterait 14 divisions ou 1^{cc}, 4 à 18^{cc}, 6,

et alors 200 divisions de la burette mercurielle ne donneraient pas de trouble persistant dans une solution d'urée
contenant 200 milligr. de sel, tandis qu'une goutte de plus
produirait un trouble permanent.

395. Dosage des chlorures de l'urine.— Il s'agit d'appliquer ces données au dosage du chlorure de sodium dans
l'urine, et avant toutes choses d'enlever à ce liquide les
phosphates qu'il contient. Pour cela, mesurez 50 cent. c.
d'urine filtrée, ajoutez 25 cent. c. de la solution barytique *c* (la moitié du volume de l'urine) et filtrez. Saturez
exactement la liqueur alcaline filtrée avec de l'acide azotique, de manière à la rendre *très-légèrement acide*, parce
qu'un excès d'acide nuit à l'exactitude du résultat. Puis,
à l'aide d'une pipette, prenez 15 cent. c. de cette urine
diluée, soit 10 cent. c. d'urine normale, laissez tomber
ce liquide dans un vase à précipité, faites couler de la
burette la liqueur mercurielle *d* jusqu'à l'apparition d'un
trouble que l'agitation du liquide ne fasse pas disparaître.
Notez le nombre de divisions de la burette employées pour
produire cet effet. Le nombre de centimètres cubes de la
burette indique le nombre des centigrammes de sel,
et les dixièmes de centimètres cubes, les milligrammes.
Ainsi, 15 cent. c. du mélange d'urine et baryte, correspondant à 10 cent. c. d'urine normale, donnent un trouble
persistant quand on a employé 135 divisions de la burette
mercurielle ; il faut en conclure que ces 10 cent. c. d'urine
contiennent $0^{gr},135$ de sel marin, et qu'un litre contiendrait $13^{gr},50$.

L'urine albumineuse doit être débarrassée de son albumine par l'ébullition avec quelques gouttes d'acide acétique.

Ces procédés de dosage s'appliquent également au chlorure de potassium, car c'est le chlore que l'on dose, et non
pas l'élément qui lui est combiné.

396. CHLORURE DE POTASSIUM. — Ce sel a la même
forme cubique que le chlorure de sodium qu'il accom-

pagne presque toujours. (Voir *Dosage de la potasse
et de la soude*, 433.)

397. PHOSPHATES. — L'acide phosphorique s'obtient sous divers états dont l'histoire chimique est des plus intéressantes. Il est tribasique et forme trois séries de sels. Suivant que l'acide phosphorique anhydre se combine avec 1, 2 ou 3 équiv. d'eau, il prend les noms d'acide métaphosphorique, pyrophosphorique et phosphorique ordinaire. Si ces équivalents d'eau sont remplacés par autant d'équivalents d'un oxyde métallique, on a un métaphosphate, un pyrophosphate ou un phosphate. La nature ne donne guère que des phosphates tribasiques et bibasiques, mais il ne faut pas oublier qu'un, et même deux équivalents de base peuvent être remplacés par autant d'équivalents d'eau, et que l'application d'une température très-élevée amène ces phosphates bibasiques et monobasiques à l'état de pyrophosphates et de métaphosphates.

Les phosphates alcalins sont solubles dans l'eau, les autres sont insolubles dans l'eau, ils sont tous aisément solubles dans les acides minéraux, et la plupart d'entre eux sont solubles dans l'acide acétique.

398. Les phosphates se trouvent dans les os, les dents, les calculs urinaires, les cendres des différents tissus et des liquides normaux ou pathologiques de l'économie. L'urine acide contient des phosphates insolubles dans l'eau, rendus solubles à la faveur de

l'acide libre de ce liquide ; aussi, dès que l'urine abandonnée à elle-même devient alcaline par la transformation de son urée en carbonate d'ammoniaque, ces phosphates se déposent (phosphate de chaux, phosphate ammoniaco-magnésien). Cet effet se produit aussi facilement dans la vessie qu'au dehors de cet organe ; tantôt la vessie paralysée ne peut se débarrasser de son contenu, tantôt il existe à l'orifice du col une hypertrophie de la prostate, une tumeur, un rétrécissement, un calcul qui font obstacle à l'écoulement du liquide. Le même effet se produit quand la vessie ne se débarrasse que partiellement de son contenu, et garde toujours une portion de liquide déjà en décomposition qui rend plus rapide la décomposition de l'urine nouvelle.

399. Les phosphates neutres à 2 équiv. de base des métaux alcalins chauffés au rouge passent à l'état de pyrophosphates, qui précipitent en blanc la solution d'azotate d'argent (pyrophosphate d'argent), tandis que les phosphates neutres précipitent ces mêmes phosphates en jaune (phosphate d'argent). En fondant les pyrophosphates et les métaphosphates avec un excès de carbonate de potasse et de soude, ou simplement en les faisant bouillir avec un acide, on les fait repasser à l'état de phosphates neutres ; c'est ainsi que le pyrophosphate de magnésie provenant du phosphate ammoniaco-magnésien chauffé au rouge repasse à l'état de phosphate tribasique

quand on le fond avec 3 fois son poids d'un mélange
de carbonate de potasse sodé.

400. Dans l'urine la proportion des phosphates est
excessivement variable avec l'alimentation, elle peut
correspondre à 1 ou à 2 grammes ou monter à 6 grammes d'acide phosphorique par jour, et même au
delà. Le pain, la viande, les aliments d'origine
animale sont plus particulièrement la source des
phosphates de l'organisme.

401. **Recherche de l'acide phosphorique et
des phosphates.** — Une solution neutre ou alcaline
ne peut contenir que des phosphates alcalins, tandis
qu'une solution acide peut contenir des phosphates
de chaux et de magnésie dissous à la faveur de l'acide
libre.

a. Les solutions des phosphates alcalins à réaction
neutre au tournesol ou alcaline donnent un précipité
blanc par l'addition d'une solution de chlorure de
calcium ou de baryum. Le précipité de phosphate de
chaux ou de baryte se dissout aisément dans l'acide
acétique, même à froid. Tout autre sel neutre soluble
de baryte ou de chaux (azotate, acétate...) produit le
même résultat. Ce dépôt de phosphate peut contenir
du sulfate de chaux, du sulfate de baryte, mais ces
sels sont insolubles dans l'acide acétique. En filtrant
la solution acétique, il sera facile d'y caractériser la
présence de l'acide phosphorique par les réactions
b, c, d.

Si la solution dans laquelle on recherche l'acide

phosphorique était acide, avant d'y verser du chlorure de calcium, il faudrait la neutraliser par l'ammoniaque.

b. Toute matière (os, dent, calcul, sédiment urinaire) insoluble dans l'eau peut contenir des phosphates. Pour y déceler la présence de l'acide phosphorique, chauffez cette matière au rouge afin de détruire toute trace de matière organique, puis dissolvez le résidu minéral dans l'acide azotique affaibli, à la température de l'ébullition s'il est besoin. Cela fait, versez la liqueur acide et limpide dans un volume *au moins égal* d'une solution de molybdate d'ammoniaque dans l'acide azotique. Vous aurez un précipité jaune caractéristique, de phosphomolybdate d'ammoniaque, contenant environ 3 pour 100 d'acide phosphorique. Si le réactif est bien préparé (33) et la solution tant soit peu riche en acide phosphorique, le précipité jaune est immédiat ou du moins ne se fait attendre que quelques secondes. Si, au contraire, il n'y a qu'une trace infinitésimale d'acide phosphorique, vous ferez bien de hâter la précipitation en élevant la température du mélange vers 40°, mais pas au delà. Le précipité est soluble dans les alcalis, presque insoluble dans les acides minéraux, et insoluble dans ces acides en présence d'un excès du réactif.

Cette réaction est éminemment caractéristique, elle met en évidence des traces d'acide phosphorique, mais il ne faut pas oublier que le réactif doit être employé en proportion d'autant plus grande que l'on soupçonne dans l'essai une plus grande quantité d'acide phosphorique. L'acide arsénique peut donner, *à chaud*, un précipité analogue, mais on n'a pas à s'en occuper dans les recherches médicales. L'acide tartrique et quelques matières organiques peuvent empêcher la réaction de se produire. L'acide silicique, que l'on ne rencontre presque jamais dans l'organisme de l'homme (il existe dans les plumes des oiseaux), peut donner lieu à une erreur, mais il est facile de se débarrasser de cet acide (434).

c. Si l'on dissout également dans l'acide acétique, de préférence à chaud, des calculs ou toute autre matière minérale pulvérisée suspecte de contenir de l'acide phosphorique, la solution filtrée additionnée d'azotate ou mieux encore d'acétate d'urane donne un précipité jaune de phosphate d'urane, insoluble dans l'acide acétique et dans l'eau, soluble dans les acides minéraux. Les acétates alcalins en grand excès précipitent même complétement les dissolutions de phosphate d'urane dans les acides minéraux.

Quand la liqueur au sein de laquelle la précipitation s'effectue contient un sel ammoniacal, le précipité est un phosphate d'ammoniaque et d'urane ($2Ur^2O^3,AzH^3HO,PhO^5 + nHO$) qui passe à une température rouge à l'état de pyrophosphate d'urane $2Ur^2O^3,PhO^5$. (Voir *Dosage de l'acide phosphorique*, § 415.)

d. Toute dissolution d'un phosphate dans l'acide acétique additionnée d'une goutte de perchlorure de fer donne un précipité blanc jaunâtre de phosphate de fer ($Fe^2O^3,PhO^5 + 4$ aq.), insoluble dans l'acide acétique. — Si la solution dans laquelle on recherche l'acide phosphorique contient un acide minéral libre (acides azotique, chlorhydrique), il faut chasser cet acide par l'évaporation, étendre d'eau distillée la solution très-peu acide, y verser de l'acétate de soude, puis une gouttelette de perchlorure de fer. Un acide minéral empêcherait la précipitation, puisqu'il dissoudrait le phosphate de fer. Il faut éviter un excès de perchlorure de fer qui colorerait le liquide en rouge en formant de l'acétate de peroxyde de fer, parce que ce dernier sel exerce sur le phosphate de fer une action dissolvante qui diminue la sensibilité du réactif.

e. Le phosphate ammoniaco - magnésien (triple phosphate) ($2MgO,AzH^3,HO,PhO^5 + 12$ aq.) est insoluble dans l'eau, surtout dans l'eau chargée d'ammoniaque, à peine soluble dans la solution de chlorhydrate d'ammoniaque, mais très-soluble dans les acides, même dans l'acide acétique.

Toute solution d'un phosphate alcalin à laquelle on ajoute une solution ammoniacale de sulfate de magnésie (1), contenant assez de chlorhydrate d'am-

---

(1) Sulfate de magnésie 30 grammes, chlorhydrate d'ammoniaque 30 grammes, eau distillée 150 grammes, ammoniaque liquide 80 grammes. Dissolvez, filtrez et gardez la solution pour la recherche des phosphates.

moniaque pour que l'ammoniaque en excès ne la précipite pas, donne un précipité blanc, cristallin, de phosphate ammoniaco-magnésien insoluble dans l'eau. S'il n'y a que des traces de phosphate, rendez la solution très-ammoniacale, favorisez le dépôt en agitant vivement la liqueur avec une baguette de verre, ou mieux encore rayez les parois du verre avec cette baguette, et attendez pendant quelques heures. — Les solutions d'acide phosphorique se traitent de la même façon, mais il vaut mieux commencer par sursaturer l'acide libre par de l'ammoniaque, et dans tous les cas s'assurer, après l'addition du réactif, que la liqueur contient un excès d'ammoniaque.

f. Tout phosphate, entièrement privé d'eau par une température rouge, chauffé dans un tube de verre avec du sodium sur la lampe à alcool, donne lieu à une incandescence très-vive d'où résulte la formation du phosphure de sodium. Le résidu mis dans l'eau additionnée d'acide chlorhydrique dégage une forte odeur alliacée d'hydrogène phosphoré.

402. Caractères des phosphates en particulier. Phosphate de soude. — L'urine neutralisée par l'ammoniaque, dépouillée par ce réactif du phosphate de chaux et du phosphate de magnésie qu'elle tenait en dissolution à la faveur de son acide libre, contient encore du phosphate de soude en solution, ou un mélange de phosphates alcalins,

— L'urine paraît devoir son acidité à la présence du phosphate acide de soude. Le sel acide perd de l'acide phosphorique à une haute température, et en présence du charbon provenant des matières organiques, il y a réduction partielle de cet acide phosphorique, production de phosphore et perforation rapide des creusets de platine.

403. — Phosphate de soude et d'ammoniaque $(NaO, AzH^3, HO, PhO^5 + aq)$. — C'est à ce sel que l'on donne le nom de *sel d'urine,* bien que l'on ne puisse pas en démontrer l'existence dans l'urine acide récemment émise. On conçoit qu'en devenant ammoniacale, la saturation du phosphate acide de soude par l'ammoniaque donne naissance à ce phosphate double. La simple ébullition dans l'eau dégage de l'ammoniaque de cette combinaison. Au chalumeau, ce sel donne une perle transparente de métaphosphate de soude (NaO, PhO^5) qui dissout facilement la plupart des oxydes métalliques.

404. Phosphate de chaux. — Ce sel existe dans les sédiments de l'urine, il est la matière principale des os, des dents, d'un grand nombre de calculs. Ordinairement amorphe $(3CaO, PhO^5)$, il est insoluble dans l'eau et dans les alcalis, il se dissout dans les acides, même dans l'acide acétique, et ne fond pas au chalumeau. L'ammoniaque le précipite de ses dissolutions acides. Dans l'ostéomalacie, le phosphate de chaux apparaît dans l'urine en plus grande proportion.

Quelquefois le phosphate de chaux est cristallisé, ($2CaO,HO,PhO^5$) sous des formes variées, tantôt en aiguilles, en coins, ou en cristaux groupés en rosettes ou en boules ; ce sel est *fusible au chalumeau*. Chauffé à la température rouge, le phosphate calcaire ne bleuit pas le papier de tournesol rougi.

Les calculs de phosphate de chaux sont généralement blancs à l'intérieur, et plus ou moins compactes. Leur mélange avec le phosphate de magnésie est des plus fréquents. Si ce mélange contient de l'oxalate de chaux, un traitement par l'acide acétique bouillant dissoudra les phosphates et laissera l'oxalate calcaire indissous.

405. Phosphate de magnésie. — Le phosphate de magnésie existe dans l'urine, il y est dissous comme le phosphate de chaux à la faveur de l'acide libre. Il est probable qu'il est dissous à l'état de phosphate $2MgO,HO,PhO^5, + aq$, peut-être même à l'état de phosphate acide $MgO,2HO,PhO^5$, mais il faut se borner ici à des suppositions. Le phosphate tribasique $3MgO,PhO^5$ est tout à fait insoluble. — Le sel existe dans les calculs, le plus ordinairement mélangé avec le phosphate de chaux ; pour la séparation de ces deux phosphates, consultez le § suivant.

Pur, exempt de chaux, l'oxalate d'ammoniaque ne donne pas de précipité dans sa solution dans l'acide acétique, et cette solution acétique neutralisée par l'ammoniaque donne un précipité de phosphate ammoniaco-magnésien.

Le phosphate de magnésie accompagne quelquefois le phosphate de chaux dans les calculs de l'homme : chez les herbivores, chez le cheval en particulier, on trouve dans l'intestin des calculs très-riches en phosphate de magnésie. Il existe en quantité très-notable dans le sperme uni au phosphate de chaux.

406. Phosphate ammoniaco - magnésien $(2MgO, AzH^3, HO, PhO^5 + 12\ aq.)$. — Ce sel se dépose généralement en cristaux volumineux au sein d'une urine devenue ammoniacale. Il a la forme de longs et gros prismes, dérivant d'un prisme droit à base rhombe, transparents, insolubles dans l'eau, plus insolubles encore dans l'eau chargée d'ammoniaque, solubles dans les acides minéraux et dans l'acide acétique, précipitables de leurs dissolutions acides par l'ammoniaque. Quand on les chauffe dans un tube de verre sur la lampe à alcool, ils dégagent de l'ammoniaque qui bleuit le papier de tournesol rougi par un acide. L'odeur de l'ammoniaque suffirait à elle seule à caractériser sa présence. Une baguette plongée dans l'acide chlorhydrique qu'on approche de l'orifice du tube donne un nuage blanc de chlorhydrate d'ammoniaque. Mais il ne faut pas oublier que l'urate d'ammoniaque, l'acide urique et les matières albuminoïdes donnent aussi de l'ammoniaque quand on les chauffe à une température suffisamment élevée. Avec le phosphate ammoniaco-magnésien, ce dégagement est des plus faciles et n'exige qu'une faible élévation de température.

En chauffant le phosphate ammoniaco-magnésien dans un tube de verre avec quelques gouttes de lessive des savonniers (soude caustique à 36°), étendue de son volume d'eau, on dégage de l'ammoniaque, sans avoir à redouter la décomposition simultanée des matières azotées. L'ammoniaque des sels ammoniacaux se dégage seule dans cette circonstance.

Quand on veut faire cette recherche sur un fragment de calcul, il est bon de le réduire préalablement en poudre. On roule le papier de tournesol de manière à pouvoir le plonger dans l'intérieur du tube à essai (de quelques millimètres de diamètre) sans toucher ses parois souvent imprégnées de soude caustique.

407. *Examen microscopique.* — Le phosphate ammoniaco-magnésien précipité artificiellement dans les cas où l'on recherche l'acide phosphorique et la magnésie (401 *e*), prend peu à peu la forme d'aiguilles qui se groupent de façon à figurer des arborisations ou des étoiles (*fig.* 18) à six branches, d'une régularité plus ou moins parfaite ; souvent l'étoile est incomplète, deux branches se réunissent en laissant entre elles un angle de 60°. Ces cristaux ne se forment bien que dans des liqueurs étendues, ils sont

d'autant plus parfaits qu'ils se sont déposés plus lentement, par le mélange de deux liquides très-étendus (1).

Les cristaux qui se déposent lentement au sein

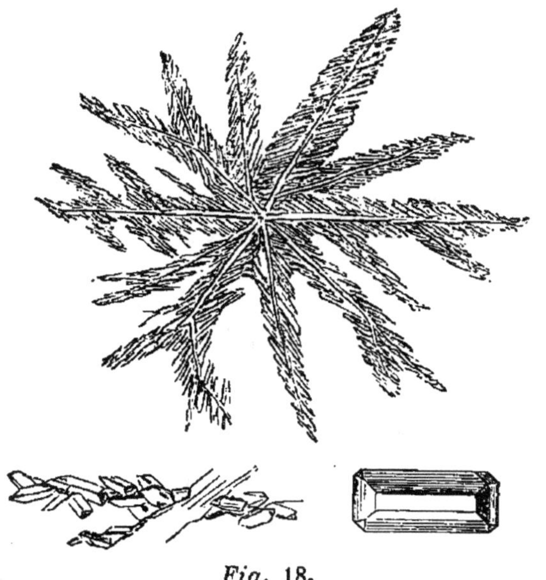

Fig. 18.

d'une urine ammoniacale sont volumineux, ils ont l'aspect de catafalque (*fig.* 18 et *fig.* 23).

408. Le phosphate ammoniaco-magnésien est fusible au chalumeau à une haute température; il donne sur le fil de platine une perle blanche, qui a l'aspect de la nacre ou de la porcelaine. Ce résidu de pyrophosphate de magnésie ($2MgO, PhO^5$) est inso-

(1) C'est à tort que l'on compare les branches de ces rosettes à des feuilles de fougère, les rayons latéraux ne forment pas entre eux un angle comme les barbes d'une plume d'oie ou d'une feuille de fougère, mais se trouvent sur le prolongement l'un de l'autre (*fig.* 18).

luble dans l'eau. Il se dissout dans l'acide chlorhydrique pur étendu d'eau ; si l'on fait bouillir la dissolution dans un tube de verre, le pyrophosphate
repasse à l'état de phosphate, et l'ammoniaque produit alors dans la liqueur un précipité cristallin de
phosphate ammoniaco-magnésien ; au bout de vingt-
quatre heures, si la liqueur est très-chargée d'ammoniaque, la précipitation est complète et les
cristaux montrent au microscope leurs formes caractéristiques.

409. Mais le phosphate bibasique de chaux peut
aussi donner une perle fondue au chalumeau (pyrophosphate de chaux), $(2CaO, PhO^5)$. Cette perle, dissoute dans l'acide acétique bouillant, et la dissolution additionnée successivement de chlorhydrate
d'ammoniaque et d'oxalate d'ammoniaque, donne
lieu à un précipité d'oxalate de chaux, insoluble dans
l'acide acétique, tandis qu'avec le pyrophosphate de
magnésie, il n'y aurait aucun précipité.

410. Si vous avez à reconnaître *un mélange de
phosphate ammoniaco-magnésien et de phosphate de
chaux*, constatez tout d'abord un dégagement d'ammoniaque en chauffant une partie du mélange dans
un petit tube de verre avec quelques gouttes de lessive de soude. Cela fait, chauffez sur la lame de platine, ou dans une petite capsule de porcelaine, une
autre prise d'essai jusqu'à ce que la matière organique soit complétement carbonisée. Dissolvez ce résidu minéral dans l'acide acétique bouillant, décantez

ou filtrez pour séparer quelques parcelles de charbon si le mélange contenait des matières organiques, et dans le liquide versez d'abord du chlorhydrate d'ammoniaque, puis de l'oxalate d'ammoniaque. Si le mélange contenait du phosphate de chaux, vous obtiendriez un précipité d'oxalate de chaux insoluble dans l'acide acétique. La magnésie, en présence du chlorhydrate d'ammoniaque, est restée en dissolution ; filtrez donc pour séparer l'oxalate de chaux, et, dans le liquide filtré, versez de l'ammoniaque caustique, un précipité cristallin de phosphate ammoniaco-magnésien lentement déposé mettra en évidence la présence de la magnésie. Vous aurez ainsi constaté la présence de l'ammoniaque, de la chaux et de la magnésie, et même celle de l'acide phosphorique. Pour plus ample démonstration de la présence de l'acide phosphorique, recourez aux essais du § 401.

411. Au lieu de dissoudre le résidu minéral provenant de l'incinération du calcul dans l'acide acétique bouillant, vous pourrez faire usage d'acide chlorhydrique pur, ce qui vous permettra d'opérer à froid. Le calcul dissous dans cet acide, ajoutez à la liqueur filtrée de l'ammoniaque en quantité suffisante pour faire apparaître un léger précipité, et rendre la liqueur alcaline, versez alors de l'acide acétique pour redissoudre le précipité, puis de l'oxalate d'ammoniaque pour précipiter la chaux. La suite de l'opération comme précédemment.

412. Dosage de l'acide phosphorique. — On peut avoir à rechercher la proportion d'acide phosphorique libre ou combiné que contient un liquide, l'urine par exemple. Mais le dosage de l'acide phosphorique est bien plus fréquemment nécessaire quand il s'agit de calculs vésicaux, de fragments osseux insolubles dans l'eau. Voici comment il faudra procéder dans ces deux cas :

413. 1° *Le phosphate est soluble dans l'eau.* — S'il s'agit de doser l'acide phosphorique d'un phosphate alcalin, assurez-vous d'abord de la neutralité de la liqueur. Versez dans la solution neutre ou alcaline de phosphates alcalins la solution de sulfate de magnésie ammoniacale (§ 401 *e*, note), tant qu'il se produit un précipité, ajoutez encore de l'ammoniaque au mélange, agitez bien (sans rayer le vase) et laissez reposer pendant vingt-quatre heures en ayant soin de couvrir le vase à précipité pour éviter la déperdition de l'ammoniaque. Recueillez sur un filtre de papier de Suède le précipité grenu, cristallin, de phosphate ammoniaco-magnésien, lavez-le avec de l'ammoniaque liquide étendue de 3 fois. son volume d'eau, jusqu'à ce que l'azotate d'argent additionné d'acide azotique ne trouble plus les eaux de lavage. Desséchez le précipité sur le filtre, dans une étuve; cela fait, séparez la plus grande partie de ce précipité et la recueillez sur une feuille de papier lisse. Chauffez peu à peu au rouge le papier à filtre et incinérez-le à une température suffisamment élevée,

dans une capsule mince de platine (1). Quand vous aurez détruit les dernières parcelles de charbon, laissez refroidir, ajoutez au résidu minéral du filtre le phosphate ammoniaco-magnésien mis à part, chauffez-le *graduellement* au rouge vif, pour dégager l'eau et l'ammoniaque, et produire finalement une incandescence qui indique la transformation complète du phosphate en pyrophosphate. Le poids du pyrophosphate magnésien est donné après refroidissement par la différence des poids de la capsule pleine et de la capsule vide. 100 parties de ce pyrophosphate contiennent 63,96 parties d'acide phosphorique anhydre et 36,04 parties de magnésie anhydre, et correspondent à 208,94 parties de phosphate ammoniaco-magnésien cristallisé.

Une solution d'acide phosphorique peut se doser de la même façon, puisqu'en la saturant d'abord par l'ammoniaque, on opère sur du phosphate d'ammoniaque. — Si l'on avait à doser des métaphosphates ou des pyrophosphates alcalins, on ferait bien de les transformer tout d'abord en phosphates neutres, en les chauffant avec un excès d'alcali.

414. 2° *Le phosphate est insoluble dans l'eau.* — La matière phosphatée est un calcul, un fragment d'os, ou tout autre dépôt insoluble dans l'eau. Pour rendre la méthode précédente applicable, dissolvez

______

(1) L'opération est longue, on l'abrége considérablement en ajoutant quelques cristaux d'azotate d'ammoniaque pur qui brûlent rapidement les dernières traces de charbon.

ce produit dans une petite quantité d'acide chlorhydrique pur, après l'avoir réduit en poudre pour faciliter la dissolution, ajoutez de l'ammoniaque pour
saturer l'acide libre, de manière à faire naître un
léger précipité, que vous redissoudrez à l'aide de
quelques gouttes d'*acide acétique,* enfin versez dans
la liqueur du chlorhydrate d'ammoniaque, puis la
solution ammoniacale de sulfate de magnésie (§ 401 *e*)
pour précipiter l'acide phosphorique à l'état de
phosphate ammoniaco-magnésien que vous traiterez
comme il vient d'être dit.

Si vous avez à doser un mélange de phosphates
alcalins et de phosphates insolubles dans l'eau, traitez
le tout par l'acide chlorhydrique pour dissoudre les
phosphates insolubles, ajoutez de l'ammoniaque pour
faire naître un léger précipité que vous dissoudrez
en ajoutant de l'acide acétique et continuez l'opération comme au § 413.

415. *Autre méthode.* — Vous pourrez aussi précipiter l'acide phosphorique à l'état de phosphate
d'urane, au moyen de l'acétate d'urane. A cet effet,
dissolvez le produit phosphaté dans l'acide acétique
bouillant. Si le phosphate était dissous dans l'acide
chlorhydrique ou dans l'acide azotique, évaporez la
solution à siccité pour chasser l'excès d'acide, ajoutez
de l'ammoniaque au résidu jusqu'à ce qu'il bleuisse
le tournesol, puis de l'acide acétique en quantité
suffisante pour redissoudre tout le précipité. Versez
alors dans la dissolution acétique de l'acétate d'am-

moniaque, puis de l'acétate d'urane et faites bouillir :
il se dépose un précipité jaune de phosphate d'ammoniaque et d'urane (§ 401 c). Lavez le précipité par
décantation et filtration ; chaque fois que vous rem-
placerez l'eau de lavage, faites-la bouillir avec le précipité pour donner à celui-ci plus de cohésion. Une
ou deux gouttes de chloroforme ajoutées au mélange
facilitent beaucoup la séparation du liquide d'avec le
précipité. Celui-ci est recueilli sur un filtre, puis lavé
et desséché, enfin incinéré de la même manière que
le phosphate ammoniaco-magnésien du § précédent,
c'est-à-dire que le filtre est grillé à part. Si le précipité grillé avait une teinte verdâtre, c'est qu'il aurait
été réduit en partie à l'état de sel de protoxyde, il
faudrait le chauffer avec quelques gouttes d'acide
azotique pur pour lui rendre sa couleur jaune de sel
de sesquioxyde ($2Ur^2O^3$, PhO^5). 100 parties de ce sel
contiennent 19,91 d'acide phosphorique anhydre et
80,09 d'oxyde d'urane (Ur^2O^3), c'est-à-dire à très-peu
près 1/5 d'acide phosphorique.

Cette méthode de dosage convient au cas d'un
phosphate alcalin ; elle trouve son application plus
spéciale dans le dosage des phosphates de magnésie,
de chaux ; elle est inexacte quand le mélange contient de l'alumine ou du fer, à cause de l'insolubilité
de ces phosphates dans l'acide acétique, ce dont on
n'a guère à se préoccuper dans les analyses médicales.

416. SULFATES. — Les sulfates de baryte, de strontiane et de chaux sont insolubles dans l'eau. Le sulfate de chaux, le seul que l'on rencontre dans l'économie animale, est le plus soluble des trois : les acides minéraux (acides chlorhydrique, azotique) le dissolvent aisément tandis qu'ils sont sans action sensible sur le sulfate de baryte. Quelques sulfates métalliques (plomb, mercure, argent...) sont insolubles ou peu solubles, mais comme ils sont étrangers à l'organisme et aux procédés de recherche ou de dosage, il n'en sera pas question ici.

Les sulfates dissous dans l'eau ou dans l'acide azotique sont tous précipités par le chlorure de baryum à l'état de sulfate de baryte insoluble dans l'eau et dans l'eau chargée d'acide chlorhydrique ou azotique. Si le liquide est très-dilué, le dépôt de sulfate de baryte se fait lentement avec un aspect grenu et cristallin.

Tout sulfate fondu dans un creuset fermé avec un mélange de charbon et de carbonate de potasse sodé *pur*, à une température élevée, donne un sulfure alcalin qui noircit l'argent. La solution filtrée du résidu a l'odeur hépatique, elle produit dans les sels de plomb, de cuivre, de mercure, un précipité noir de sulfure métallique.

L'acide sulfurique libre dans une liqueur serait d'abord décelé par la saveur et la réaction du liquide sur le papier de tournesol. En chauffant la liqueur sulfurique avec quelques gouttes d'une solution de sucre de canne (sirop simple) jusqu'à siccité, le résidu serait noir à cause d'un commencement de carbonisation du sucre. L'effervescence produite par un carbonate alcalin ne ferait qu'indiquer un acide libre.

417. *Dosage.* — Si le sulfate ou le mélange des sulfates est en solution dans l'eau, additionnez la solution d'acide chlorhydrique pur, de manière à la rendre fortement acide, chauffez-la à une température voisine de l'ébullition, et versez-y un excès de solution de chlorure de baryum dont l'acide sulfurique libre ou combiné se précipite à l'état de sulfate de baryte insoluble.

Si le sulfate est insoluble, dissolvez-le préalablement dans l'acide chlorhydrique. — Au besoin, s'il est trop agrégé, pulvérisez-le finement, prenez un poids déterminé de cette poudre bien sèche, fondez-la dans un creuset de platine avec cinq fois son poids de carbonate de potasse sodé, exempt de sulfates et de sulfures. Le mélange bien fondu, laissez refroidir le creuset, dissolvez le résidu dans l'eau pure, lavez le creuset à l'eau distillée bouillante, puis, tout le dépôt désagrégé, filtrez pour séparer les carbonates terreux, lavez-les bien sur le filtre, et recueillez la première liqueur (sulfates de potasse et de soude) et les eaux de lavage pour les précipiter par le chlorure de baryum après addition d'acide chlorhydrique. — Dans l'un et l'autre cas, recueillez le précipité de sulfate de baryte sur un filtre de papier lavé à l'acide chlorhydrique, lavez-le à l'eau distillée, puis desséchez-le. Incinérez le filtre d'abord, ajoutez à ses cendres le sulfate de baryte sec mis à part, chauffez au rouge et pesez après refroidissement.

Le poids du sulfate de baryte × 0,34335 indique le poids d'acide sulfurique anhydre (SO^3); 100 parties de sulfate de baryte correspondent à 60,85 parties de sulfate de soude anhydre, à 74;76 parties de sulfate de potasse, et à 58,29 parties de sulfate de chaux anhydre.

418. OXALATE DE CHAUX $C^4Ca^2O^8$ $+$ 2 ou 6 aq. — L'observation microscopique des sédiments urinaires montre assez fréquemment des cristaux octaédriques d'oxalate de chaux. Certains calculs du rein ou de la vessie en sont entièrement formés, quelquefois le noyau seul de ces calculs est d'oxalate de chaux. Quelques aliments, cresson, tomate, oseille, (Magendie), des vins chargés d'acide carbonique, de bitartrates alcalins, plusieurs médicaments riches en oxalates et particulièrement la rhubarbe, favorisent l'apparition de l'oxalate calcaire dans les dépôts urinaires. Tout ce qui gêne l'hématose, tous les obstacles à la libre respiration contribuent aussi à la production de l'oxalate de chaux.

L'acide oxalique peut être artificiellement produit en faisant réagir un agent oxydant sur l'acide urique, sur l'alloxane. L'allantoïne, l'alloxane, l'acide urique, sous l'influence de l'oxyde puce de plomb

(PbO^2) donnent de l'oxalate de plomb. Ce n'est là qu'une vue théorique, car on ne retrouve pas l'allantoïne dans l'urine en même temps que l'acide oxalique et l'urée, il faut donc admettre que l'allantoïne subit directement l'oxydation complète, et que l'acide urique passe à l'état d'acide oxalique sans donner d'allantoïne. L'expérience a permis de constater que les urates injectés dans le sang des lapins faisaient apparaître l'oxalate de chaux dans les sédiments urinaires. L'ingestion de l'urate d'ammoniaque à la dose de quelques grammes dans l'estomac d'un homme fait apparaître de l'oxalate calcaire dans son urine.

Si cette apparition de l'oxalate de chaux dans l'urine dure longtemps, et si surtout elle est abondante, on peut craindre la formation de calculs dans les reins ou dans la vessie. L'acide oxalique est toxique à une dose peu élevée, et, bien que la quantité d'oxalate de chaux qui se montre dans l'urine soit trop faible pour produire des phénomènes d'empoisonnement, on a plus d'une fois attribué à son apparition dans l'urine des troubles assez profonds de la digestion et des fonctions du système nerveux. Cet état maladif, dont l'oxalate de chaux est peut-être le produit plutôt que la cause, a reçu le nom d'*oxalurie*. L'abus des matières sucrées paraissant favoriser la formation de l'oxalate calcaire, il faut s'en abstenir le plus possible.

419. Pour recueillir l'oxalate de chaux de l'urine,

laissez-la déposer dans un verre conique après avoir saturé la plus grande partie de l'acide libre par une solution de carbonate de soude. Il est encore plus avantageux d'y verser de l'acétate neutre de soude ou de potasse.

L'examen microscopique peut seul avec sécurité faire reconnaître des traces d'oxalate de chaux. Les cristaux d'oxalate de chaux (*fig.* 19) se distinguent par leur forme octaédrique ; ils appartiennent au sys-

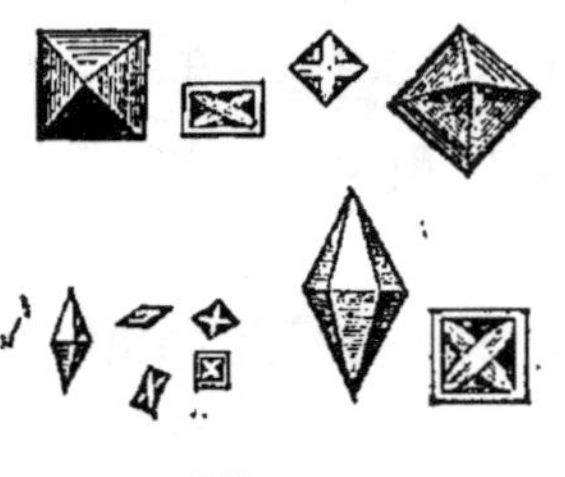

Fig. 19.

tème du prisme droit à base carrée ; un de leurs axes est plus grand que l'autre, ce qui contribue beaucoup à leur donner l'aspect d'une enveloppe de lettre, vue du côté du cachet. On les observe aisément chez les malades qui prennent de la rhubarbe.

420. Les cristaux d'oxalate de chaux réfractent assez fortement la lumière. Ils ne se dissolvent pas dans l'eau, ils sont également *insolubles* dans les alcalis, dans le chlorhydrate d'ammoniaque, et dans l'*acide acétique*. Les acides minéraux (chlorhydrique, azotique) les dissolvent rapidement.

Le chlorure de sodium, malgré sa forme cubique

et quelquefois octaédrique (système cubique), ne saurait être confondu avec l'oxalate de chaux, parce qu'il est très-soluble dans l'eau. Les cristaux de phosphate ammoniaco-magnésien *sont solubles dans l'acide acétique* et dans les acides minéraux, et leur forme s'éloigne beaucoup de celle de l'oxalate de chaux.

Si l'oxalate de chaux se présentait toujours sous la forme octaédrique, le microscope suffirait pour ainsi dire à le reconnaître. Mais ce sel est souvent amorphe, dans les calculs par exemple, voici ce qu'il convient alors de faire.

421. Recherche de l'oxalate de chaux dans un calcul. — Les calculs d'oxalate calcaire sont tantôt grisâtres, lisses, d'une couleur que l'on a comparée à celle de la graine de chènevis, tantôt rugueux, verruqueux, semblables à une mûre, d'où le nom de *calculs mûraux* qui leur a été donné.

Un calcul d'oxalate de chaux pur ne fait pas effervescence au contact des acides ; chauffé au rouge, il noircit d'autant plus qu'il contient une plus grande quantité de matières organiques, et le résidu de carbonate de chaux fait effervescence avec les acides ; à une température très-élevée, il ne reste plus que de la chaux caustique qui ne fait plus effervescence avec les acides et manifeste énergiquement ses propriétés alcalines vis-à-vis du tournesol.

Un calcul d'oxalate de chaux pulvérisé traité par

l'acide acétique bouillant cède à ce dissolvant le carbonate calcaire et les phosphates. Il ne reste après ce traitement que l'oxalate calcaire mélangé à des traces de matières organiques, à de l'acide urique et à du mucus.

422. L'acide oxalique se décompose au contact de l'acide sulfurique concentré bouillant en acide carbonique et en oxyde de carbone :

$$C^4O^6, 2HO = 2CO^2 + 2CO + 2HO.$$

Cette réaction est déterminée par l'extrême avidité de l'acide sulfurique pour l'eau. Un oxalate se décompose de la même façon :

$$C^4Ca^2O^8 + 2(SO^3,HO) = 2CO^2 + 2CO + 2(CaO, SO^3) + 2HO.$$

Un calcul d'oxalate de chaux étant donné, divisez-le en fragments de 1 millimètre de côté environ, mettez 1 ou 2 deux décigr. de cette poudre grossière dans un petit matras de verre (*fig.* 20) de 2 cent. de diamètre environ. C'est un simple tube à l'extrémité duquel on a soufflé une boule, et que l'on peut d'ailleurs remplacer par un tube de verre ordinaire.

Cela fait, versez deux grammes environ d'acide sulfurique concentré (par chaque décigr. de poudre), faites communiquer ce petit matras par un tube de verre recourbé avec une petite cloche à recueillir les gaz. Celle-ci consistera en un tube à essai rempli d'eau que vous aurez renversé dans un verre à expérience. Chauffez la petite boule à l'aide d'une lampe à alcool, doucement d'abord, puis de manière à faire bouillir son contenu. Le mélange d'acide

Fig. 20.

carbonique et d'oxyde de carbone viendra peu à peu occuper la petite cloche à gaz. Si vous avez laissé perdre les premières bulles de gaz formées par l'air de l'espace vide du petit matras, vous recueillerez un mélange à peu près pur d'oxyde de carbone et d'acide carbonique. L'opération terminée, tout dégagement de gaz ayant cessé, absorbez l'acide carbonique en faisant passer un fragment de potasse caustique dans le tube, et agitez-le sous l'eau en le tenant exactement fermé avec le pouce. Retournez alors le tube, de manière à amener son orifice supérieur en haut, approchez-en une allumette enflammée au moment où le soufre de celle-ci est totalement brûlé, vous verrez une belle *flamme bleue* accompagnée d'une très-légère détonation : c'est l'oxyde de carbone qui brûle en donnant de l'acide carbonique.

Cette réaction est très-facile à produire ; on peut réduire l'appareil et la prise d'essai à de très-faibles dimensions. Il ne suffirait pas de constater la présence de l'acide carbonique, car le calcul brut pourrait contenir du carbonate de chaux, et dans ce cas il ferait effervescence avec les acides étendus d'eau et froids.

423. Si, dans l'essai précédent, on ajoutait au mélange d'oxalate et d'acide sulfurique un peu de bioxyde de plomb ou de manganèse, on n'aurait que de l'acide carbonique, sans oxyde de carbone. L'essai serait concluant, mais à la condition que le calcul ne contînt pas de carbonate calcaire, ce que l'on peut obtenir facilement en le traitant tout d'abord par l'acide acétique étendu et bouillant.

424. M. Chevreul a donné le moyen suivant de retirer l'acide oxalique cristallisé de l'oxalate de chaux. Une partie de ce sel pulvérisé et séché à 40°, contenant 2 équivalents d'eau, est mise dans une solution d'azotate d'argent bien neutre contenant 2,07 parties de ce sel pour 20 parties d'eau. Au bout d'une à trois heures, à une température voisine de 100°, l'oxalate calcaire est transformé en oxalate d'argent, qu'il suffit de laver à l'eau distillée, puis

de mettre au contact de l'acide chlorhydrique pour avoir une solution d'acide oxalique, qui donne des cristaux par évaporation.

425. Dosage de l'oxalate de chaux. — L'oxalate de chaux est facile à doser : on le chauffe au rouge naissant pour le transformer en carbonate de chaux. L'opération se fait dans une capsule de platine sur la lampe à alcool ; il se dégage de l'eau et de l'oxyde de carbone. On peut aussi doser la chaux à l'état caustique ou à l'état de sulfate, conformément au § 427 ; 100 parties de chaux caustique correspondent à 239,286 parties d'oxalate de chaux, $C^2Ca^2O^8$, 2 aq. 135 parties d'oxalate de chaux cristallisé correspondent à 100 parties de carbonate de chaux et à 56 parties de chaux caustique.

426. Carbonate de chaux CaO,CO^2. — Ce sel, très-commun dans la nature, entre dans la composition des os, des calculs urinaires et vésicaux, dans les sédiments des urines alcalines, en général il est mélangé aux phosphates insolubles. C'est aussi le produit constant de la combustion de tous les sels organiques calcaires que l'on n'a pas chauffés à une trop haute température de manière à en dégager tout l'acide carbonique. Le carbonate de chaux fait effervescence quand on verse sur lui un acide, et perd son acide carbonique. Afin de ne pas commettre d'erreur et de ne pas prendre un dégagement de bulles d'air pour de l'acide carbonique, il faut préalablement mouiller complétement avec de l'eau distillée le dépôt avec lequel on veut produire cette réaction. Si l'on opère dans un tube à essai, et que la quantité du gaz dégagé soit assez considérable, en inclinant ce tube au-dessus d'un autre tube à demi rempli d'eau de chaux, on déterminera par l'agitation un trouble plus ou moins abondant dû à la précipitation du carbonate de chaux. Si le gaz est très-abondant, il pourra éteindre une bougie. La solution chlorhydrique du carbonate de chaux ($CaCl$) rendue neutre par l'évaporation de l'acide en excès n'est pas précipitée par l'ammoniaque pure; exempte de carbonate d'ammoniaque, elle est précipitée par les carbonates alcalins neutres, et si elle ne contient pas d'acide en excès, ou si cet acide est préalablement saturé par l'ammoniaque, l'oxalate d'ammoniaque fait naître un précipité d'oxalate de chaux insoluble dans l'eau et dans l'acide acétique, soluble dans les acides minéraux. Les solutions des sels de chaux neutres sont aussi précipitées par une solution saturée de sulfate de potasse ou de soude, mais s'il n'y a que des traces de chaux, il faut ajouter de l'alcool, pour rendre le sulfate de chaux plus insoluble.

427. Dosage de la chaux et de la magnésie. — *Premier cas. Les deux sels sont dissous dans une liqueur neutre ou alcaline. Dosage de la chaux.* —

Ajoutez d'abord au liquide assez de chlorhydrate d'ammoniaque pour que l'ammoniaque pure ne trouble pas la liqueur, puis une solution d'oxalate d'ammoniaque en grand excès pour faire passer la chaux à l'état d'oxalate insoluble, et la magnésie à l'état d'oxalate soluble. Couvrez le vase à précipité qui contient l'oxalate calcaire, maintenez-le pendant douze heures dans un endroit chaud pour rendre la précipitation complète, et donner au précipité une cohésion suffisante qui l'empêche de traverser le filtre. Cela fait, versez d'abord le liquide sur un petit filtre de papier Berzélius bien lavé, puis faites tomber peu à peu sur ce filtre le précipité d'oxalate calcaire, lavez ce précipité avec de l'eau distillée, tant que l'eau de lavage donne un résidu par l'évaporation. Desséchez le filtre, détachez du filtre sec le précipité d'oxalate de chaux, incinérez d'abord le filtre dans un creuset ou dans une capsule de platine, puis ajoutez l'oxalate calcaire mis de côté, chauffez-le graduellement au rouge vif, donnez un bon coup de feu pour faire passer à l'état de chaux caustique le carbonate de chaux produit tout d'abord. Le résidu de chaux caustique, mis au contact de l'eau, puis additionné de quelques gouttes d'acide chlorhydrique affaibli, ne doit pas faire effervescence, si tout l'acide carbonique a été dégagé.

Si vous ne disposez pas d'une source de chaleur suffisante pour produire ce résultat, dosez la chaux à l'état de carbonate de chaux ou de sulfate de chaux.

Une simple lampe à alcool suffit pour transformer l'oxalate calcaire en carbonate. Le résidu de carbonate humecté d'eau distillée ne devra pas bleuir le papier de tournesol : cet effet indiquerait qu'une partie du carbonate de chaux a été réduite à l'état de chaux caustique. Pour faire passer cette chaux à l'état de carbonate, voici ce qu'il convient de faire : placez sur le résidu calcaire quelques petits fragments de carbonate d'ammoniaque, versez une solution de carbonate d'ammoniaque, laissez en contact, évaporez doucement à siccité au bain-marie ; enfin, chauffez graduellement à la température du rouge naissant. Recommencez cette opération tant que le poids de la capsule augmentera.

Cette méthode repose sur l'insolubilité de l'oxalate de chaux, sur sa décomposition en carbonate de chaux à une température rouge très-faible, et sur sa transformation complète en chaux caustique à une température élevée.

428. Pour doser la chaux à l'état de sulfate, chauffez l'oxalate calcaire avec du sulfate d'ammoniaque pur, dans un creuset de platine muni de son couvercle. Le résidu est du sulfate de chaux que l'on pèse après refroidissement sur l'acide sulfurique comme dans les cas précédents.

429. 100 parties de carbonate de chaux correspondent à 56 parties de chaux caustique. 100 parties de sulfate de chaux anhydre correspondent à 41,18 parties de chaux caustique.

430. *Corrections.* — Quand la magnésie est abondante, le précipité entraîne toujours un peu de magnésie, ce dont il faut tenir compte dans des recherches précises. Pour cela, après avoir précipité la chaux par l'oxalate d'ammoniaque et abandonné le mélange au repos pendant douze heures, contentez-vous de verser la liqueur seule sur le filtre, par décantation, puis redissolvez le précipité d'oxalate de chaux un peu magnésifère dans l'acide chlorhydrique pur, ajoutez de l'eau distillée, puis un excès d'ammoniaque, enfin de l'oxalate d'ammoniaque. Laissez reposer douze heures dans un endroit chaud, recueillez l'oxalate calcaire exempt de magnésie sur le filtre qui a déjà reçu la première liqueur, et continuez l'opération comme il a été dit précédemment.

431. *Deuxième cas. Le mélange des deux sels est insoluble dans l'eau.* — Dissolvez peu à peu ce mélange avec de l'acide chlorhydrique étendu, de manière à éviter une effervescence trop vive si ce mélange contient des carbonates, évaporez à siccité pour chasser l'excès d'acide chlorhydrique, ajoutez du chlorhydrate d'ammoniaque pur, puis de l'oxalate d'ammoniaque, et continuez comme précédemment.

Si le mélange contient du phosphate de chaux et du phosphate de magnésie, dissolvez-le avec l'acide chlorhydrique étendu, filtrez pour séparer les matières organiques, lavez le filtre avec de l'eau distillée, ajoutez de l'ammoniaque jusqu'à l'apparition d'un précipité que vous redissoudrez à l'aide de quelques gouttes d'acide acétique, puis versez de l'oxalate d'ammoniaque pour précipiter la chaux à l'état d'oxalate. L'opération se continue comme dans le premier cas. L'oxalate calcaire entraîne de la magnésie, comme il n'est pas rigoureusement insoluble dans l'eau chargée d'acide acétique, ces deux effets se compensent assez exactement.

432. Dosage de la magnésie. — Les eaux mères et les eaux de lavage de l'oxalate de chaux provenant de l'une ou de l'autre des opérations précédentes retiennent la magnésie en dissolution. Pour en apprécier la quantité, précipitez-la à l'état de phosphate ammoniaco-magnésien que vous porterez au rouge pour le peser à l'état de pyrophosphate de magnésie. Dans ce but, ajoutez aux eaux mères une solution de phosphate de soude pur, et de l'ammoniaque *en excès*, agitez bien le mélange à l'aide d'une baguette de verre, et laissez déposer le phosphate ammoniaco-magnésien pendant un ou deux jours. Calcinez-le en vous conformant à ce qui a été dit à propos du dosage de l'acide phosphorique (413).

100 parties de pyrophosphate de magnésie correspondent à 36,04 parties de magnésie et 63,96 parties d'acide phosphorique anhydre.

433. Dosage de la potasse et de la soude. — Versez de l'eau distillée sur la matière organique carbonisée, ou sur le mélange salin qui en provient, et, sans filtrer ce mélange, additionnez-le de chlorure de baryum tant qu'il se produira un précipité, puis d'eau de baryte tant que le mélange n'offrira pas une réaction fortement alcaline. Filtrez alors pour séparer divers sels terreux, et les acides phosphorique et sulfurique précipités à l'état de sels de baryte, lavez le filtre avec grand soin pour en extraire tous les sels solubles. Versez dans cette nouvelle liqueur du carbonate d'ammoniaque et de l'ammoniaque caustique tant qu'il se produira un précipité. Filtrez et lavez bien le précipité : la liqueur ne contiendra plus que les chlorures alcalins et les sels ammoniacaux ; évaporez-la doucement à siccité dans une capsule de platine, chauffez graduellement celle-ci au rouge faible pour volatiliser les sels ammoniacaux, en ayant le plus grand soin de ne pas chauffer à une trop haute température pour ne pas volatiliser les chlorures alcalins. Le résidu repris par l'eau cède à ce liquide les chlorures de sodium et de potassium ; filtrez la solution, évaporez-la à siccité après addition d'une ou deux gouttes d'acide chlorhydrique pour lui donner une légère réaction acide, et chauffez graduellement au rouge naissant. Le poids du résidu est celui des deux chlorures alcalins.

Pour doser la potasse, redissolvez ce résidu dans l'eau distillée, versez du bichlorure de platine tant qu'il se produit un précipité et que la liqueur n'est pas jaune ; ajoutez au liquide son volume d'alcool, laissez déposer le précipité de chlorure double de platine et de potassium pendant vingt-quatre heures, recueillez-le au bout de quelque temps sur un petit filtre que vous laverez à l'eau alcoolisée, et du poids du chlorure double bien desséché à 100° vous déduirez le poids du chlorure de potassium qu'il renferme. — Ce poids, retranché du poids total des chlorures alcalins, vous donnera le poids du chlorure de sodium.

100 parties de chlorure double de platine et de potassium ($KCl, PtCl^2$) contiennent 30,51 parties de chlorure de potassium. 100 parties de chlorure de potassium correspondent à 63,17 parties de potasse anhydre (KO). 100 parties de chlorure de sodium correspondent à 53,02 de soude anhydre (NaO).

434. Acide silicique ou silice. — L'acide silicique n'existe qu'en très-minime proportion dans nos tissus; on le retrouve dans les cendres à l'état de silicates solubles et insolubles. Pour le séparer, on ajoute au résidu de l'incinération de l'acide chlorhydrique de façon à rendre le mélange acide, on évapore à siccité et on chauffe le résidu vers 120 à 150°; reprenant alors par l'eau distillée, la partie non dissoute contient la silice. Pour la purifier, on la fond dans une petite capsule de platine avec quatre fois son poids de carbonate de potasse sodé, on sursature peu à peu le produit fondu et dissous dans l'eau par l'acide chlorhydrique, on évapore à siccité, on chauffe vers 120° environ pour rendre l'acide silicique inso-

luble, puis, en reprenant le résidu par de l'eau distillée fortement acidulée par de l'acide chlorhydrique
pur, la silice reste insoluble et parfaitement pure.
Cette silice ne fond pas quand on la chauffe dans
une perle de sel de phosphore (403) ; ce sel fondu au
chalumeau, elle nage dans la masse liquide, sans s'y
dissoudre, et ne se laisse dissoudre par aucun autre
acide minéral que l'acide fluorhydrique.

435. MÉTAUX. — La plupart des sels métalliques se retrouvent dans l'urine, quand ils ont été administrés à une
dose suffisante. L'arsenic, l'antimoine, le fer, le plomb, le
mercure sont assurément ceux dont la recherche est la
plus fréquente.

Tout individu soumis à l'influence des vapeurs mercurielles ou des préparations de mercure (miroitiers, do-
reurs, apprêteurs de poils de lapin) émet une urine qui
renferme du mercure. On en trouve dans l'urine des sy-
philitiques, dans celle des nourrices traitées par les préparations mercurielles dans l'intérêt de leurs nourrissons.

436. **Recherche du mercure.** — Pour rechercher des
traces de mercure dans le lait, M. Personne conseille de
faire passer dans ce liquide un courant de chlore jusqu'à
ce que la matière caséeuse soit rendue friable, puis de
filtrer à froid. Le chlore en excès est éliminé du liquide
par un courant d'acide sulfureux ou par un sulfite, et le
mercure précipité par un courant de gaz acide sulfhydrique,
en ayant soin d'opérer dans un flacon bouché. Le précipité que l'on obtient est lavé à plusieurs reprises par décantation, réuni dans une petite capsule, enfin desséché au
bain-marie. On l'introduit ensuite dans un tube de verre
peu fusible, fermé par un bout, on le recouvre de chaux
vive, on étire l'autre extrémité. Le petit appareil est
chauffé au rouge en commençant par la chaux et en finis-

sant par le précipité. Il se dégage des vapeurs mercurielles qui donnent au contact de l'iode du biiodure de mercure, et d'une lame de cuivre une tache blanche ou grisâtre.

437. Iode. Iodure de potassium. — Pour constater la présence de l'iode dans une urine, ajoutez à ce liquide froid de l'acide chlorhydrique étendu de manière à la rendre franchement acide au papier de tournesol, puis 1 ou 2 grammes d'une solution d'amidon (1 gramme d'amidon bouilli dans 50 grammes d'eau distillée), enfin, goutte à goutte, une solution d'hypochlorite de soude, en ayant soin de bien mélanger le tout par l'agitation. L'iode mis en liberté donnera de l'iodure d'amidon d'un beau bleu, ou tout au moins une teinte violette. L'acide nitrique nitreux peut être remplacé par l'eau de chlore, le chlorure de soude (hypochlorite de soude, liqueur de Labarraque), le perchlorure de fer, l'acide chromique. *Il faut avec beaucoup de soin éviter d'employer un excès de ces réactifs, et n'opérer jamais que sur un liquide froid.*

Quand la quantité d'iode à mettre en évidence est très-faible, ou que l'acide urique, l'albumine, et diverses matières organiques en dissimulent la présence, il vaut mieux évaporer le liquide où l'on recherche l'iode avec 2 grammes de potasse caustique pure par litre. Le résidu de l'évaporation est chauffé au rouge pour amener la destruction de la matière organique, puis traité par l'eau distillée. C'est dans cette solution saturée par l'acide chlorhydrique étendu que l'on cherche au moyen de l'acide azotique nitreux, ou par l'un des autres réactifs précités, à produire de l'iodure bleu d'amidon, indice certain de la présence d'un iodure dans le liquide examiné.

Ce procédé trouve surtout son application quand l'urine contient de la matière colorante de la bile, du sang, de l'albumine, etc.

Brome. Bromure de potassium dans l'urine. — Le brome est moins facilement décelé dans l'urine que l'iode;

mis en liberté par l'addition de quelques gouttes d'eau
chlorée après acidification du liquide, il peut colorer l'empois d'amidon en orangé, mais cette réaction est infiniment moins sensible que celle de l'iode sur l'amidon, et ne
se produit pas aussi rapidement.

Pour procéder à cette recherche quand le bromure est
en très-petite proportion, il vaut mieux évaporer l'urine
avec de la soude caustique dans une capsule de porcelaine
chauffée au rouge faible pour détruire la matière organique, reprendre le résidu par l'eau froide, filtrer, et agiter
la liqueur avec de l'acide azotique nitreux et du sulfure
de carbone. Ce dernier réactif dissout le brome mis en liberté, se colore en jaune, en orangé ou même en rouge
orangé. On peut remplacer l'acide azotique par l'un des
réactifs (437) déjà mis en usage pour mettre l'iode en liberté, et le sulfure de carbone par le chloroforme. Dans
le cas où l'on emploierait de l'éther, c'est à la surface du
liquide qu'on le retrouverait après un repos suffisant ; il
faudrait employer de l'éther pur, encore ce réactif est-il
moins avantageux que le chloroforme ou le sulfure de carbone. Ce traitement serait également applicable à la recherche du brome dans une liqueur séreuse, mais il vaudrait mieux précipiter la substance albumineuse tout
d'abord par l'alcool ou par la chaleur, et n'opérer que sur
le liquide privé d'albumine.

Chlorate de potasse. — Si l'on ajoute une petite quantité d'une solution d'indigo dans l'acide sulfurique à un
liquide qui contient du chlorate de potasse de manière à le
colorer légèrement en bleu, puis un peu d'acide sulfurique,
enfin, goutte à goutte, une solution d'acide sulfureux ou
d'un sulfite alcalin, la solution d'indigo se décolore instantanément, parce que l'acide sulfureux enlève de l'oxygène à l'acide chlorique mis en liberté en passant lui-
même à l'état d'acide sulfurique.

On apprécie la proportion de chlorate par le procédé
suivant : on ajoute à la liqueur de l'azotate d'argent tant

qu'il se forme un précipité, on filtre, on enlève l'excès d'argent par du carbonate de soude *pur*, on filtre de nouveau, puis on concentre la liqueur et les eaux de lavage, on évapore le résidu à siccité, on le chauffe au rouge, et l'on dose le chlore (389, 390). Ce procédé repose sur la solubilité du chlorate d'argent et sur l'insolubilité du chlorure de ce métal, ce qui permet de séparer par l'azotate d'argent le chlore des chlorures de celui des chlorates. En chauffant au rouge le résidu de l'évaporation de la liqueur débarrassée de son excès d'argent, on transforme en chlorures les chlorates alcalins qu'elle renferme, et du poids du chlore trouvé on peut conclure celui du chlorate correspondant.

438. Fer. — Les cendres de l'urine normale peuvent contenir une très-petite quantité de fer. On en trouve davantage si l'urine provient d'une personne qui prend des préparations ferrugineuses, ou si du sang est mêlé à l'urine. Le fer existe toujours dans une notable proportion dans les cendres du sang. Presque toutes nos sécrétions en renferment des traces.

Pour démontrer la présence du fer, on dissout les cendres de l'urine dans de l'acide chlorhydrique *pur*, par conséquent incolore et exempt de fer. On filtre et on partage la solution en deux parties : dans l'une d'elles on verse une goutte d'acide azotique et l'on fait bouillir, ou bien on fait passer quelques bulles de chlore et l'on fait bouillir, puis on ajoute une solution de sulfocyanure de potassium. S'il y a du fer dans la liqueur, il se produit une magnifique coloration rouge de sulfocyanure de fer soluble dans l'éther. Cette coloration est d'autant plus sensible que le fer existe en plus grande abondance dans la liqueur acide.

Dans la seconde partie de la liqueur, que l'évaporation a rendue aussi peu acide que possible, on verse une solution de cyanoferrure de potassium (prussiate jaune), qui donne un beau précipité de bleu de Prusse, ou tout au moins une coloration bleue, si la quantité de fer est très-minime, tandis que le fer a besoin d'être peroxydé dans l'essai par le sulfocyanure de potassium, cette condition n'est pas nécessaire dans l'essai par le cyanoferrure.

439. Dosage des acides libres des liquides de l'organisme et de l'urine en particulier. — La plupart de ces liquides sont très-faiblement acides, et l'on peut avoir besoin de se rendre compte dans le cours d'une maladie des variations de leur acidité. Dans ce but, on détermine le volume d'une solution alcaline d'un titre déterminé nécessaire à la saturation du liquide acide ; on se sert habituellement d'une solution très-étendue de soude caustique.

Pour titrer la solution de soude caustique, dissolvez 10 grammes d'acide oxalique pur, non effleuri, dans de l'eau distillée, et portez le volume de la solution à un litre. D'autre part, dissolvez de la soude caustique pure dans de l'eau distillée, de manière qu'en mélangeant un volume de la solution oxalique avec un volume de la solution sodique, le mélange soit sans action sur le tournesol.

Afin de vous en assurer, versez 10 cent. c. de liqueur oxalique dans un verre à précipité, ajoutez-y quelques gouttes de teinture de tournesol pour colorer le liquide en rouge, et placez le vase à précipité sur une feuille de papier blanc. Cela fait, remplissez une burette divisée en dixièmes de centimètre cube avec la solution sodique, et laissez couler cette liqueur goutte à goutte dans la solution oxalique, en agitant sans cesse cette dernière, jusqu'au moment où la liqueur passe au bleu. Si la liqueur sodique produit ce résultat quand on a versé $7^{cc},8$, c'est qu'il faut ajouter à 78 volumes de cette liqueur sodique 22 volumes d'eau distillée pour faire 100 volumes d'un liquide alcalin qui sature exactement 100 volumes de solution oxalique. Un nouvel essai sur la liqueur alcaline doit confirmer cette épreuve.

440. La liqueur alcaline destinée au titrage étant exactement dosée, supposons qu'il faille en faire usage pour ap-

précier l'acidité d'un liquide, *de l'urine, par exemple*, à cause de la coloration habituelle de l'urine, la teinture de tournesol ne pourra servir à la colorer, comme elle a servi à colorer la solution oxalique, et comme elle servira d'ailleurs toutes les fois qu'il s'agira d'un liquide incolore.

Versez donc 100 cent. c. de cette urine dans un vase à précipité, laissez-y tomber goutte à goutte la liqueur alcaline au moyen de la burette graduée en dixièmes de centimètres cubes, et agitez sans cesse avec une baguette de verre pour rendre le mélange parfait. De temps en temps, faites tomber une goutte du mélange sur une feuille de papier de tournesol bleu ; tant que ces gouttes rougiront légèrement ce papier, continuez à verser de la liqueur sodique, d'autant plus prudemment que vous approcherez davantage de la saturation. Assurez-vous aussi, à la fin de l'opération, que le papier de tournesol rougi passe à la couleur violacée, sans bleuir nettement; alors l'opération est terminée. Il faudra souvent deux ou trois essais pour atteindre le point précis de la saturation. La comparaison des volumes de liqueur alcaline employée dans ces essais vous indiquera les variations de l'acidité du liquide expérimenté.

L'urine des malades atteints d'affections fébriles (fièvre intermittente, pneumonie, rhumatisme aigu), est généralement plus acide que l'urine normale, mais il faut tenir compte ici de la moindre quantité d'urine émise.

441. Dosage des alcalis libres ou carbonatés des liquides de l'organisme. — Les variations dans l'alcalinité des liquides peuvent être constatées à l'aide de la solution d'acide oxalique (10 grammes pour 1000 cent. c.) qui a servi à titrer la solution alcaline. On prend 10 ou 100 cent. c. du liquide à examiner, et l'on y verse goutte à goutte la solution oxalique contenue dans une burette graduée en dixièmes de centimètres cubes, on cesse au moment où une goutte du mélange commence à rougir le papier de tournesol. Souvent l'urine est tellement alcaline

qu'il vaut mieux se servir d'une solution oxalique contenant 20 grammes d'acide par 1000 cent. c., et même davantage. Du volume de la solution oxalique employé, on
conclut le poids d'acide oxalique qui sature le volume de
la liqueur soumise à l'examen, On rapporte à chaque observation les résultats obtenus à 1000 cent. c.

CHAPITRE XX

CYSTINE. — XANTHINE. — SÉDIMENTS URINAIRES.

CYSTINE $C^6H^6AzS^2O^4$ (1).

442. Ce corps, éminemmenret marquable par la proportion considérable de soufre qu'il renferme (26, 58 p. 100) a été découvert par Wollaston dans un calcul. Ces calculs sont fort rares et presque entièrement formés par cette matière ; ils sont légèrement jaunâtres, translucides comme de la vieille cire végétale ; leur cassure offre une structure rayonnée, due à des aiguilles cristallines d'un éclat gras, disposées autour d'un centre commun. Ils se laissent assez facilement rayer par l'ongle.

Pure, la cystine est incolore, inodore, insipide, insoluble dans l'eau et dans l'alcool. Elle se dissout bien dans les acides minéraux, surtout dans l'acide chlorhydrique, avec lequel elle forme une combinaison que l'eau dédouble en cystine libre et en sel acide. Elle se combine avec l'aide azotique, se dissout dans l'acide oxalique, mais reste indissoute dans l'acide acétique.

Les alcalis fixes la dissolvent ainsi que leurs car-

(1) $C^6H^7AzS^2O^4$ d'après quelques auteurs allemands.

bonates; l'ammoniaque caustique la dissout très-bien, mais le carbonate d'ammoniaque ne la dissout pas. Aussi se sert-on de l'acide acétique pour l'isoler de ses solutions alcalines, et du carbonate d'ammoniaque pour la précipiter de ses solutions acides. La simple évaporation à l'air de sa solution dans

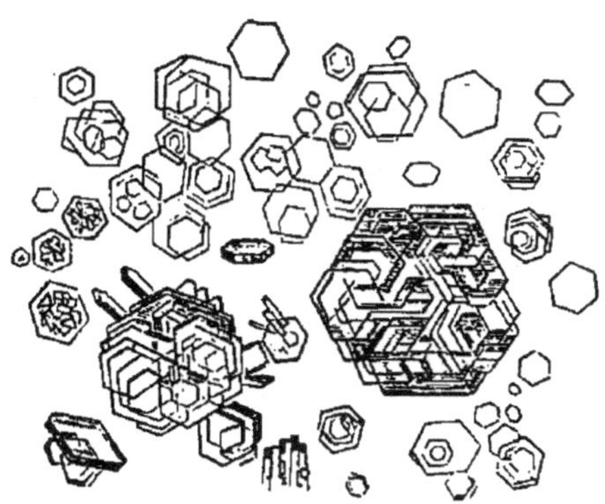

Fig. 21.

l'ammoniaque la fait déposer sous la forme de *prismes ou de tables à 6 côtés* (*fig*. 21), qui peuvent la faire confondre avec l'acide urique, qui revêt quelquefois cette forme.

443. *Extraction*. — Pour extraire la cystine des calculs ou des sédiments urinaires, on broie ces substances, puis on les soumet à l'action de l'ammoniaque caustique. La solution ammoniacale filtrée, abandonnée à l'air, dépose des cristaux de cystine. Un courant d'acide carbonique ou l'acide acétique la précipiterait beaucoup plus rapidement. — Si elle était mélangée avec une grande quantité de phosphates terreux et d'urates, l'eau bouillante enlèverait ces derniers, et à l'aide de l'acide acétique bouillant il serait facile de dissoudre les phosphates. Il ne resterait plus qu'à faire cristalliser le résidu dans l'ammoniaque : les cristaux sont d'autant plus nets qu'ils se sont formés plus lentement.

Pour la caractériser, on peut encore recourir aux réactions suivantes.

Chauffée seule sur une lame de platine, elle brûle sans entrer en fusion, avec une flamme bleu verdâtre, en dégageant une odeur piquante caractéristique, et laisse un résidu de charbon très-volumineux.

Chauffée avec un alcali fixe, elle dégage de l'ammoniaque et un gaz qui brûle avec une flamme bleue.

Chauffée avec une solution de potasse caustique contenant en dissolution du protoxyde de plomb, elle cède son soufre, qui passe successivement à l'état de sulfure de potassium et de sulfure de plomb : ce dernier colore la liqueur en noir.

Chauffée avec quelques gouttes de potasse ou de soude caustique sur une lame d'argent, elle cède son soufre à l'alcali, et laisse une tache noire de sulfure d'argent. Ces deux dernières réactions sont aussi produites par l'albumine et ses congénères, mais à un bien moindre degré (39).

Chauffée avec de l'acide azotique, dans les conditions décrites pour produire la murexide avec l'acide urique, elle donne un résidu rouge-brun, mais l'addition de l'ammoniaque à ce résidu ne développe pas la belle coloration pourpre de la murexide (275).

XANTHINE $C^{10}H^4Az^4O^4$.

444. On donne aussi à ce corps les noms d'*oxyde xanthique*, d'*acide ureux*, parce que sa formule ne diffère de celle de l'acide urique que par deux équivalents d'oxygène. On a trouvé la xanthine dans des calculs urinaires d'une très-grande rareté ; on a constaté sa présence dans l'urine humaine, surtout chez les leucémiques, dans le cerveau, la rate, le foie et le pancréas du bœuf, dans le thymus du veau, dans les foies atteints de cirrhose et dans certaines tumeurs de la rate.

Pure, la xanthine est une matière amorphe, blanchâtre, qui prend sous la pression de l'ongle l'éclat de la cire. Elle est peu soluble dans l'eau bouillante 1/1178, et l'eau froide n'en conserve que 1/14500 de son poids. Cette solution est précipitable par le sublimé quand elle contient encore 1/30000 de son poids de xanthine. Ce corps est insoluble dans l'alcool et dans l'éther ; il se dissout bien dans les alcalis et l'ammoniaque caustiques, les acides précipitent la xanthine de ses solutions alcalines. Soluble également dans les acides azotique et sulfurique, elle se dépose quand on sature ces acides par un alcali. L'azotate et surtout le chlorhydrate de xanthine, qui est plus stable, peuvent cristalliser et donner des groupes de cristaux très-fins, 100 p. de xanthine donnent 122,81 de chlorhydrate.

La solution de xanthine dans l'acide azotique donne par l'azotate d'argent un précipité qui est soluble à chaud et dépose des aiguilles microscopiques pendant le refroidissement.

La solution de xanthine dans l'ammoniaque est précipitée par la solution d'azotate d'argent dans l'ammoniaque ($C^{10}H^4Az^4O^4$, $2AgO$) et le précipité n'est pas soluble dans un excès d'ammoniaque.

La solution ammoniacale de xanthine est précipitée par le chlorure de zinc, par l'acétate de plomb.

Un caractère des plus importants à connaître, le plus caractéristique de tous, consiste à faire réagir à chaud de l'acide azotique sur un fragment de xanthine; la dissolution s'effectue, et quand l'acide est évaporé, le résidu est jaune, tandis qu'avec l'acide urique le résidu devient rouge (275). Ce résidu jaune ne devient pas rouge au contact de l'ammoniaque, mais la potasse caustique lui donne une coloration orangée, qui passe au rouge violacé quand on élève la température.

M. Hoppe-Seyler a donné le caractère suivant : si l'on place dans un verre de montre du chlorure de chaux et de la soude caustique liquide, et par-dessus ce mélange quelques granules de xanthine, il se produit autour de ces granules une auréole d'un vert foncé qui passe ensuite au brun et finit par disparaître.

On peut extraire la xanthine à l'état de pureté des calculs qu'elle forme presque toujours à elle seule en traitant ceux-ci par l'ammoniaque, laissant évaporer la solution ammoniacale ou la saturant par l'acide acétique.

La xanthine n'a été obtenue qu'en si petite quantité de l'urine normale (1 gramme sur 300 kilogrammes) que je ne crois pas devoir décrire ici les procédés qui ont donné ce résultat.

SÉDIMENTS URINAIRES.

445. Dans le plus parfait état de santé, l'urine la plus limpide, laissée en repos pendant quelques heures, dépose un léger nuage de mucus et de débris de cellules épithéliales provenant de la membrane muqueuse qui tapisse les conduits urinaires. Dans l'état pathologique on y rencontre un grand nombre de produits organisés dont les formes sont seulement appréciables au microscope (globules de sang, de pus, spermatozoïdes), et divers sels cristallisés ou amorphes.

Il arrive fréquemment que l'urine, absolument limpide au moment de la miction, abandonne en se refroidissant un limon plus ou moins épais, jaunâtre, plus souvent rosé, briqueté, parfois d'un rouge vif : ce sont des urates et surtout de l'urate de soude qui peuvent se redissoudre quand on élève la température du liquide. Ces dépôts rougeâtres, qui effrayent si vivement certains malades, n'ont rien de grave ; ils décèlent d'ordinaire *un état fébrile*, et s'observent principalement dans le rhumatisme aigu et la pneumonie. Ces urines récemment émises rougissent fortement le papier bleu de tournesol.

Ce dépôt revêt souvent une forme cristalline très-appréciable à l'œil nu ou à la loupe : il augmente de volume quand on abandonne l'urine à elle-même dans un endroit frais pendant un ou deux jours. Les urates, incolores par eux-mêmes, fixent la matière colorante en se déposant. On avait donné le nom d'*acide rosacique* (Prout) à cette matière rosée si intimement unie à l'acide urique et surtout à l'urate de soude, mais l'alcool enlève à l'acide urique et aux urates acides cette matière colorée, sans dissoudre bien sensiblement l'acide urique ni ses sels, ce n'est donc pas là un principe particulier, mais un mélange, une sorte de teinture des urates par un principe coloré.

446. Dans les urines acides, on trouve surtout des urates dans les sédiments. Dans les urines alcalines, au contraire, on constate plus particulièrement la présence du phosphate ammoniaco-magnésien, du phosphate de chaux tribasique, et même celle du carbonate de chaux. L'urine presque neutre peut contenir en dissolution du carbonate et du phosphate de chaux à la faveur de l'acide carbonique dont elle est chargée, aussi, dès qu'on la chauffe, cette urine se trouble et dépose ses sels ; il ne faut pas prendre ce dépôt pour de l'albumine, car l'addition de quelques gouttes d'acide acétique le fait promptement disparaître.

L'urine donne d'ailleurs des sédiments de nature différente, suivant qu'elle est ancienne ou récente, acide ou alcaline, émise depuis quelques minutes ou quelques heures. C'est ainsi que l'urine, encore acide et limpide au moment de la miction, peut devenir peu à peu alcaline dans les heures suivantes et déposer de l'oxalate de chaux, du phosphate ammoniaco-magnésien, du phosphate de chaux cristallisé.

447. Si l'on abandonne de l'urine au repos dans un verre conique, un verre à champagne par exemple, en décantant le liquide transparent qui surnage le sédiment, et examinant celui-ci au microscope, on pourra distinguer :

a. Des produits organisés : globules rouges du sang, leucocytes (*pus, mucus*), spermatozoïdes, entozoaires, lamelles épithéliales, cylindres rénaux, gouttelettes graisseuses, filaments fibrineux, pigment biliaire.

b. Des cristaux : 1° d'*acide urique* coloré en jaune, ou en jaune orangé, rougeâtre, tantôt sous la forme de plaques à 6 côtés, tantôt sous celle de prisme dont les angles obtus sont arrondis (274) ;

2° D'*urate d'ammoniaque* (fig. 23) sous la forme de boules hérissées de pointes, comme le fruit du *datura stramonium* (268 et suiv.) ; d'*urate de soude* (fig. 22) (268) ;

3° De *phosphate ammoniaco-magnésien* en gros prismes (407) (fig. 18 et 23) ;

4° De *phosphate de chaux bibasique* ; ces deux phosphates sont solubles dans l'acide acétique (404) ;

5° D'*oxalate de chaux*, insolubles dans l'acide acétique, en octaèdres présentant la forme d'enveloppe de lettre, solubles dans l'acide chlorhydrique (419) ;

6° D'*acide hippurique*, en longues aiguilles, ou en prismes taillés en biseaux aux extrémités (289);

7° De *cystine*, en tables hexagonales solubles dans l'ammoniaque (442) (*fig.* 21);

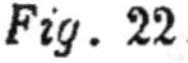

Fig. 22.

Fig. 23.

8° De *tyrosine*, en granules grisâtres de structure rayonnée (181);

9° D'*indigo*, provenant du dédoublement de l'indicane (258).

c. *Des sels amorphes* : urates, phosphates, carbonates; oxalate de chaux.

Dans ce mélange l'acide azotique et l'ammoniaque (275) mettront hors de doute l'existence de l'*acide urique*. D'ailleurs un simple traitement par l'eau bouillante (200 fois environ le poids du sédiment) permet de dissoudre les urates, et de laisser les autres éléments à l'état insoluble. La liqueur filtrée, concentrée, additionnée d'acide acétique abandonne en quelques heures des cristaux d'acide urique.

La partie non dissoute par l'eau cède à l'acide acétique les phosphates, et laisse l'oxalate calcaire indissous. Si le mélange contenait du *carbonate* de chaux, l'addition de l'acide acétique donnerait lieu à une effervescence, due au dégagement de l'acide carbonique. L'acide phosphorique des *phosphates* dissous dans l'acide acétique sera mis en évidence à l'aide des réactions du § 401. La *chaux* et la *magnésie* seront constatées d'après les données des § 386, 427, enfin l'*oxalate de chaux*, comme il est dit § 418 et suiv.

448. Fibrine. — L'urine peut contenir de la fibrine coagulée quand elle renferme du sang en quantité un peu notable ; la fibrine entraîne au fond du vase des globules rouges que l'on reconnaît au microscope. Quelquefois la fibrine flotte au sein de la masse liquide ; dans d'autres cas, elle existe sans globules sanguins, le plasma du sang ayant transsudé seul ; ces derniers faits ne paraissent guère avoir été observés qu'à l'île de France. Un caillot fibrineux peut devenir le noyau d'un calcul.

Dans quelques cas fort rares, on a vu la fibrine apparaître en proportion très-notable dans l'urine sans qu'il y eût en même temps de globules rouges. Cette fibrine se coagule au sortir de la vessie, comme si elle était le résultat d'un dédoublement de la plasmine, semblable à celui que l'on observe dans l'ascite et le liquide pleural.

449. *Matières grasses*. — L'examen microscopique en révélera l'existence. Un traitement par l'éther et par l'alcool concentré bouillant dépouillera le sédiment des corps gras qu'il pourrait renfermer. L'urine abandonnée à elle-même dans un tube de verre dans un milieu un peu chaud se recouvre souvent à sa surface de globules graisseux (320).

450. Epithélium. — Les dépôts urinaires contiennent fréquemment des débris de cellules épithéliales provenant des reins, des uretères, de la vessie, de l'urètre et même du vagin. Ces éléments sont très-nombreux quand les membranes dont ils proviennent sont le siége d'une inflammation aiguë ou chronique. La présence d'un calcul est une cause continue d'irritation qui rend cette élimination plus rapide.

La description des épithéliums et des débris de tissus pathologiques appartient aux Traités d'anatomie.

451. Kyestéine. — On nomme kyestéine (κύησις, accouchement) la pellicule, quelquefois le simple nuage blanchâtre qui vient se former à la surface de l'urine chez les femmes enceintes. Ce trouble s'observe bien dans un tube de verre, au bout de deux ou trois jours, suivant la température. Au microscope, on y distingue des globules de matières grasses, des cristaux de phosphate ammoniaco-magnésien, quelques vibrions, et une matière amorphe mucilagineuse qui paraît une altération du mucus. Ce caractère se rencontre assez fréquemment dans l'urine de l'homme pour qu'il ne puisse en aucune façon servir à diagnostiquer une grossesse. Il n'y a d'ailleurs aucun produit particulier dans cet état de l'urine.

452. Sperme. — Le sperme contient une matière albumineuse qui ressemble beaucoup par ses propriétés à la caséine, et à laquelle on a donné le nom de *spermatine*. Elle jouit de tous les caractères généraux des matières albuminoïdes (39 et suiv.). Ses éléments minéraux contiennent une grande proportion de phosphates, et surtout du phosphate de magnésie.

Le sperme est un mélange de plusieurs humeurs fournies par le testicule, les vésicules séminales, la prostate, les glandes de Cooper, les glandules de l'urètre et des canaux parcourus par ces divers liquides. C'est le testicule qui fournit les *spermatozoïdes* qui caractérisent ce liquide, et lui donnent les qualités fécondantes.

Quand une urine contient du sperme, elle n'est pas ou n'est que très-peu troublée ; si on l'abandonne au repos dans un verre conique, les spermatozoïdes se déposent peu à peu, et, au bout de dix heures environ, on peut décanter le liquide limpide, et examiner le sédiment au microscope. Ce sédiment contient des sels, du mucus, des cellules épithéliales, et, si le sperme existe réellement dans l'urine, des spermatozoïdes dénués de tout mouvement propre et flottants au milieu du liquide. Nous ne ferons que rappeler ici que les spermatozoïdes ont la forme des têtards de grenouilles ; leur longueur totale est de $0^{mm},05$ environ, leur tête ne forme guère qu'un dixième de cette longueur, soit 5 millièmes de millimètre. La description des spermatozoïdes appartient plus spécialement aux Traités d'anatomie, aussi ne nous étendrons-nous pas plus longtemps sur ce point.

L'urine spermatifère est albumineuse, à la façon de l'urine purifère, la présence des spermatozoïdes ou celle des leucocytes permet de les distinguer nettement l'une de l'autre.

453. Marche à suivre pour étudier une urine. —

1° Constater l'*odeur* (225), la *transparence* (227), la *couleur* (228), la *réaction* au papier de tournesol (242). Prendre autant que possible l'urine des 24 heures, et en noter la quantité.

2° Déterminer la *densité* en notant la température de l'expérience (232), le *poids* du résidu sec ou des *matières solides* en rapportant les chiffres obtenus à un kilog. (233).

3° Déterminer le *poids des matières minérales* en incinérant le résidu sec de l'opération précédente (5) ; caractères des sels (384) ;

4° Noter si l'urine a ou n'a pas donné un *sédiment*, étudier ce dépôt en suivant la marche indiquée (447).

5° Chauffer quelques grammes d'urine *limpide* et acide, rendue telle au besoin par une goutte d'acide acétique ; si le liquide se trouble, il y a de l'*albumine* (43,61,323). S'il reste quelque doute, saturer le liquide avec du sulfate de soude pur, ajouter de l'acide acétique jusqu'à ce que le liquide rougisse franchement le tournesol, filtrer, et chauffer le liquide limpide (63,326). Le précipité d'albumine simple est blanchâtre ; s'il est rougeâtre, c'est que l'albumine provient de la présence du *sang* (112) ; si le précipité albumineux est verdâtre, c'est qu'il contient de la *matière colorante de la bile* (161,172). L'emploi de l'acide nitrique nitreux confirme ce dernier résultat (168), indépendant d'ailleurs de la présence ou de l'absence de l'albumine.

6° On peut rechercher les *acides biliaires* dans les urines chargées de matière colorante de la bile (160).

7° 1 gr. d'urine et 3 à 4 gr. d'acide chlorhydrique fumant donnent une liqueur qui se colore en rouge violacé s'il y a de l'*indicane* (252).

8° 1 gr. d'urine versé dans un tube contenant 3 ou 4 gr. de liqueur de Fehling (354) bouillante, donne un réduction du sel de cuivre avec précipitation du protoxyde de cuivre : cette réaction décèle la présence du *sucre de diabète*. Dosage (365,375).

9° L'*inosite* sera recherchée d'après les indications du § 378.

10° L'*iode* (437), le *fer* (438), le *mercure* (436), le *sulfate de quinine* seront l'objet de recherches spéciales.

11° La *leucine*, la *tyrosine* seront recherchées surtout dans les affections du foie, la fièvre typhoïde (178, 180). Les matières grasses (320).

12° Si le liquide est abondant, on en prend 200 gr. au moins et l'on y dose l'*acide urique* en y versant 2 0/0 d'acide chlorhydrique (280).

13° 500 gr. d'urine sont nécessaires pour rechercher l'*acide hippurique* (290).

14° 200 gr. d'urine évaporée au bain-marie en consistance sirupeuse, le résidu épuisé par l'alcool concentré, et la solution alcoolique évaporée à son tour en consistance sirupeuse, on recherche l'*urée* dans cet extrait alcoolique (306).

15° Un pareil extrait alcoolique obtenu avec 500 gr. d'urine, donne de la créatine et de la créatinine par l'addition d'une solution concentrée de chlorure de zinc (190).

16° L'extrait d'urine épuisé par l'alcool ne consiste plus qu'en un mélange de sels, de mucus et d'acide urique. L'acide chlorhydrique étendu lui enlève les phosphates. Le résidu est privé d'acide urique par la soude caustique liquide, et la solution d'urate à excès d'alcali, rendue limpide par le repos, décantée, donne des cristaux d'acide urique par l'acide chlorhydrique.

CHAPITRE XXI

454. Les *pierres*, les *calculs* (*calculus*, petit caillou), les *graviers* que l'on trouve dans la vessie, les reins, lès uretères, l'urètre, la prostate, le prépuce, ont une composition chimique variable, mais toujours ils sont formés par les éléments naturels ou pathologiques de l'urine, comme les sédiments de l'urine. Ils ne sont, en effet, le plus souvent que des agglomérations des dépôts urinaires.

Souvent très-petits, comme des grains de sable, ils sont rejetés avec l'urine sans douleur et en nombre plus ou moins considérable ; d'autres fois plus volumineux, comme des graviers, ils sortent encore spontanément, mais en causant une douleur vive, produite par la déchirure des voies urinaires. Enfin, ils sont si volumineux qu'ils ne peuvent plus être extraits qu'au moyen d'opérations chirurgicales, la taille et la lithotritie. Quelques calculs pèsent plus d'un kilogramme. Les calculs de 5, 10, 15 grammes sont quelquefois réunis en grand nombre dans la même vessie, dans le même rein, avec de nombreux graviers beaucoup plus petits.

L'apparition de quelques graviers dans l'urine

doit faire craindre pour l'avenir la production de calculs ; la connaissance de la nature chimique de ces graviers guidera le médecin sur le choix du traitement qui en préviendra la formation.

La description des formes variées des calculs a un grand intérêt pour le chirurgien, puisqu'elle lui indique souvent la nature de l'opération et le choix de l'instrument, mais elle est sans importance pour le chimiste qui n'a à s'occuper que de la nature et de la proportion des éléments. D'ailleurs, si les qualités extérieures, la couleur, la forme, la dureté, la structure d'un calcul en décèlent quelquefois la nature chimique à un homme très-habitué à voir ces concrétions, l'analyse régulière est seule capable de déterminer avec exactitude la nature de leurs éléments constitutifs et leurs proportions. Les calculs sont rarement composés d'une seule substance chimique, ils sont le plus ordinairement un mélange de plusieurs substances, tantôt séparées par couches concentriques, tantôt confondues sans que l'œil armé d'une loupe puisse distinguer les éléments qui les composent. Ils ont souvent une forme ellipsoïdale, quelques-uns sont arrondis, d'autres sont hérissés d'aspérités comme le fruit de la mûre (oxalate de chaux), d'autres enfin sont de formes très-irrégulières.

Quand les calculs sont nombreux dans la même poche, ils s'usent par leur frottement réciproque, ils prennent alors des formes polyédriques dont les arêtes sont arrondies, émoussées, et plus particulièrement celle de tétraèdres. Souvent aussi la vessie contient de nombreux calculs dont aucun n'a revêtu la forme polyédrique.

La couleur des calculs est variée et ne saurait non plus que la forme indiquer leur nature chimique. La matière colorante du sang, celle de la bile, les produits de leur altération viennent s'ajouter aux éléments ordinaires des calculs et aux matières colorantes de l'urine. En général, les calculs blancs à l'intérieur sont formés par des phosphates ; les rouges, les jaunâtres par de l'acide urique et par des urates ; ceux qui sont légèrement jaunes, translucides, par de la cystine ; enfin ceux qui sont gris verdâtres ou bruns, par de l'oxalate de chaux. Les couches de couleurs variées qui forment la plupart de ces concrétions sont quelquefois de même nature, mais souvent aussi leur dureté et leur nature chimique varient à chaque couche.

455. Les calculs ont ordinairement un noyau, c'est-à-dire un corps solide qui a servi de point de départ aux dépôts successifs qui les ont formés. Tantôt ce noyau est un gravier d'acide urique venu du rein, tantôt un caillot fibrineux, ou un dépôt urinaire quelconque. Des corps étrangers introduits volontairement ou accidentellement dans la vessie sont aussi devenus l'origine de calculs ; c'est ainsi qu'on a vu des débris de sonde, des étuis, des grains de blé, des aiguilles, des épingles à grosse et à petite tête, des crayons, des tuyaux de porteplume,

des bougies de petit diamètre se recouvrir d'une enveloppe minérale et donner lieu à de volumineux calculs. Le noyau peut souvent être énucléé et analysé à part, quand il est lui-même un calcul ou un gravier.

Quelques calculs sont creux à l'intérieur, à la façon des pierres d'aigle ; ils ont eu pour origine un caillot sanguin qui s'est résorbé, ou toute autre substance organique dont l'absorption consécutive a laissé un vide au centre du calcul.

456. La densité des calculs est variable suivant qu'on les prend secs ou humides. Leur volume apparent ne reste même pas constant ; on ne saurait fixer aucune règle sur ce sujet.

457. L'analyse des calculs est assez complexe, parce qu'ils sont le plus ordinairement des mélanges ; mais le nombre des éléments qui entrent dans leur composition est en somme assez restreint pour qu'un peu d'habitude et des soins minutieux rendent ces analyses très-exactes, bien plus assurément que ne l'exigent les besoins de la chirurgie.

458. Les calculs les plus fréquents sont ceux d'acide urique ; presque tous les graviers rendus spontanément en contiennent une forte proportion. L'acide urique forme le noyau d'un grand nombre de calculs. Après les calculs d'acide urique, ceux de phosphate ammoniaco-magnésien sont les plus fréquents ; ce sel sert souvent d'enveloppe à un grand nombre de calculs dont le centre est formé d'élé-

ments divers. Les calculs de carbonate de chaux ou de magnésie sont rares chez l'homme, et fréquents chez les herbivores. Chauffé à la température du rouge vif, le résidu minéral ne contient plus que trois éléments : acide phosphorique, chaux et magnésie, car l'acide carbonique s'est dégagé.

Wollaston a reconnu que les calculs de la prostate étaient formés par du phosphate neutre de chaux. Ils atteignent au plus le volume d'une noisette. Mais on trouve souvent dans la prostate un très-grand nombre de calculs formés par une matière albumineuse soluble dans l'acide acétique ; ces calculs sont entièrement combustibles contrairement aux précédents, ils paraissent un produit de sécrétion de la glande qui se serait concrété. Quelques calculs de la prostate contiennent du carbonate de chaux. Souvent les calculs prostatiques ne sont que des calculs vésicaux qui se sont engagés au fur et à mesure de leur développement dans le tissu de la glande.

C'est encore du phosphate de chaux, mêlé ou non à du carbonate de chaux que l'on trouve dans les calculs des amygdales, des glandes salivaires, de la veine et du tissu pulmonaires, de l'intestin, du canal lacrymal. Brugnatelli en a décrit plusieurs cas (*Litologia umana*).

J'ai eu l'occasion d'observer un calcul nasal qui pesait environ 2 grammes ; il contenait une partie de l'un des cornets, et était entièrement formé par du phosphate de chaux tribasique, infusible au chalumeau, et ne faisant pas effervescence au contact des acides.

459. Les calculs noircissent à peu près tous quand on les chauffe sur une lame de platine, sur la lampe à alcool ; il en est bien peu, qui soient assez dépourvus de matières organiques pour ne pas produire cet effet, dû au charbon provenant de la matière organique.

460. **Dosage de l'eau.** — Les calculs récemment extraits (ceux de phosphate surtout, à cause de leur porosité plus grande), conservent pendant un temps très-long une partie du liquide où ils ont pris naissance. Lourds au moment de leur extraction, ils deviennent peu à peu très-légers, et perdent jusqu'à la moitié de leur poids. Dans une analyse quantitative exacte, cette considération doit primer toutes les autres ; il faut donc opérer l'analyse sur la substance pulvérisée parfaitement desséchée à 100° ; il est même convenable de faire précéder cette dessiccation d'un lavage à l'eau distillée froide, pour enlever les éléments solubles empruntés à l'urine. Il est rarement possible de faire séparément l'analyse de chacune des couches qui constituent un calcul : ces diverses couches sont souvent très-ondulées, la section du calcul les montre presque polyédriques et tellement adhérentes qu'il ne faut pas songer à les séparer. C'est alors que l'on cherche la composition moyenne du calcul. Quand la pierre est volumineuse,

on la perce à l'aide d'un perforateur que l'on fait agir à la façon d'une vrille, de manière à détacher un cône, sur un point qui ne modifie pas l'aspect général si le calcul doit prendre place dans une collection. Cette poudre obtenue est broyée dans un mortier pour la rendre plus fine et plus homogène, puis desséchée à l'étuve, à 100°. La différence du poids de la poudre brute d'avec celui de la poudre sèche indique la perte d'eau. Il se perd toujours une petite quantité d'ammoniaque quand cet élément existe en proportion un peu considérable dans le calcul.

461. Les éléments principaux des calculs sont : l'*acide urique et ses sels*, la *xanthine*, la *cystine*, l'*oxalate de chaux*, les *phosphates de chaux*, de *magnésie* et *ammoniaco-magnésien*, le *carbonate de chaux*, le *carbonate de magnésie*, la *fibrine*, le *mucus*. On y trouve aussi de l'*oxyde de fer*, du *sulfate de chaux*; des *matières colorantes*, mais ces derniers éléments n'existent qu'en très-minime proportion. Rarement on y trouve une proportion un peu notable de silice.

462. Marche à suivre pour reconnaître les éléments qui entrent dans la composition d'un calcul.

Premier cas. — *a.* Une prise d'essai est pulvérisée et traitée dans une petite capsule de porcelaine ou de platine par l'acide azotique et l'ammoniaque (275). Si la coloration pourpre de la murexide se produit, c'est une preuve que l'acide *urique* est un élément de ce calcul.

b. Le résidu de cette opération est chauffé au rouge jusqu'à disparition de toute trace de charbon; s'il n'y a pas de résidu, c'est qu'il n'y a pas de *matière minérale.*

c. Ce calcul ne contient pas de matière minérale; il est formé par une ou plusieurs des matières suivantes (1) :

Acide urique,   Urate d'ammoniaque,
Xanthine,   Cystine,
Mucus,   Matières fibrineuses, grasses
                                 ou colorantes.

d. Le premier essai *a* indique s'il y a de l'acide urique, mais l'urate d'ammoniaque donne également de la murexide, il faut donc s'assurer sur une autre prise d'essai que le calcul dégage de l'ammoniaque quand on le chauffe avec de la soude caustique liquide (268).

L'urate d'ammoniaque est d'ailleurs plus soluble dans l'eau bouillante que l'acide urique; aussi, en traitant une prise d'essai par l'eau bouillante, on peut obtenir dans quelques cas, par le refroidissement, des cristaux d'urate d'ammoniaque en aiguilles fines disposées en rayon autour d'un point central.

e. L'essai par l'acide azotique et l'ammoniaque n'a

(1) Si l'on ne possédait aucune donnée sur l'origine du calcul, comme on pourrait avoir à essayer un calcul biliaire, il faudrait songer à la cholestérine (176).

pas décelé d'acide urique; le résidu du traitement par l'acide azotique est jaune-citron, il ne devient pas rouge quand on l'arrose d'ammoniaque, mais il passe au rouge orangé par la potasse ou la soude caustique, on en conclut que le calcul est formé par de la *xanthine* (444).

f. Le calcul ne contient ni acide urique ni xanthine, recherchez la cystine. Pour cela, traitez le calcul pulvérisé par l'ammoniaque caustique, filtrez, laissez évaporer lentement l'ammoniaque, et si vous obtenez des tables hexagonales microscopiques, vous n'aurez plus qu'à vérifier sur elles les réactions de la *cystine* (442).

g. Le calcul chauffé sur la lame de platine dégage l'odeur de la corne brûlée, comme toutes les matières albuminoïdes. Il se dissout dans la potasse caustique, il est précipité de sa dissolution par l'acide acétique. Un grand excès de cet acide redissout le précipité, et le cyanoferrure de potassium détermine dans cette solution un précipité qui est une combinaison de cyanoferrure avec la matière albumineuse. Ce calcul est formé par de la *fibrine* ou par une matière analogue. Les calculs fibrineux sont fort rares.

463. *Deuxième cas.* — Le calcul, soumis à l'action de l'acide azotique et de l'ammoniaque, enfin incinéré, laisse sur la lame de platine un résidu minéral; il peut contenir un ou plusieurs des sels suivants :

Urates de soude, de magnésie, de chaux ;

Oxalate de chaux;

Phosphates de chaux, de magnésie;

Phosphate ammoniaco-magnésien;

Carbonate de chaux, de magnésie (1).

h. Si l'action successive de l'acide azotique et de l'ammoniaque a donné la coloration rouge-pourpre de la murexide (275), le calcul contient de *l'acide urique*. Si le calcul est simplement composé d'urates, il n'y a plus qu'à déterminer les bases fixes. Pour cela, chauffez l'urate au rouge de manière à détruire toute la matière organique, reprenez par l'eau qui dissout les carbonates de potasse et de soude et laisse les carbonates de chaux et de magnésie à l'état insoluble. Le liquide contient-il un carbonate alcalin, il bleuit le papier de tournesol, une goutte d'acide acétique dégage l'acide carbonique et occasionne une légère effervescence. Si cet alcali est la *soude*, une goutte du liquide portée dans une flamme incolore (la lampe à alcool et mieux encore à esprit de bois) donne une flamme jaune. Si cet alcali est la *potasse*, le liquide concentré donne par le bichlorure de platine (433) un précipité jaune de chlorure double de platine et de potassium insoluble dans l'eau alcoolisée.

i. Le résidu de la combustion des urates ne contient ni soude ni potasse, recherchez-y la chaux et

(1) Les calculs biliaires avec résidu minéral sont décrits § 170.

la magnésie. Dans ce but, dissolvez-le dans l'acide acétique faible, il y a effervescence, ajoutez du chlorhydrate d'ammoniaque, puis de l'oxalate d'ammoniaque ; s'il se fait un précipité d'oxalate de chaux, c'est que l'*urate de chaux* existait primitivement dans le calcul. L'oxalate de chaux séparé (418,427), versez dans la liqueur du phosphate de soude ammoniacal et un grand excès d'ammoniaque: la formation d'un précipité cristallin de phosphate ammoniaco-magnésien décèle la présence de la magnésie, par conséquent celle de l'*urate de magnésie* dans le calcul. Il faut attendre plusieurs heures, s'il n'y a qu'une trace de magnésie.

j. Le calcul a donné ou n'a pas donné d'acide urique, on recherche l'*oxalate de chaux*. Tout calcul qui ne fait pas effervescence avant d'être chauffé au rouge, et fait effervescence après cette opération, contient un acide organique (acide urique, hippurique, oxalique). Si le calcul contenait de l'acide urique, il a donné de la murexide par l'acide azotique et l'ammoniaque (275). Mais l'oxalate de chaux peut être mélangé à l'urate ; pour les séparer, il faut traiter le mélange par l'acide chlorhydrique étendu et filtrer pour séparer l'acide urique indissous. L'oxalate calcaire, précipité de sa solution chlorhydrique par l'ammoniaque, est recueilli sur un filtre, puis lavé à l'acide acétique bouillant qui le dépouille des phosphates qu'il pourrait encore contenir, et l'on vérifie sur lui toutes les propriétés de l'oxalate de chaux.

Il est encore plus simple, surtout si l'on dispose d'une quantité suffisante de matière, de produire de l'oxyde de carbone en se conformant aux données du § 421.

Si le résidu de la combustion du calcul, après avoir été lavé à l'eau distillée, ne donnait pas lieu à une effervescence, c'est qu'il n'y avait pas dans ce résidu de carbonate calcaire ou magnésien, par conséquent le calcul ne contenait ni urate, ni carbonate, ni oxalate de chaux ou de magnésie, et l'action des réactifs décelant la chaux et la magnésie devrait être rapportée à la présence des phosphates et non pas à celle des carbonates. L'eau bouillante enlève les urates alcalins assez facilement, mais elle dissout si mal les urates de chaux et de magnésie que l'on doit renoncer le plus souvent à se servir de ce véhicule pour les extraire.

k. Ces éléments reconnus ou non, recherchez l'*acide phosphorique*. Prenez le calcul brut, chauffez-en quelques centigrammes au rouge sur une lame de platine, sur la lampe à alcool, afin de détruire la matière organique ; ajoutez, s'il est nécessaire, une goutte d'acide azotique et chauffez encore pour faire disparaître les dernières traces de charbon. Reprenez le résidu minéral par quelques gouttes d'acide azotique et versez la dissolution dans un tube contenant la solution de molybdate d'ammoniaque (33). La présence de l'acide phosphorique est prouvée par le précipité jaune dont les propriétés sont décrites (401 *b*). Il faut quelquefois aider la réaction par une douce chaleur.

On peut faire servir à ce résultat le résidu de la réaction de l'acide azotique sur la première prise d'essai (recherche de l'acide urique (463 *h*) ; on l'incinère, puis le résidu minéral dissous dans l'acide azotique est essayé comme il vient d'être dit. Pour peu que le calcul contienne d'acide phosphorique, on peut être certain de le mettre en évidence par ce procédé.

Un calcul phosphaté fusible au chalumeau en un émail incolore pendant la fusion, blanc et opaque après le refroidissement, indique le phosphate ammoniaco-magnésien. Mais il faut s'assurer tout d'abord que le calcul primitif dégage de l'ammoniaque quand on le chauffe dans un petit tube de verre avec de la soude caustique, et qu'il contient de la magnésie (386, 2). Quand ces calculs contiennent en même temps du phosphate de chaux tribasique, et surtout de l'urate et de l'oxalate de chaux, ils fondent plus difficilement, mais les sels organiques seraient décomposés aisément sur la lame de platine, et le résidu carbonaté ferait effervescence au contact des acides.

Les calculs de phosphates de chaux tribasiques sont infusibles ; bibasiques, ils fondent comme le triple phosphate, mais ils ne donnent pas de magnésie à l'analyse. Un dosage exact peut seul lever tous les doutes sur l'exacte proportion des mélanges de ces phosphates.

l. Si un calcul contenait du *carbonate de chaux* ou du *carbonate de magnésie*, ce qui arrive rarement chez l'homme, et fréquemment chez les herbivores, le contact d'un acide, de l'acide acétique par exemple, dégagerait l'acide carbonique en faisant effervescence. Il est bien entendu que ce résultat doit être obtenu sur le calcul brut et non pas sur le produit de sa calcination, parce que les oxalates, les urates, en un mot tous les sels alcalins ou terreux à acides organiques chauffés au rouge faible donnent un résidu de carbonates. La séparation et le dosage de la chaux et de la magnésie sont décrits § 427.

Un calcul contient à la fois des carbonates et des phosphates. Dans ce cas, le calcul fait effervescence quand on le dissout dans l'acide chlorhydrique étendu, l'addition de l'ammoniaque ne précipite de la solution chlorhydrique que les phosphates, car le chlorure de calcium produit par la dissolution du carbonate calcaire n'est pas précipité par l'ammoniaque pure exempte de carbonate. On peut donc, en recueillant sur un filtre le précipité de phosphates, constater, par l'oxalate d'ammoniaque, la présence de la chaux dans la liqueur. Le précipité d'oxalate calcaire isolé par la filtration, la liqueur se trouble par le phosphate de soude ammoniacal s'il reste de la magnésie en dissolution (§ 432).

464. La potasse et la soude ne font jamais une partie bien notable du poids des calculs lavés à l'eau distillée ; ces deux alcalis se retrouvent à l'état de

carbonates après la carbonisation ou l'incinération des urates au rouge.

465. Il n'est pas toujours possible d'indiquer rigoureusement le mode de groupement des éléments dont la présence a été constatée par l'analyse. L'action des dissolvants aide beaucoup à cette détermination : l'eau bouillante (300 fois le poids du calcul pulvérisé) dissout l'acide urique et les urates ; l'acide acétique agissant ensuite dissout les carbonates et les phosphates, et l'ammoniaque pure précipite les phosphate de cette dissolution ; l'acide acétique laisse l'oxalate de chaux indissous, il enlève leurs bases aux urates et laisse l'acide urique. Le mucus, la fibrine, la xanthine, la cystine sont toujours l'objet de recherches spéciales.

L'oxalate de chaux est soluble dans l'acide chlorhydrique, ce qui permet de le séparer des matières organiques insolubles dans ce réactif et en particulier de l'acide urique. L'addition lente de l'ammoniaque à cette solution détermine la précipitation de l'oxalate de chaux avec ses formes caractéristiques.

466. Si l'on traite un calcul brut par l'acide chlorhydrique étendu de deux ou trois fois son volume d'eau, on dissout les phosphates, les carbonates, l'oxalate calcaire, et les bases des urates. Il reste à l'état insoluble l'acide urique et les autres matières organiques. L'ammoniaque pure sépare de la solution chlorhydrique les phosphates et l'oxalate calcaire ; il ne reste plus alors en dissolution que la

chaux et la magnésie provenant des carbonates et des sels organiques (urates). On les dose comme il est dit § 427.

467. *Faux calcul*. — J'ai reçu un jour une concrétion dont l'aspect extérieur ressemblait beaucoup à celui d'un calcul d'acide urique à surface lisse, du poids de 2 à 3 grammes. Cette concrétion me parut plus dense qu'un calcul vésical ; mise dans le creux de la main, elle produisait une sensation de froid analogue à celle des corps bons conducteurs ; projetée sur un marbre, elle bondissait à plusieurs reprises, en donnant un son presque métallique. Ces caractères me firent suspecter une supercherie. Le calcul fut brisé, et sa cassure me démontra que j'avais à examiner un simple gravier siliceux, qui *rayait les vitres* avec facilité. Un gramme de ce caillou pulvérisé fut fondu dans un creuset de platine avec quatre fois son poids de carbonate de potasse sodé. Le mélange dissous dans l'eau, sursaturé d'acide chlorhydrique, fut ensuite évaporé à siccité pour rendre la silice insoluble. En reprenant par l'eau acidulée, la silice resta seule indissoute. Il fut bientôt reconnu par le malade lui-même qu'il s'était trompé. De fins graviers de sable siliceux qui ont servi au nettoyage des urinoirs sont souvent pris par les hypochondriaques pour des calculs vésicaux.

FIN

22.

TABLE ALPHABÉTIQUE

DES MATIÈRES

FIN DE LA TABLE

P. ASSELIN, successeur de BÉCHET jeune et LABÉ

Libraire de la Faculté de médecine
et de la Société impériale et centrale de médecine vétérinaire

PLACE DE L'ÉCOLE-DE-MÉDECINE

(Juillet 1870)

DICTIONNAIRE ENCYCLOPÉDIQUE

DES

SCIENCES MÉDICALES

PUBLIÉ SOUS LA DIRCTION DE M. LE DOCTEUR

A. DECHAMBRE

PAR MM. LES DOCTEURS

Archambault, Axenfeld, Baillarger, Baillon, Balbiani, Ball, Barth, Bazin, Beaugrand, Béclard, Béhier, Van-Beneden, Bertillon, Besnier, Blache, Blachez, Boinet, Bouchacourt, Bouchard (Ch.), Bouisson, Bouley (H.), Bouvier, Broca, Brochin, Brown-Séquard, Calmeil, Campana, Cerise, Charcot, Chassaignac, Chauveau, Chéreau, Cornil, Coulier, Courty, Dally, Daremberg, Davaine, Dechambre (A.), Delioux de Savignac, Delpech, Denonvilliers, Depaul, Diday, Dolbeau, Duplay (S.), Dutroulau, Ély, Falret (J.), Follin, Fonssagrives, Galtier Boissière, Gavarret, Giraud-Teulon, Gobley, Godelier, Greenhil, Grisolle, Gubler, Guérard, Guillard, Guillaume, Guyon (F.), Hecht, Hénoque, Isambert, Jacquemier, Krishaber, Labbé (L.), Laboulbène, Lagneau (G.), Lancereaux, Laveran, Le Fort (L.), Legouest, Lereboulet, Le Roy de Méricourt, Letourneau, Lévy (Michel), Liégeois, Liétard, Linas, Liouville, Littré, Lutz, Magitot (E.), Magnan, Montanier, Marey, Martins, Millard, Morel (B.-A.), Nicaise, Ollier, Orfila (L.), Pajot, Parchappe, Parrot, Pasteur, Paulet, Perrin (M.), Peter (M.), Planchon, Polaillon, Potain, Raige-Delorme, Regnard, Regnault, Réveil (O.), Reynal, Robin (Ch.), Roger (H.), Rollet, Rotureau, Rouget, Sainte-Claire Deville (H.), Schutzenberger (Ch.), Schutzenberger (P.), Sédillot, Sée (Marc), de Seynes, Soubeiran (L.), Tartivel, Testelin, Tillaux (P.), Tourdes, Trélat (U.), Tripier, Velpeau, Verneuil, Vidal (L.), Villemin, Voillemier, Vulpian, Warlomont, Worms (J.), Wurtz.

IL Y A DE PARU :

Les vingt-deux premiers demi-volumes de la première série et les sept premiers demi-volumes de la deuxième série

CONDITIONS DE LA SOUSCRIPTION :

Le Dictionnaire Encyclopédique des Sciences médicales est publié par demi-volumes de chacun 400 pages, gr. in-8 compacte, avec figures, et en deux séries simultanées, la 1re commençant par la lettre A, la 2e par la lettre L. — Prix du demi-volume, rendu franc de port dans toute la France et l'Algérie, 6 fr.

Toute demande doit être accompagnée d'un mandat ou de timbres-poste.

BÉHIER et HARDY, professeurs à la Faculté de médecine de
Paris, etc. — **Traité élémentaire de Pathologie interne.** L'ouvrage formera 4 forts vol. in-8. Les trois premiers ont paru :

Tome I. *Pathologie générale et Séméiologie.* Deuxième édition, 1858.. 8 fr.

Tome II. *Inflammations du tube digestif et de l'appareil res-
piratoire, circulatoire et nerveux.* Deuxième édition considérablement augmentée. 1 très-fort vol. in-8, de 1,200 p., en deux parties, 1864... 12 fr.

Tome III, première partie, de plus de 500 pages, contenant :
*Inflammation de l'appareil génito-urinaire ; — de la peau et de
l'appareil locomoteur ; — des Gangrènes ; — des Hémorragies.*
Deuxième édit., rev. et augm., 1869......................... 6 fr.

Nota. — La deuxième partie, traitant *des Congestions ; — des
Hydropisies ; — des Névroses*, paraîtra dans le courant de l'année 1871.

Chaque volume se vend séparément.

L'ouvrage de MM. Béhier et Hardy se distingue par l'esprit philosophique
et éminemment *médical* qui a présidé à sa rédaction. Après avoir exposé d'une
manière complète, quoique précise, dans le premier volume, les principes si
importants et si négligés de nos jours de la pathologie générale et de la séméiologie, les auteurs abordent, dans les volumes suivants, la classification
et l'histoire particulière des maladies. Évitant avec soin les excès et les erreurs de l'école anatomo-physico-chimique, tout en profitant des progrès réels
que cette école a imprimés à la science, MM. Béhier et Hardy envisagent la
maladie dans son ensemble, c'est-à-dire sous le seul point de vue qui per-
mette de s'en faire une idée juste, complète, et d'instituer le traitement sur
des bases rationnelles. Cet ouvrage n'est donc pas moins indispensable aux
élèves, pour lesquels il sera un guide fidèle et un sujet de méditations fé-
condes, qu'aux praticiens, qui doivent trouver dans une étude solide de la
pathologie la source la plus précieuse des indications thérapeutiques.

**Nouveau Dictionnaire lexicographique et descrip-
tif des sciences médicales et vétérinaires**, com-
prenant l'Anatomie, la Physiologie, la Pathologie générale, la
Pathologie spéciale, l'Hygiène, la Thérapeutique, la Pharmacologie, l'Obstétrique, les Opérations chirurgicales, la Médecine
légale, la Toxicologie, la Chimie, la Physique, la Botanique et la
Zoologie, par MM. Raige-Delorme, Ch. Daremberg, H. Bouley,
J. Mignon, Ch. Lamy. Un très-fort volume grand in-8 de plus
de 1,500 pages à deux colonnes, texte compacte, avec figures
intercalées et contenant la matière de 10 volumes in-8. 1863.

Prix rendu *franc de port* dans toute la France :

Broché.. 18 fr. »
Cartonné à l'anglaise... 19 fr. 50
Relié dos en maroquin....................................... 20 fr. 50

Ce Dictionnaire présente un tableau complet, quoique élémentaire, de
toutes les connaissances qui se rattachent à la médecine, à la chirurgie, à
l'obstétrique, à la pharmacologie et à la médecine vétérinaire, en un mot, un
tableau général de toutes les sciences relatives à l'art de guérir. C'est en ce
sens qu'il peut servir de manuel à l'étudiant comme au praticien, et être
aussi consulté par ceux d'entre les gens du monde qui désirent avoir une
idée exacte des sciences médicales et vétérinaires ou s'instruire sur quelques
points de ces sciences.

CORBEIL. — Typ. et stér. de CRÉTÉ FILS.